中国中西部前陆盆地油气勘探系列丛书

中国中西部前陆盆地油气成藏机理与分布规律

ZHONGGUO ZHONGXIBU QIANLU PENDI
YOUQICHENGCANG JILI YU FENBUGUILV

卓勤功 公言杰 周世新 柳 波 等著

石油工业出版社

内 容 提 要

本书详细论述了中国中西部前陆盆地伸展—挤压构造反转期圈源匹配转换机理、盖层脆塑转换机理及油气动态成藏过程，系统分析了构造挤压过程中流体超压发育机理、断盖组合有效性、储盖组合变形规律、圈闭叠加改造特征及其控藏作用，强调了圈源匹配、应—压—岩三元耦合等油气成藏要素的联合控藏机制，明确了前陆冲断带中段和深层富集的半环状油气分布规律。

本书可供从事油气勘探研究的科研人员及高等院校相关专业师生参考使用。

图书在版编目（CIP）数据

中国中西部前陆盆地油气成藏机理与分布规律 / 卓勤功等著 . -- 北京：石油工业出版社，2025.2. （中国中西部前陆盆地油气勘探系列丛书）. -- ISBN 978-7-5183-5092-6

Ⅰ . P618.130.2

中国国家版本馆 CIP 数据核字第 2025WY1901 号

出版发行：石油工业出版社

（北京安定门外安华里 2 区 1 号楼　100011）

网　　址：www.petropub.com

编辑部：（010）64523746　　图书营销中心：（010）64523633

经　　销：全国新华书店

印　　刷：北京中石油彩色印刷有限责任公司

2025 年 2 月第 1 版　2025 年 2 月第 1 次印刷

787×1092 毫米　开本：1/16　印张：14.5

字数：313 千字

定价：150.00 元

（如出现印装质量问题，我社图书营销中心负责调换）

版权所有，翻印必究

《中国中西部前陆盆地油气成藏机理与分布规律》撰写人员

卓勤功　公言杰　周世新　柳　波

鲁雪松　马德龙　洪　峰　杨　勃

前言
PREFACE

中国中西部前陆盆地由不同地史时期的原型盆地叠合构成，他们的显著特征是均经历了从伸展环境向挤压环境的构造反转，都是由褶皱冲断带构造加载使得岩石圈发生挠曲而形成（魏国齐等，2008）。构造反转期沉积体系对应非前陆层序和前陆层序（吴因业等，2008），非前陆层序发育多套主力烃源岩，前陆层序发育次要烃源岩。如川西前陆盆地的前陆层序沉积覆盖于被动大陆边缘之上，在早古生代—晚古生代早期大地构造背景处于洋盆伸展时期，构造应力场以区域拉伸为主，形成了克拉通边缘寒武系海相烃源岩和二叠系海陆过渡相煤系烃源岩；前陆期形成上三叠统湖沼相煤系烃源岩（宋岩等，2008）。库车、准南、柴北缘等前陆盆地（冲断带）在陆内造山挤压之前，在早—中侏罗世陆内断陷盆地发育湖泊相或湖沼相，形成湖相泥质烃源岩和湖沼相煤系烃源岩。柴西南复杂构造区主力烃源岩形成于古近纪断陷盆地微咸水—半咸水环境。前陆期充填巨厚的磨拉石砂砾岩沉积，使早期烃源岩再次进入生油、生气高峰或古油藏裂解成气阶段，烃源岩多层系、多期次、多阶段生烃。同时，前陆冲断带广泛发育断层相关褶皱，形成构造圈闭群；幕式构造运动叠加改造形成山前推覆带、叠瓦冲断带、前渊坳陷带、斜坡隆起带和古构造。主要构造圈闭形成或改造定型于前陆期的挤压环境。因此，前陆盆地从伸展环境向挤压环境的反转，将导致前陆盆地油气成藏机理的转换，包括圈源匹配时空转换、油气沿砂体—不整合面侧向运移向沿断裂垂向运移转换及盖层脆塑转换等。

中国中西部前陆盆地的另一个特征是垂向上发育多套区域滑脱层（盖层），构造挤压分带、分段、分层滑脱变形，形成多个构造单元、多个构造层和多套成藏组合。除基底滑脱层之外，准南前陆盆地发育古近系安集海河组和白垩系呼图壁河组泥岩滑脱层，库车前陆盆地发育古近系和新近系膏盐岩滑脱层，川西前陆盆地发育寒武系泥岩和二叠系膏盐岩滑脱层。山前带因构造挤压强烈，多形成基底卷入式冲断构造，盖层保存条件相对较差，完整背斜或低断阶有利于油气藏的形成与保存。盆内滑脱冲断、分层变形，控制了断盖组合有效性和多构造变形层的近源成藏为主、远源成藏为辅的多层系、多期次油气聚集。其中，前陆冲断带深层发育主力烃源岩、发育流体超压和裂缝、盖层保存条件好，应（构造应力）—压（流体超压）—岩（岩层组合）三元耦合更有利于油气规模聚集和保存。斜坡带由早期古隆起构造转变为晚期单斜带，稳定的古构造圈闭和上倾尖灭的岩性圈闭为有利勘探目标。

全书共七章，第一章基于重点前陆盆地及复杂构造区烃源岩演化史和构造演化史分析，剖析了圈源匹配时空转换机理及不同构造带油气阶段运聚成藏过程，由卓勤功、周世新、鲁雪松、马德龙编写；第二章从断层封闭性评价、断层相关褶皱裂缝发育规律、断层与其他成藏要素组合等方面，论述了断层对油气运聚的控制作用，由卓勤功、柳波、马德龙编写；第三章系统总结了前陆盆地流体超压发育机理、流体超压类型及其控藏机制，由卓勤功、公言杰、鲁雪松、洪峰编写；第四章以库车前陆盆地膏盐岩盖层和准南前陆盆地泥岩盖层为例，论述了伸展环境持续埋藏阶段盖层封盖能力，挤压环境构造挤压阶段盖层脆塑转换机理及封盖能力，以及抬升阶段盖层封闭能力，由卓勤功、柳波、鲁雪松编写；第五章定量刻画了滑脱层（盖层）岩石力学结构，重点剖析了3种储盖组合挤压变形机理和油气成藏模式，并以英西地区为例，论述了应—压—岩三元耦合控藏机制，由卓勤功、杨勃编写；第六章分别研究了晚期构造运动对山前断阶带、盆内古构造、前缘古隆起构造的叠加改造机理，以及圈闭调整、改造、油气动态成藏特征，由卓勤功、公言杰、鲁雪松编写；第七章系统总结了前陆盆地及复杂构造区油气分布规律，由卓勤功编写。全书由卓勤功统稿，公言杰、李秀丽校稿。

  本书是国家油气重大专项（2011ZX05003-001、2016ZX05003-002）和中国石油天然气股份有限公司重大科技项目（2016B-05、2019B-05）的核心成果，展示了前陆盆地油气成藏研究方面的最新进展。

  研究工作得到了中国石油塔里木油田分公司勘探开发研究院、青海油田分公司勘探开发研究院、新疆油田分公司勘探开发研究院的无私帮助，在此一并感谢！

  限于笔者水平，书中难免存在不足，敬请读者批评指正。

目 录 CONTENTS

第一章 前陆盆地圈源匹配转换机理与油气充注 ... 1
- 第一节 准南前陆盆地圈源匹配与油气成藏整体评价 ... 1
- 第二节 柴北缘复杂构造区圈源匹配与油气成藏整体评价 ... 18
- 第三节 川西北复杂构造区圈源匹配与油气成藏整体评价 ... 38

第二章 前陆盆地断层控藏作用 ... 48
- 第一节 断层对油气运聚的控制作用 ... 48
- 第二节 断层与成藏要素组合对油气运聚的控制作用 ... 54

第三章 前陆盆地流体超压发育机理与油气运聚 ... 64
- 第一节 国内外前陆盆地流体超压分布特征 ... 64
- 第二节 中西部前陆盆地流体超压发育机理 ... 69
- 第三节 前陆盆地流体超压控藏机制 ... 79

第四章 前陆盆地盖层脆塑转换机理与油气保存 ... 101
- 第一节 膏盐岩盖层脆塑转换机理与油气动态成藏 ... 101
- 第二节 泥页岩盖层脆塑转换机理与油气动态成藏 ... 106

第五章 前陆盆地储盖组合变形机理与油气聚集 ... 133
- 第一节 滑脱层岩石力学结构与圈闭有效性 ... 133
- 第二节 储盖岩石组合挤压变形机理与油气成藏模式 ... 142
- 第三节 柴西南多层系成藏和主要含油气层系 ... 147

第六章 前陆盆地构造叠加改造机理与油气调整 ... 180
- 第一节 库车山前断阶带构造叠加改造与油气动态成藏 ... 180
- 第二节 准南古构造叠加改造与油气动态成藏 ... 190
- 第三节 准南古隆起构造叠加改造与油气动态成藏 ... 199

第七章 前陆盆地及复杂构造区油气分布规律 203
第一节 油气呈半环状分布 203
第二节 冲断带中段油气富集 206
第三节 冲断带深层油气富集 209

参考文献 216

第一章　前陆盆地圈源匹配转换机理与油气充注

前陆盆地经历了由伸展环境向挤压环境的反转，早期伸展环境发育山前断阶带、盆内古构造和古隆起圈闭，后经历多期次活动，与烃源岩多期次生排烃匹配，油气侧向运移成藏；晚期挤压环境盆内滑脱冲断形成构造圈闭，与烃源岩晚期生气高峰期匹配，天然气垂向运移成藏。圈源匹配及时空转换对大油气田的形成起了重要的作用。本章重点论述准南、柴北缘、川西北前陆盆地及复杂构造区圈源匹配及油气动态成藏整体规律。

第一节　准南前陆盆地圈源匹配与油气成藏整体评价

位于天山南北的库车前陆盆地和准南前陆盆地，构造地质形成背景相似，均具备形成大油气田的地质条件。库车前陆冲断带因膏盐岩热效应迟滞了烃源岩生烃高峰期，晚期构造圈闭与之时空匹配，在盐下深层勘探中取得了丰硕的勘探成果，发现了万亿立方米规模的大气区。准南前陆冲断带自1937年发现独山子油田以来，油气勘探多集中在以古近系紫泥泉子组砂岩储层—安集海河组泥岩盖层为主的中组合，主要在中浅层发现了齐古油田、三台油田、甘河油田、玛河气田、呼图壁气田、吐谷鲁油田、卡因迪克油田等7个中小型油气田。2008年之后勘探转向下组合，西湖1井、独山1井和大丰1井等下组合风险探井相继失利，2019年高探1井在下组合白垩系清水河组使用13mm油嘴采油，获日产原油1213m^3，日产气$32×10^4m^3$。然而随后的高102井、高泉5井钻探未获工业油气流，显示下组合油气成藏十分复杂。因此在准南寻找大油气田一直是探索的主题。

下组合风险探井的钻探证明了中—下侏罗统有效烃源岩、上侏罗统和下白垩统规模储层、下白垩统泥质盖层的存在。目前对准南大油气田勘探前景持悲观态度的主要原因是认为圈源不匹配，烃源岩生排烃早于圈闭形成期。通过烃源岩和圈源匹配再认识、构造演化—油气动态运聚数值模拟，提出了3种圈源匹配关系，明确了下组合油气规模聚集的有利圈闭。

一、准南侏罗系烃源岩及圈源匹配再认识

1. 下侏罗统烃源岩分布新认识

准噶尔盆地在早—中侏罗世为弱伸展背景下的广盆形成阶段，中—晚侏罗世为冲断背景下的坳陷盆地形成阶段。盆地周边发育洪积扇、冲积扇，整个盆地河相、湖相、沼泽相的沉积形成了富含有机质的煤系地层。近几年的研究发现在准南下侏罗统八道湾组（J_1b）

发育小型断陷盆地（图 1-1），正断层走向近东西向，地层总体呈北厚南薄、北断南超、北低南高，由一系列线状或雁形状狭长的地堑组成。

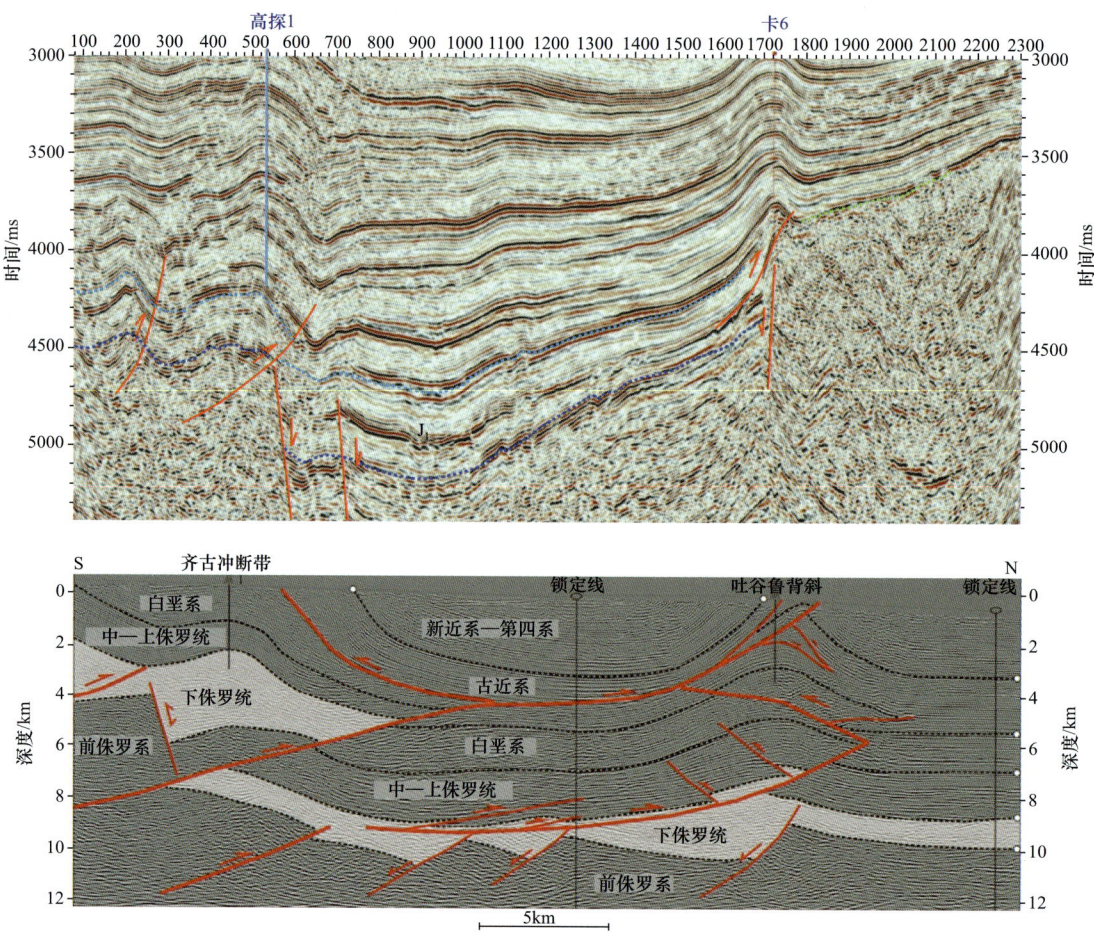

图 1-1 准南前陆盆地 2 条地震剖面图

三工河组沉积期盆地整体下沉，再次发生湖浸，广泛发育浅湖—半深湖相，盆地周边为滨浅湖相和河湖三角洲沉积相体系，暗色泥岩类烃源岩发育，厚度为 25～200m，其中阜康凹陷中段偏东最为发育，厚度为 200～300m，盆地大部分地区为 50～100m。

中侏罗世西山窑组沉积期湖泊水体开始收缩。泥质岩类烃源岩主体分布范围已局限在阜康凹陷，厚度为 25～200m，最大厚度达 250m，在南缘西部四棵树凹陷厚度为 25～150m。西山窑组碳质泥岩与煤层的分布不同，主要分布在准西北缘、准南及东部地区。碳质泥岩厚度为 5～10m，在乌伦古凹陷东部最大厚度可达 20m 以上，煤层累计厚度为 2～20m，最大可达 30m。在盆地腹部地区，西山窑组碳质泥岩与煤层均不是很发育。

目前准南钻遇侏罗系地层的井集中在山前带，小渠子、齐古、卡因迪克及阜康断裂带。八道湾组钻遇暗色泥岩厚度最大的地区集中在齐古、喀拉扎、南安，其次是卡因迪克。暗色泥岩厚度统计：齐 8 井 254m、齐 6 井 397m、齐古 2 井 416m、南安 2 井 416m、四参 1 井 110m；煤层厚度统计：小 3 井 40m、齐 8 井 20m、阜煤 1 井 118.6m、卡 10 井 12m、托 6 井 32m。三工河组暗色泥岩厚度最大的地区集中在阜康断裂带，其次是清水河地区和齐古地区。暗色泥岩厚度统计：阜康 1 井上、下盘厚度分别为 162m、378m，清 1 井 198m，喀拉 1 井 78m，齐古 1 井 110m；煤层少、薄。西山窑组暗色泥岩主要分布在清水河地区、阜康断裂带，这同时也是煤层厚度最大的地区。清 1 井上、下盘暗色泥岩和煤层厚度分别为 232m、182m、62m、128 m；阜康 1 井上、下盘暗色泥岩和煤层厚度分别为 19m、103m、79m、36m。

综上所述，重新厘定了准南下侏罗统烃源岩的分布（图 1-2）。受早侏罗世断陷盆地控制，下侏罗统烃源岩厚度中心位于霍玛吐背斜带，其次为四棵树凹陷带。

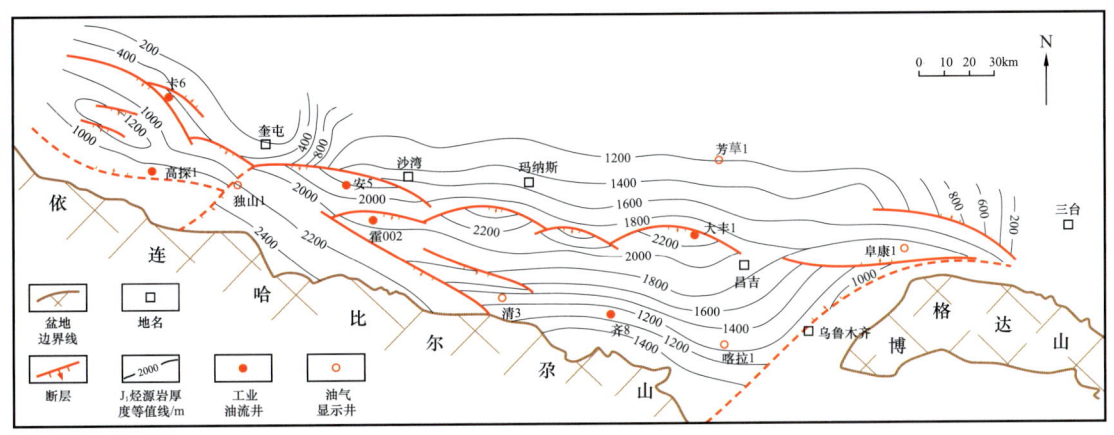

图 1-2　准南下侏罗统烃源岩分布图

以往认为八道湾组暗色泥岩烃源岩最发育的地区有两个（图 1-3），一个在阜康凹陷东部，向北至东道海子北凹陷西部；另一个在阜康凹陷西部，向南至北天山山前凹陷的石河子至沙湾段，最大厚度达 300m 以上。八道湾组碳质泥岩主要有三个相对发育的区域，第一个是在盆地西部的玛湖—中拐—莫索湾，最大厚度达 30m；第二个是在盆地东南部

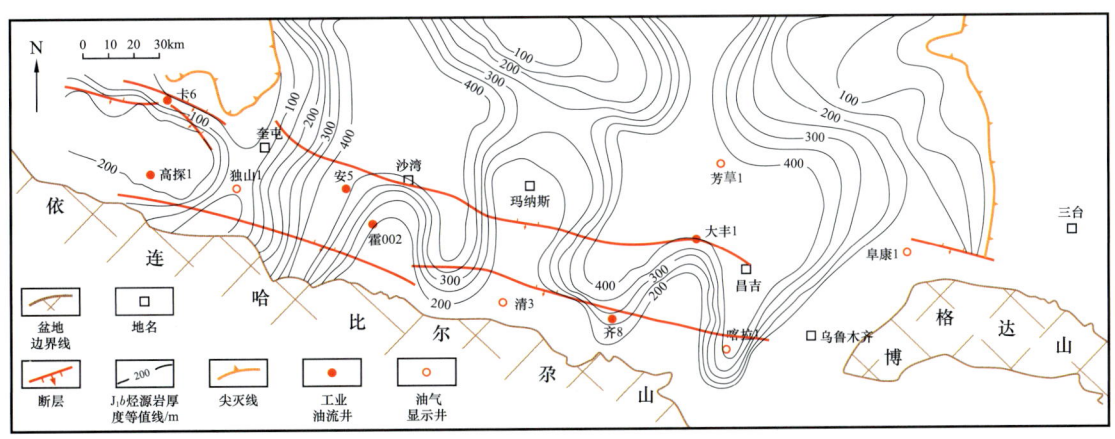

图 1-3　准南前陆冲断带八道湾组烃源岩分布图

阜康凹陷东南部至五彩湾、滴水泉，最大厚度为10m；第三个是在四棵树凹陷，最大厚度为10m。八道湾组煤层几乎遍布全盆地，一般累计厚度在5m以上，其中在准南昌吉—乌鲁木齐地区，最厚达60m，西北缘为10~30m，东部阜康、五彩湾地区为10~20m。

2. 侏罗系烃源岩评价

八道湾组（J_1b）泥质烃源岩（75个样品）TOC主要为0.6%~2.6%，三工河组（J_1s）泥质烃源岩（41个样品）TOC主要小于1.2%，西山窑组（J_2x）泥质烃源岩（36个样品）TOC主要小于1.0%，煤岩有机质丰度高，可达60%。总体上准南侏罗系暗色泥岩有机质丰度为中等—好，但各层差异明显。八道湾组和西山窑组泥岩有机质丰度相对较高，为中等到好，三工河组烃源岩次之。

据前人统计，泥岩产烃潜量（PG）分布在0.05~33.43mg/g之间，平均为2.84mg/g。总体上差质量的烃源岩所占比例最大，中等和好质量的烃源岩分别占18%和12%。烃源岩质量从好到差依次为八道湾组、西山窑组和三工河组。泥岩氯仿沥青"A"含量为0.0013%~0.5621%，平均为0.0685%。按煤系烃源岩的评价标准，16.7%的样品为中等质量烃源岩，28.2%的样品为好质量烃源岩，总体上表现为中等—好质量烃源岩。各层烃源岩质量从好到差依次为西山窑组、八道湾组、三工河组。泥岩总烃含量（HC）为9.74~3918.96mg/g，平均为542.96mg/g，总体上中等—好质量烃源岩比例占优势。各层烃源岩质量从好到差依次为西山窑组、八道湾组、三工河组。

侏罗系煤系烃源岩氢指数（HI）为84.7~1133.7mg/g，平均为236.4mg/g。根据煤系烃源岩评价标准，侏罗系煤系烃源岩以差质量烃源岩为主，中等—好质量烃源岩比例不高，约为23%。产烃潜量（PG）为19.16~220.80mg/g，平均为92.34mg/g。26个样品中仅1个达到中等质量烃源岩标准，主要为非和差烃源岩。氯仿沥青"A"含量为0.216%~2.4651%，平均为0.9679%。12个样品中仅1个达到中等质量烃源岩标准，主要为非和差质量烃源岩。总烃含量为0.89‰~7.37‰，平均为4.06‰。11个样品中仅2个达到中等质量烃源岩标准，主要为差质量烃源岩。

侏罗系烃源岩有机质的类型与泥岩的岩性、厚度和颜色密切相关。干酪根元素在侏罗系不同层段、不同类型烃源岩的H/C原子比主要分布范围为0.6~1.0，O/C原子比主要分布范围为0.04~0.16，综合分析认为烃源岩的类型为II_2—III型。

侏罗系烃源岩热解生烃潜力S_1+S_2主要分布在小于8mg/g的范围内，有机质类型指数多小于10；热解产物族组成分析显示，饱和烃含量主要为10%~40%，非烃和沥青质含量为40%~60%，饱芳比小于3，这些指标与不同类型的交会图均说明有机质的类型主要为II_2—III型。

不同类型烃源岩碳同位素值主要为-27‰~-24‰，烃源岩总体类型为II_2—III型。其中八道湾组局部层段的泥岩有机质类型为II_1型。

3. 圈闭形成期与烃源岩生烃演化史匹配关系

1）烃源岩生烃演化史

准南前陆盆地不同区带构造—埋藏史、热演化史差异巨大，根据烃源岩埋藏—热演化史的模拟结果，将齐古断阶带、乌奎背斜带、北部斜坡带、四棵树凹陷的埋藏—热演化史划分为四种类型：Ⅰ晚期抬升剥蚀型、Ⅱ持续埋藏型、Ⅲ晚期缓慢埋藏型、Ⅳ晚期快速埋藏型（图1-4）。

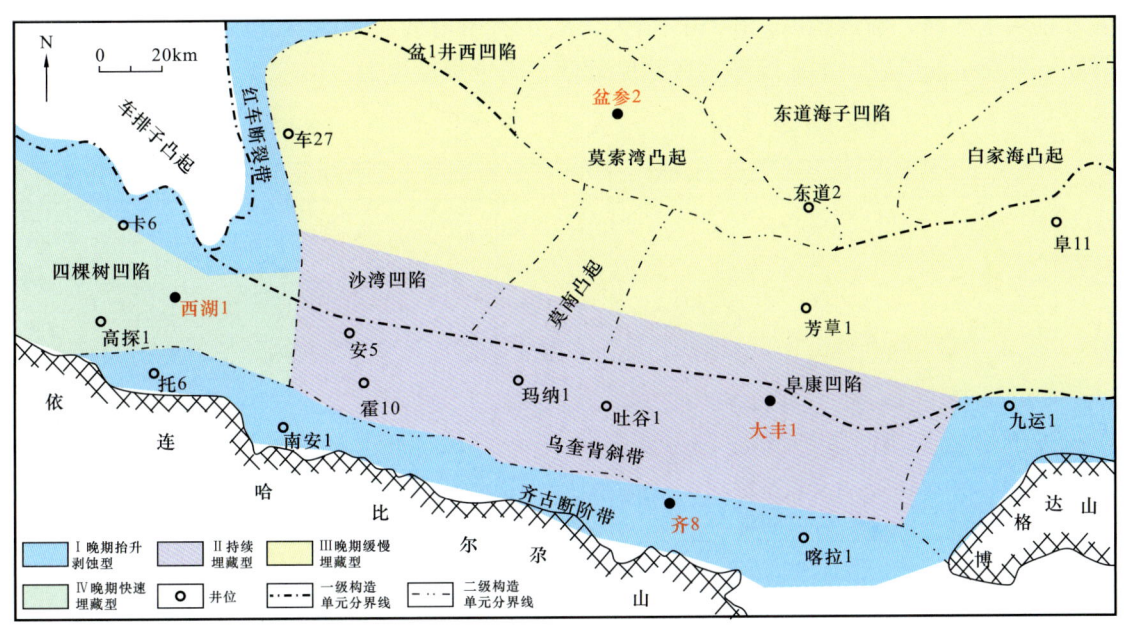

图1-4 四种埋藏沉降类型平面分布构造位置图

Ⅰ晚期抬升剥蚀型：位于准南前陆盆地山前断阶带，其沉降深度小，在侏罗纪末期（145Ma）、晚白垩世（65Ma）和中新世（7Ma）发生三次构造隆升，中新世的构造隆升对齐古断阶带的影响最大，造成新近纪以来2000～3000m的抬升剥蚀（图1-5a）。齐8井位于齐古断阶带上，对其埋藏沉降模拟结果分析表明：二叠系烃源岩在侏罗纪末期R_o达到0.7%，晚白垩世R_o达到0.9%～1.0%，开始大量生油，但晚白垩世末期的抬升剥蚀使得生烃停滞，新生代以来的沉积和晚期抬升对二叠系烃源岩生烃没有影响；侏罗系J_1b烃源岩在晚白垩世R_o达到0.5%～0.6%，但晚白垩世末期的抬升剥蚀使得生烃停滞，基本没有生油。

Ⅱ持续埋藏型：位于冲断带中段第二排、第三排构造带，为持续稳定沉降，现今埋深大，二叠系、侏罗系和白垩系烃源岩成熟度普遍较高（图1-5b）。大丰1井为中段第二排、第三排构造带的代表井，通过埋藏沉降史的模拟恢复研究，认为该地区一直处于持续稳定沉降，具多套烃源岩接替生烃的特征。其中，二叠系烃源岩在晚侏罗世进入生油窗，在白垩纪进入生油高峰，现今成熟度高达2.6%；侏罗系烃源岩在侏罗纪末—早白垩纪进入生油窗，时间晚于二叠系烃源岩，晚白垩世进入生油高峰，古近纪以来进入大量生气阶段，现今成熟度为 2.3%～2.6%，处于高—过成熟阶段；白垩系烃源岩在晚白垩世进入生油窗，中新世 10Ma 以来进入生油高峰，现今成熟度为 1.1%；古近系烃源岩成熟度小于 0.5%，为无效烃源岩。

Ⅲ 晚期缓慢埋藏型：位于准南前陆盆地北部斜坡带，具有持续缓慢埋藏的特征，白垩系埋深一直小于 3500m，新近纪以来埋深有所增加，但总体小于 5000m。盆参 2 井为北部斜坡带的代表井，其埋藏史热史模拟结果表明（图 1-5c）：该区侏罗系烃源岩在早白垩世末进入生油窗，新近纪以来随埋深增大，R_o 虽有所增加，但现今成熟度为 0.71% 左右，仍处于早期生油阶段，本地烃源岩成熟度较低，尚未规模生油。

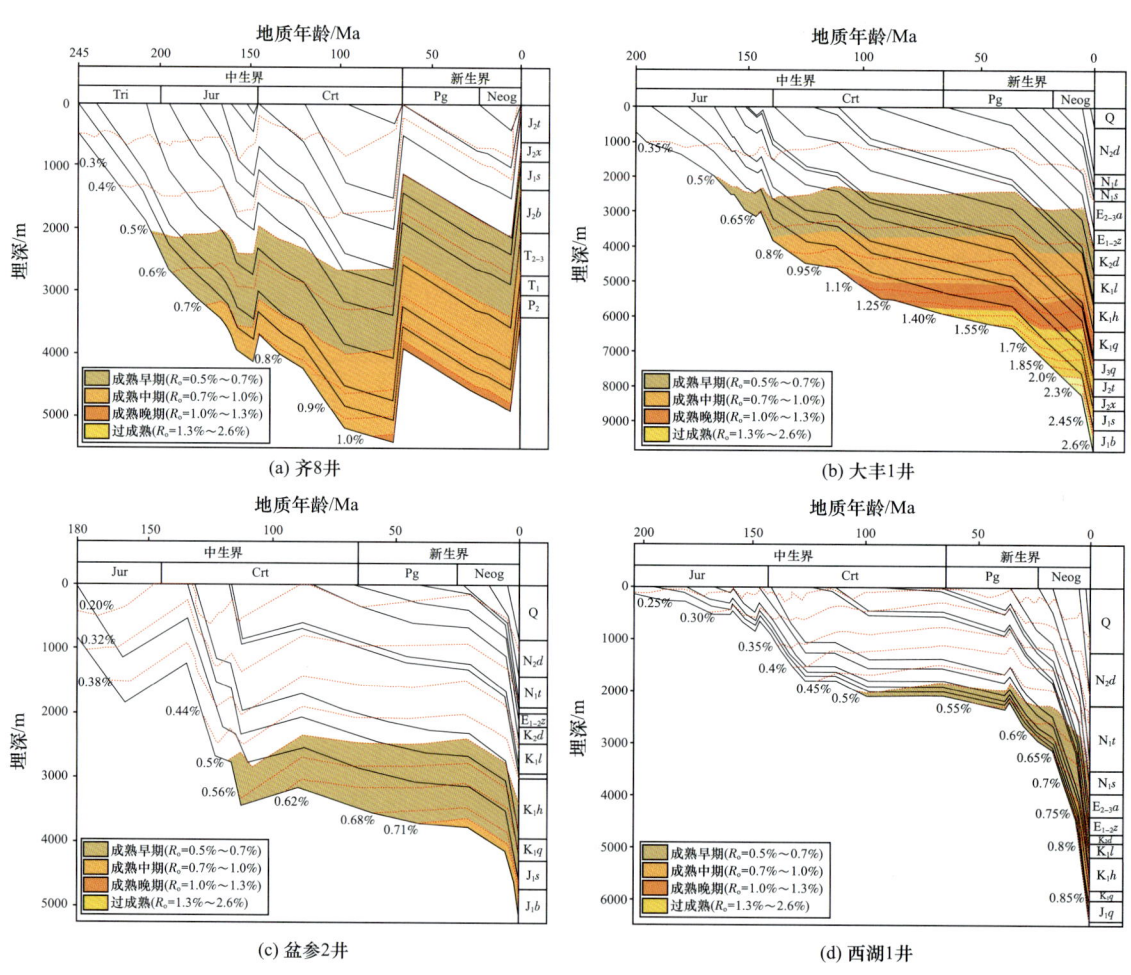

图 1-5　准南前陆盆地不同区带烃源岩埋藏、热演化史图

Ⅳ 晚期快速埋藏型：位于四棵树凹陷，具有早期浅埋晚期快速深埋的特点，现今埋深大、成熟度低（图 1-5d）。西湖 1 井为四棵树凹陷典型代表井，侏罗系烃源岩在古近纪之前埋深一直小于 2500m，古近纪以来快速埋藏，但由于地温梯度低，现今成熟度为

0.85%～1.0%，仍处于大量生油阶段；白垩系烃源岩现今成熟度仍小于0.7%，尚未规模生油；而古近系烃源岩现今成熟度仍小于0.5%，尚未进入生油阶段。

2）构造演化史

关于准南前陆盆地下组合一直未获得突破的原因众说纷纭，有人认为是储层规模和质量的问题，有人说是烃源岩供烃不足，有人说是烃源岩生排烃期与构造圈闭形成期不匹配，也有人说是构造和保存条件的问题。大丰1井、西湖1井揭示了下组合规模储层的存在，高探1井的高产证实了准南下组合烃源岩和盖层的有效性，因此，圈源时空匹配备受关注。由于准南前陆冲断带中段持续埋藏，侏罗系烃源岩生烃早、晚期生气潜力较差，八道湾组烃源岩生排烃高峰期为140—65Ma，西山窑组烃源岩生排烃高峰期为距今22—6Ma。

近年来，在天山两侧前陆冲断带，生长地层已被多位学者应用于确定构造变形时间和变形速率（郭召杰等，2006）。多数研究成果认为盆地南缘第一排冲断褶皱带形成于中生代末期，喜马拉雅期定型，并自更新世以来不再活动（邓起东等，2000）；第二排构造带霍尔果斯背斜形成于上新世和早更新世之间（邓起东等，2000），构造圈闭形成时间为距今10—8Ma，其构造活动全盛时期在西域组砾岩沉积之后，天山北缘西域组砾岩底部的磁性地层学年龄为2.58Ma或者3.1Ma，推测第二排构造带定型不早于3Ma（郭召杰等，2006；方世虎等，2007）；第三排独山子—安集海—呼图壁构造带，构造圈闭形成期为距今2Ma左右，甚至更晚，邓起东等（2000）认为独山子—安集海背斜形成于中更新世约0.73Ma。郭召杰等（2006）根据天山北缘三排冲断褶皱带生长地层的发育状况，基于磁性地层学结果，提出了三排褶皱带形成的相对时间序列，即山前第一排喀拉扎背斜定型于6—7Ma，第二排构造带定型于2Ma，第三排构造带定型于中更新世1Ma之后。总体来说，准南新生代构造具有自东向西、自南向北逐渐迁移演化的趋势，即自东向西、由南向北，组成背斜带的地层和背斜带的形成时代均由老到新。

3）圈源匹配

准南前陆冲断带含油气系统以中—下侏罗统煤系地层为主要烃源岩。有机质热演化生烃史研究表明，冲断带中段东部中—下侏罗统烃源岩在白垩纪达到生油高峰，主要排烃期应在白垩纪末期，在古近纪以来进入大量生气时期，20Ma左右达到生气高峰，在10Ma左右生烃速率已降低（图1-6c）。

中侏罗统西山窑组顶面构造在白垩纪前为一近东西向展布，西浅东深、南陡北缓的凹陷，昌吉、齐古等第一排构造带处于南侧陡坡边缘地区，西部托斯台地区为一大型古圈闭；白垩纪末，沙湾以西为区域性古隆起，而第一排构造带也处于凹陷南缘的隆起带上，为油气运移的指向区。因此，对于第一排构造带来说，圈闭主要在燕山期形成，喜马拉雅期对其进行改造并最终定型，圈闭形成与二叠系烃源岩和中—下侏罗统烃源岩生油高峰期匹配好，有利于形成侏罗系原生油藏；喜马拉雅期随着构造圈闭的抬升、调整、定型，低

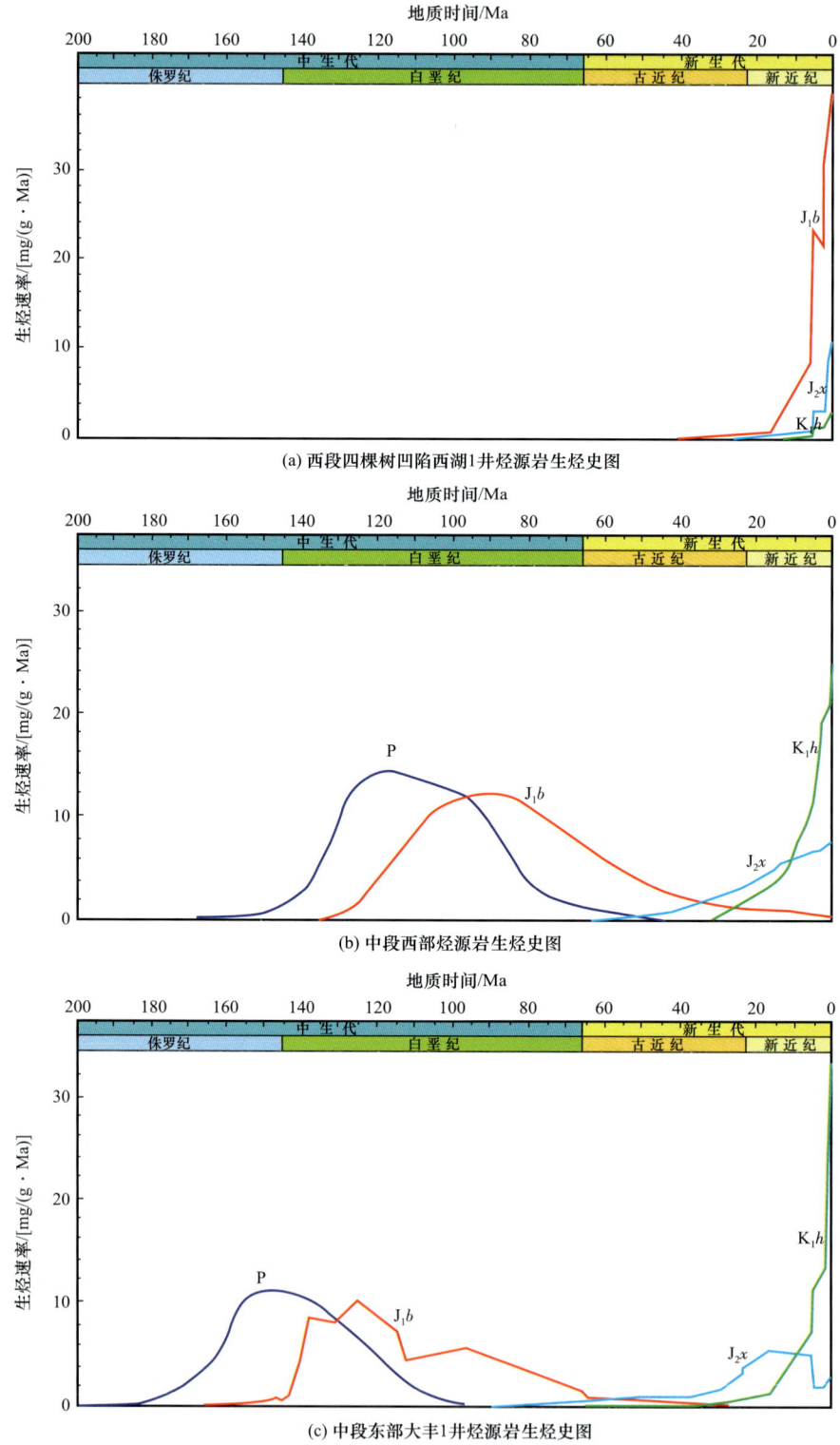

图 1-6 准南不同区带烃源岩生烃速率演化图

断阶圈闭与下盘侏罗系烃源岩生气高峰匹配，形成气藏，或与早期原油混合形成油气藏。第二排、第三排构造带中上组合圈闭主要为喜马拉雅期形成，圈闭形成晚于二叠系烃源岩生油和侏罗系八道湾组烃源岩生油气高峰，但与白垩系烃源岩生油期和侏罗系西山窑组烃源岩生气期匹配，形成煤型气和湖相原油混合的气藏或油气藏；下组合构造圈闭在燕山期未形成或仅具雏形（古构造），而喜马拉雅期才是构造圈闭的主要形成期，下组合发育的古构造圈闭，圈闭形成期与烃源岩早、晚生油气高峰匹配，最有利于形成规模油气藏，如四棵树凹陷高泉构造下组合已证实发育燕山期古构造，大丰1井钻遇乌奎背斜带呼图壁背斜下组合，喀拉扎组储层颗粒荧光分析证实有古油藏形成，原油来自侏罗系和二叠系烃源岩；下组合喜马拉雅晚期形成的圈闭与侏罗系西山窑组烃源岩生气高峰期匹配。因此，冲断带中段下组合圈闭与烃源岩生烃史存在两种匹配关系，以捕获晚期天然气为主。

四棵树凹陷东段具有类似于库车前陆盆地的早期浅埋晚期快速深埋的埋藏历史，侏罗系烃源岩在10Ma以来开始大量生油，现今仍在大量生油阶段（图1-6a），与圈闭形成期良好匹配，具有形成大油气田的基础条件。前期已发现卡因迪克油田、独山子油田。2019年1月，高探1井在清水河组喜获高产油气流，日产原油1213m^3、天然气$32.17×10^4m^3$。高探1井的重大突破，证实了准南西段下组合具有形成大型油气田的地质条件，勘探潜力巨大。

准南冲断带中段西部与中段东部相比，由于早期埋藏相对较浅，烃源岩大量生烃时间相对滞后，侏罗系烃源岩在10Ma以来仍在大量生气，烃源岩晚期主生气期与晚期构造形成期匹配更好（图1-6b）。

以侏罗系八道湾组烃源岩为例，自23Ma以来，晚期主力生烃区主要位于四棵树凹陷、霍尔果斯和安集海构造深层及呼图壁构造西南侧。其中四棵树凹陷为晚期主力生油区，霍尔果斯和安集海构造深层为晚期主力生凝析油气区，呼图壁河构造西南侧为晚期主力生气区。这些晚期仍在规模生烃的区域与构造圈闭形成期的匹配关系较好，为油气有利勘探区带。

二、准南前陆盆地油气成藏整体评价

1. 生储盖组合

准南前陆盆地经历了多期构造演化，具有"南北分带、东西分段、垂向分层"的构造变形特征，自上而下，以古近系安集海河组、白垩系吐谷鲁群两套滑脱层为界，分为上、中、下三个构造层和三套成藏组合（图1-7）。因此，准南前陆盆地在多期次构造演化、多套烃源岩、多套泥岩盖层控制下形成了多个含油气层系。其中，中组合白垩系有效烃源岩只分布在冲断带—坳陷带的中段，古近系有效烃源岩仅在西部四棵树凹陷少量发育，而下部成藏组合除发育侏罗系烃源岩外，油源对比证实还存在二叠系烃源岩，加之下组合白垩系泥岩盖层厚度大、塑性强，因此近源下组合油气勘探潜力最大。但在下组合的勘探研究中，2008年以来，针对这套地层钻探了24口风险井，8口井获得低产油流，2019年，位于四棵树凹陷的高探1井，日产原油超千立方米，再次证实了准南下组合勘探潜力。

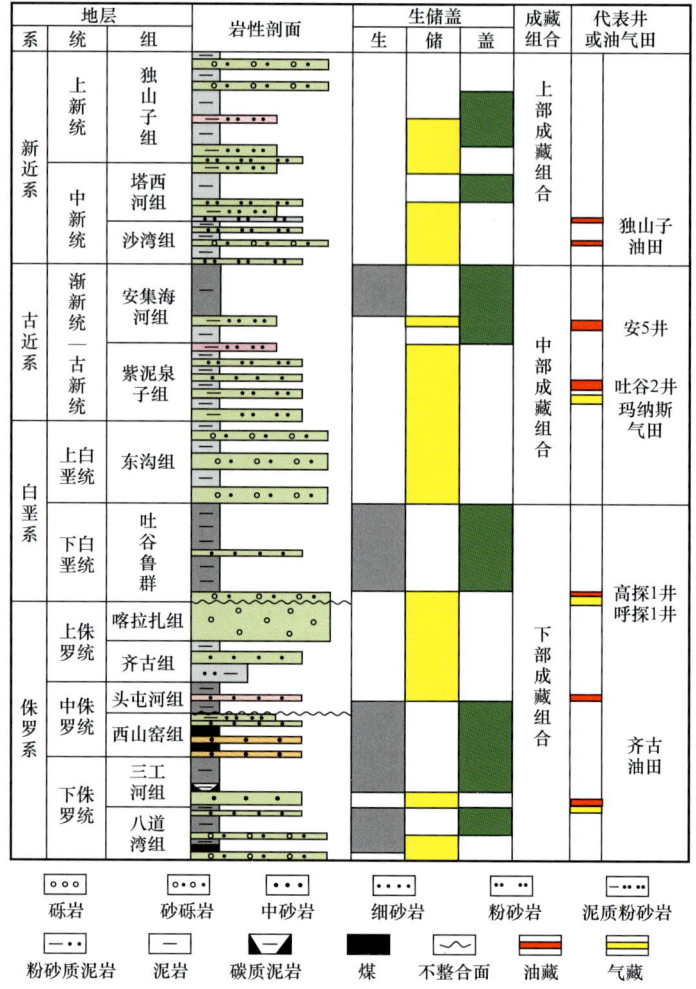

图 1-7 准南前陆冲断带油气成藏组合柱状图

2. 不同构造带油气分布

准南地区发育有二叠系、侏罗系、白垩系和古近系四套烃源岩，由于古近系烃源岩目前的镜质组反射率普遍小于 0.6%，认为其对准南地区的油气成藏贡献甚微。白垩系湖相有效烃源岩仅分布在冲断带中段。二叠系烃源岩生烃时间早，主要充注到冲断带和斜坡隆起带的古构造圈闭，与准南新生代以来的晚期冲断构造形成期不匹配。根据最新的勘探资料和油气源比结果，车排子凸起上的石桥 1 井（K_1q）、车 80 井（K_1q）、车 89 井（N_1s）、车 83 井（K_1tg）、车 82 井（J_1b）天然气均为侏罗系煤型气，车排子凸起上的春光油田、排 2 井（N）、排 8 井（E）原油具有侏罗系油源的贡献，坳陷—斜坡区永进油田的永 6 井（J_2x）、东道 2 井、董 1 井（J_2t）、阜东 2 井（J_2t）、阜东 5 井（J_2t）等原油以二叠系烃源岩来源为主，混有侏罗系原油。据此，证实侏罗系烃源岩是准南前陆盆地的主力烃源岩，并且分布广泛。下面重点对侏罗系烃源岩生烃演化与油气分布关系进行分析。

如前文所述，在厚度分布上，侏罗系烃源岩在冲断带中段霍玛吐构造带、安集海—呼图壁构造带最厚，逐渐向外减薄，西段四棵树凹陷地区烃源岩相较于周围地区较厚。成熟度方面，冲断带中段东部地区烃源岩成熟度最大，达到 1.8% 以上，在大丰 1 井地区最高达到 2.2%，处于高—过成熟阶段，生成干气并在上覆的呼图壁背斜中聚集形成呼图壁气田；中段中西部侏罗系烃源岩成熟度相对较低，介于 1.0%～1.6%，处于高成熟生油和凝析气阶段，在第二排、第三排构造带的霍尔果斯油气藏、玛纳斯气田、吐谷鲁油藏、安集海含油气构造中都见到侏罗系烃源岩来源的成熟天然气；西部四棵树凹陷侏罗系烃源岩的 R_o 为 0.6%～1.0%，处于低成熟—成熟生油阶段，卡因迪克构造的侏罗系烃源岩发现了油藏。东部阜康断裂带烃源岩成熟度较低，总体处于 0.5%～0.8% 之间，以生油为主，目前在东段山前带发现了三台油田和甘河油田。总体来看，准南前陆盆地源自侏罗系烃源岩的油气分布具有中段富气，西段油气共存，东段富油的特征，这主要受侏罗系烃源岩成熟度的控制（图 1-8 和图 1-9）。

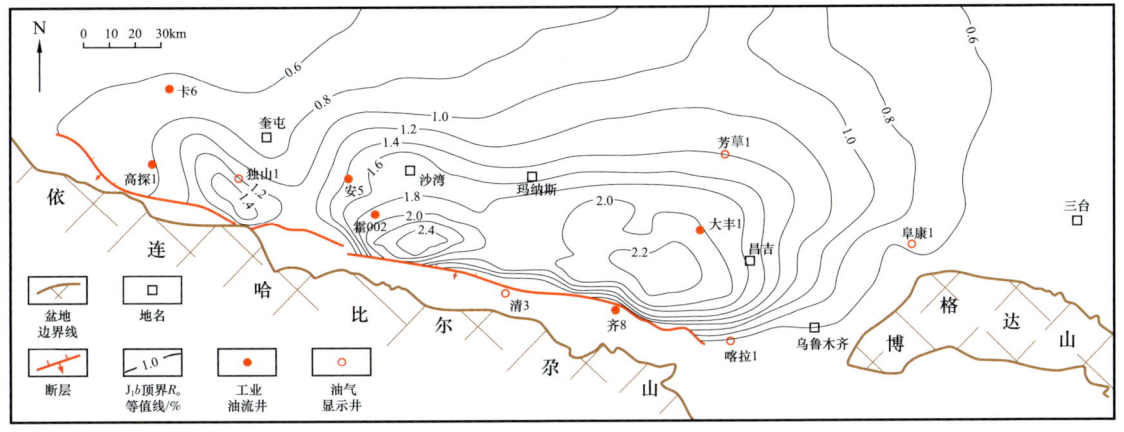

图 1-8 准南侏罗系八道湾组顶界 R_o 等值线图（据中国石油勘探开发研究院，2020）

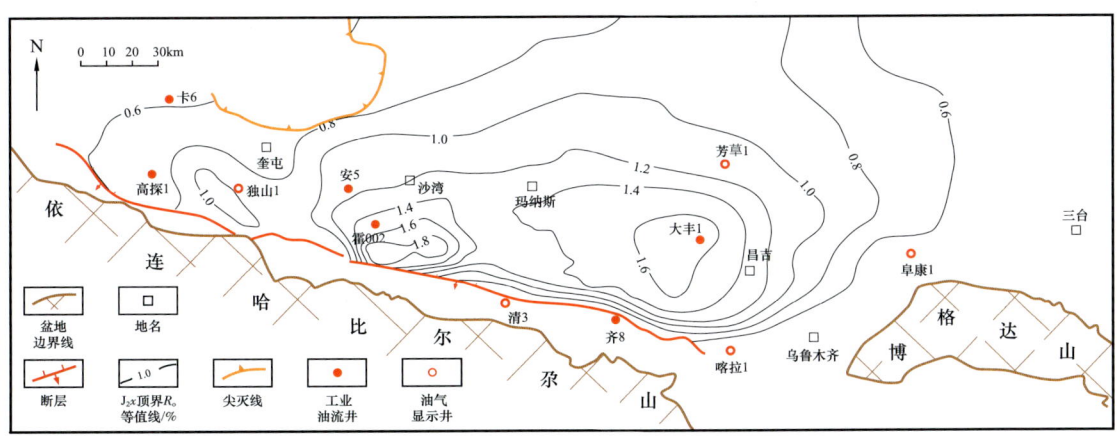

图 1-9 准南侏罗系西山窑组顶界 R_o 等值线图（据中国石油勘探开发研究院，2020）

乌奎背斜带侏罗系烃源岩成熟度最高，因此，中段玛河气田、呼图壁气田总体以天然气为主，混入少量白垩系湖相原油。其中，天然气具较重的碳同位素值，根据煤成气甲烷碳同位素换算成熟度公式，计算天然气成熟度为1.09%~1.34%；中段一排带的齐古油田、清1井天然气碳同位素值也较重，成熟度为1.32%~1.39%。四棵树凹陷由于新生代以来快速沉降，烃源岩成熟度为0.6%~0.8%，已经进入规模生油阶段，以原油和伴生气为主，卡因迪克油田、西湖1井、独山子油田中的伴生气乙烷碳同位素较轻，天然气成熟度为0.61%~0.82%；东段烃源岩成熟度最低，约为0.6%，以生油为主，古牧地、阜东地区伴生气的乙烷碳同位素值最轻，天然气成熟度为0.55%~0.68%（图1-10和图1-11）。从西向东，烃源岩成熟度具有先增加后减小的规律，天然气的成熟度也具有相同的变化规律，表明侏罗系烃源岩成熟度对油气组成及其成熟度具有较好的控制作用。

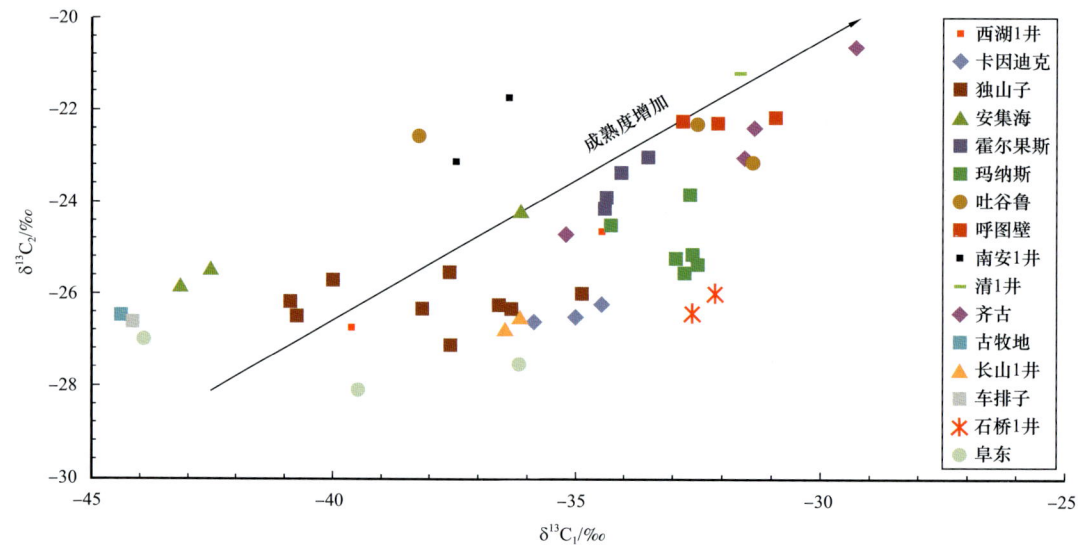

图1-10　准南前陆冲断带天然气甲烷—乙烷同位素交会图

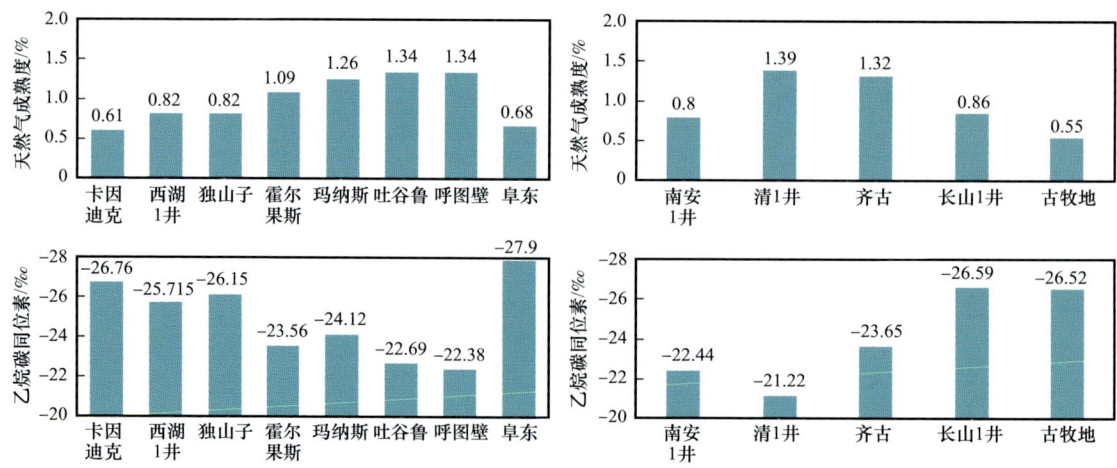

图1-11　准南前陆冲断带自东向西天然气碳同位素与成熟度对比图

3. 南缘中段构造演化与油气动态成藏分析

采用典型油气藏解剖和 Kronos Flow+Temis Flow 模拟技术、泥岩盖层评价技术，剖析了准南前陆盆地中段齐古背斜—吐谷鲁背斜—莫索湾凸起二维剖面构造演化及油气动态运聚过程。结果表明，齐古背斜为多期继续性发育构造，油气多期运聚，油气主要来源于下盘二叠系和侏罗系烃源岩；吐谷鲁背斜下组合存在规模油气聚集，油气晚期成藏；斜坡带上倾尖灭岩性圈闭为有利勘探目标，隆起带深层稳定的古构造有油气聚集。

1）构造演化与油气动态运聚数值模拟

（1）构造背景与演化过程。

新生代晚期以来，由于印—藏碰撞的远程效应（Monlar et al.，1975；Tappinnier et al.，1977；1979；Burchfiel et al.，1991；Avouac et al.，1993；Yin et al.，1998；Burchfiel et al.，1999；Allen et al.，1999；贾承造等，2003；郭令智等，2003），中国中西部地区形成环青藏高原的一系列新生代盆地群（贾承造等，2000，2003）。普遍认为这次构造活动的构造响应可以传播至现今的天山地区，造成新生代晚期天山地区强烈的构造隆升、构造改造和盆内变形。新生代晚期准南前陆盆地冲断带的构造变形始于 24Ma 左右，但快速隆升和构造变形主要形成于 10Ma，这在盆地南缘冲断带的形成中具有重要意义。首先，10Ma 以来的构造变形是准南前陆盆地冲断带新构造形成的重要时期，这些构造（如第二排、第三排构造）是目前油气运聚的有利构造；其次，这一期构造的强烈改造对早期形成的古构造或古油气藏可能起到较强的调整、破坏作用，同时也可能导致次生油气成藏或晚期油气聚集的形成，如齐古背斜早期形成的油藏遭受调整和破坏、喜马拉雅期聚集晚期高成熟气。

从构造变形的分布来看，由于晚新生代构造活动形成的构造带主要位于准南前陆盆地冲断带，形成的断裂也主要局限于盆地南缘冲断带。因此，新生代晚期构造活动引起的强烈变形主要位于盆地南缘冲断带，而对盆地中央及其以北地区的影响明显减弱。但是，由于强烈的构造挤压作用，前渊坳陷部位发生明显的快速沉降，北部斜坡带及前缘隆起带可能持续发生掀斜运动，对早期形成的油气藏可能起到重要的调整作用，使得原有油气藏遭到改造，油气运移形成次生油气藏。因此，新生代晚期的构造响应在南缘冲断带的记录较强，对前陆盆地其他构造单元的改造及对油气成藏的调整作用也不可忽视。

（2）油气动态运聚数值模拟。

① 参数定义。

为了揭示准南前陆盆地构造演化过程中油气运聚规律，选择过齐古1井、东湾1井、乐探1井和莫深1井二维地质剖面（图1-12），进行构造演化与油气动态运聚数值模拟。

根据上述地质大剖面，设置了数值模拟地层构造剖面（图1-13）和岩性剖面（图1-14），其中，二叠系、白垩系呼图壁河组和古近系安集海河组泥岩分别为下组合、中组合和上组合底部滑脱层。二叠系、侏罗系八道湾组和三工河组、白垩系吐谷鲁群发育泥质烃源岩，侏罗系西山窑组发育煤系烃源岩，以生气为主；上侏罗统喀拉扎组和齐古组、古近系紫泥泉子组为主力储层；白垩系吐谷鲁群和古近系安集海河组泥岩为区域盖层。

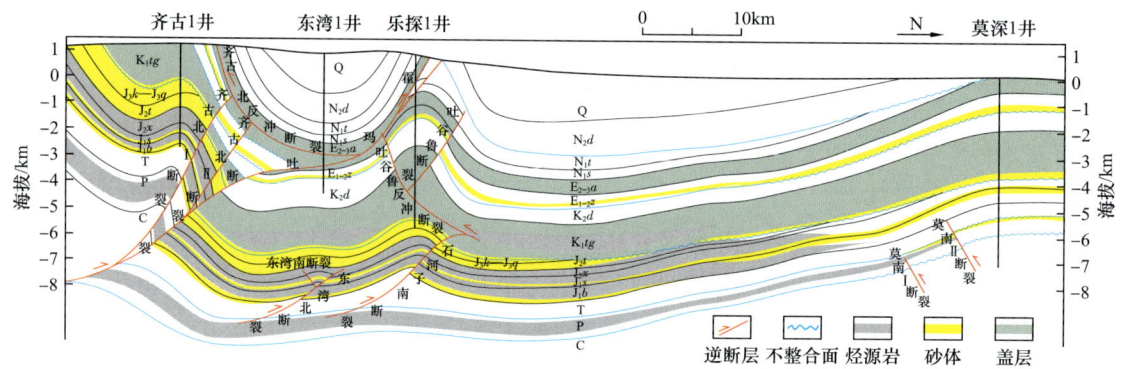

图 1-12 准南前陆盆地地质大剖面图

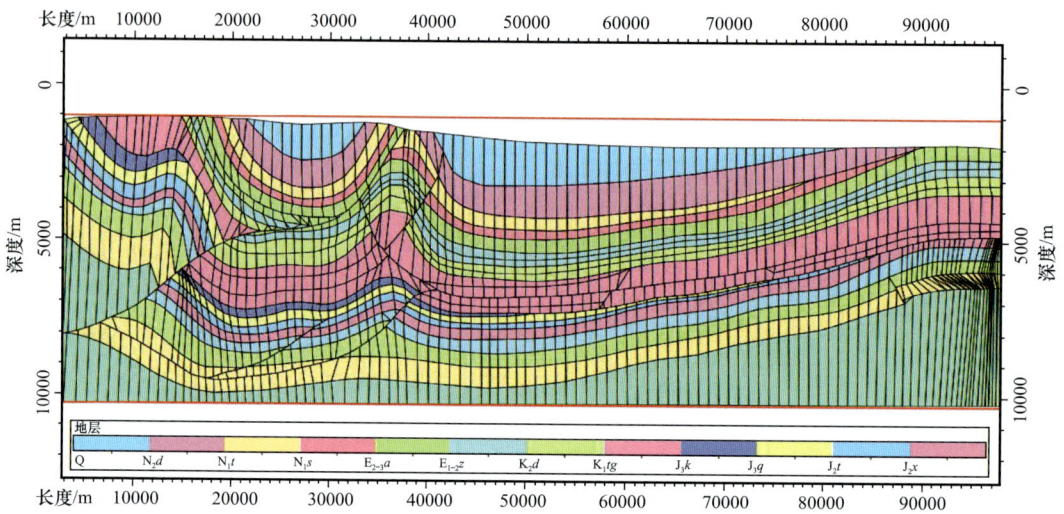

图 1-13 准南前陆盆地过齐古 1 井—乐探 1 井—莫深 1 井地层构造剖面图

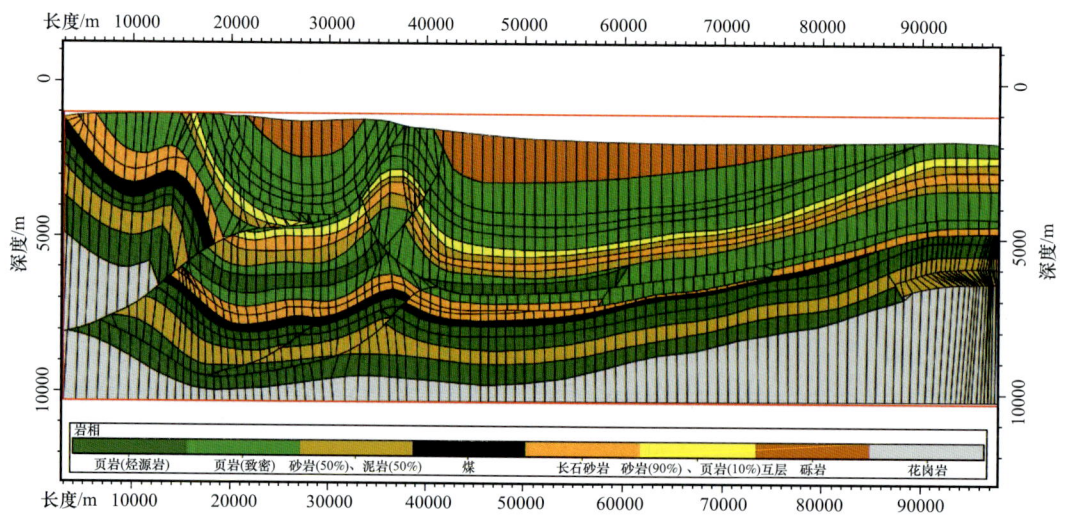

图 1-14 准南前陆盆地过齐古 1 井—乐探 1 井—莫深 1 井剖面岩性分布图

主要烃源岩层为二叠系、八道湾组、三工河组、西山窑组、吐谷鲁群。其中，二叠系烃源岩以暗色泥岩为主，有机碳含量为7.6%，干酪根类型主要为Ⅰ—Ⅱ型。八道湾组烃源岩以暗色泥岩和煤层为主，有机碳含量为2.0%，干酪根类型主要为$Ⅱ_2$—Ⅲ型。三工河组烃源岩为泥质烃源岩，有机碳含量为1.37%，干酪根类型主要为Ⅲ型。西山窑组烃源岩以碳质泥岩和煤层为主，有机碳含量为58.28%，干酪根类型为$Ⅱ_2$—Ⅲ型。吐谷鲁群烃源岩以泥岩为主，有机碳含量为1.29%，干酪根类型主要为Ⅰ—Ⅱ型。依据齐古8井的地温梯度测试，设定不同时期的地温梯度，299—251.9Ma（P）的地温梯度为50℃/1000m，251.9—201.3Ma（T）的地温梯度为36.3℃/1000m，201.3—23.03Ma（J—E）的地温梯度为30℃/1000m，23.03—2.6Ma（N）的地温梯度为28℃/1000m，2.6—0Ma（Q）的地温梯度为24℃/1000m。

② 模拟结果。

设置断层全部开启，模拟结果如图1-15至图1-18所示。侏罗纪末期—白垩纪早期，二叠系烃源岩进入生油窗，首先运聚于齐古背斜深层。白垩纪时期，二叠系烃源岩进入生油高峰期，原油开始向齐古背斜中浅层运移，部分原油聚集于坳陷区近源砂体，部分向北部古隆起高部位运移。白垩纪末期—古近纪，随盆内挤压断层的产生与活动，侏罗系烃源岩所生原油向南部齐古背斜和北部古隆起高部位运聚。新近纪以来，齐古背斜、冲断带下组合油气规模聚集，斜坡带岩性上倾尖灭圈闭和隆起带稳定的古背斜构造油气聚集成藏；另外深层油气向中浅层运移调整，齐古背斜尤其明显。对比来看，冲断带下组合油气最富集，尤其是霍玛吐构造带。

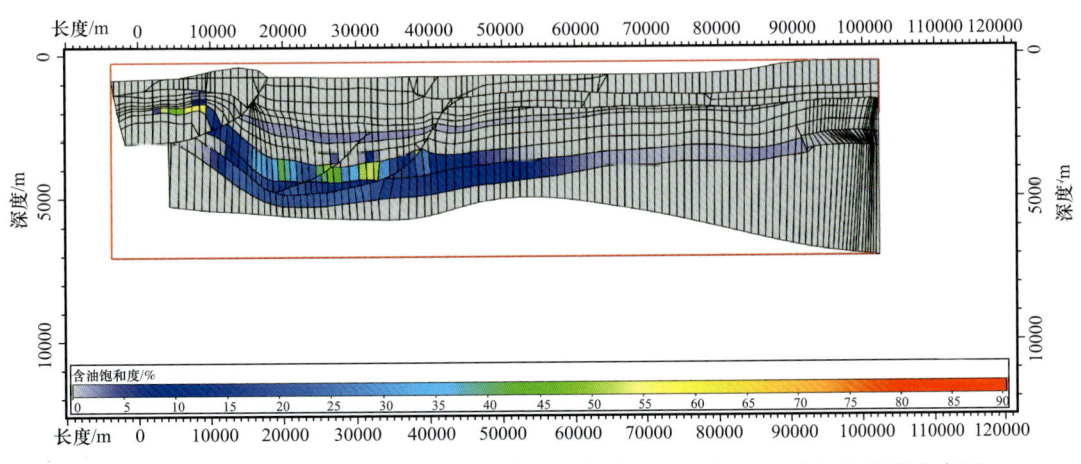

图1-15　准南前陆盆地二维剖面断层全部开启时120Ma（K_1tg）含油饱和度分布图

2）油气动态成藏模式

根据以上模拟结果，建立了准南前陆盆地中段二维大剖面构造演化与油气动态成藏模式（图1-19）。其中，二叠系烃源岩开始生油的时间为晚侏罗世，就近聚集于齐古背斜。白垩纪时期，二叠系烃源岩进入生油高峰期，有利区在第一排构造带昌吉、齐古背斜一

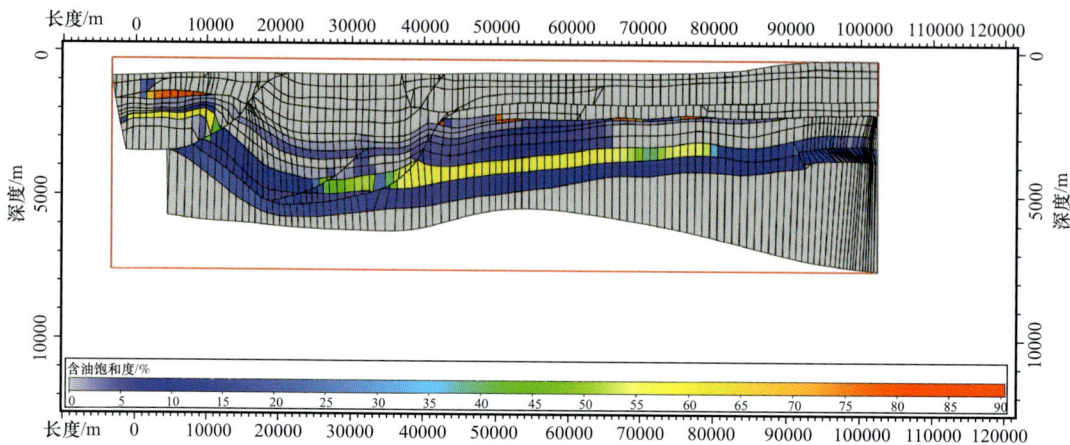

图 1-16 准南前陆盆地二维剖面断层全部开启时 66Ma（K_2d）含油饱和度分布图

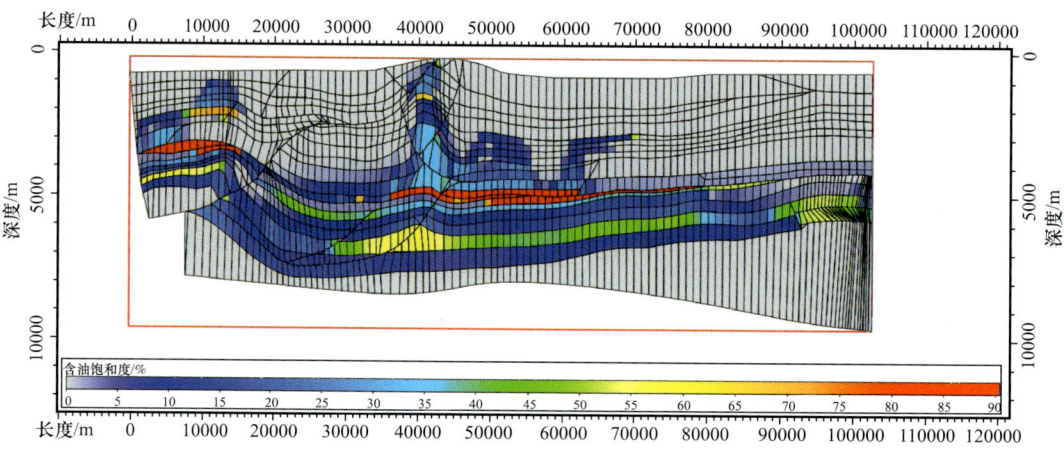

图 1-17 准南前陆盆地二维剖面断层全部开启时 2.6Ma（N_2d）含油饱和度分布图

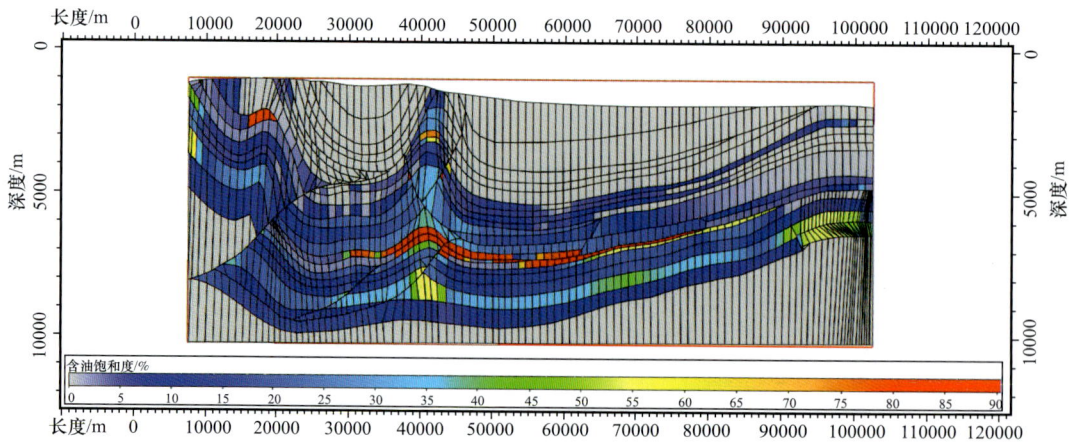

图 1-18 准南前陆盆地二维剖面断层全部开启时现今含油饱和度分布图

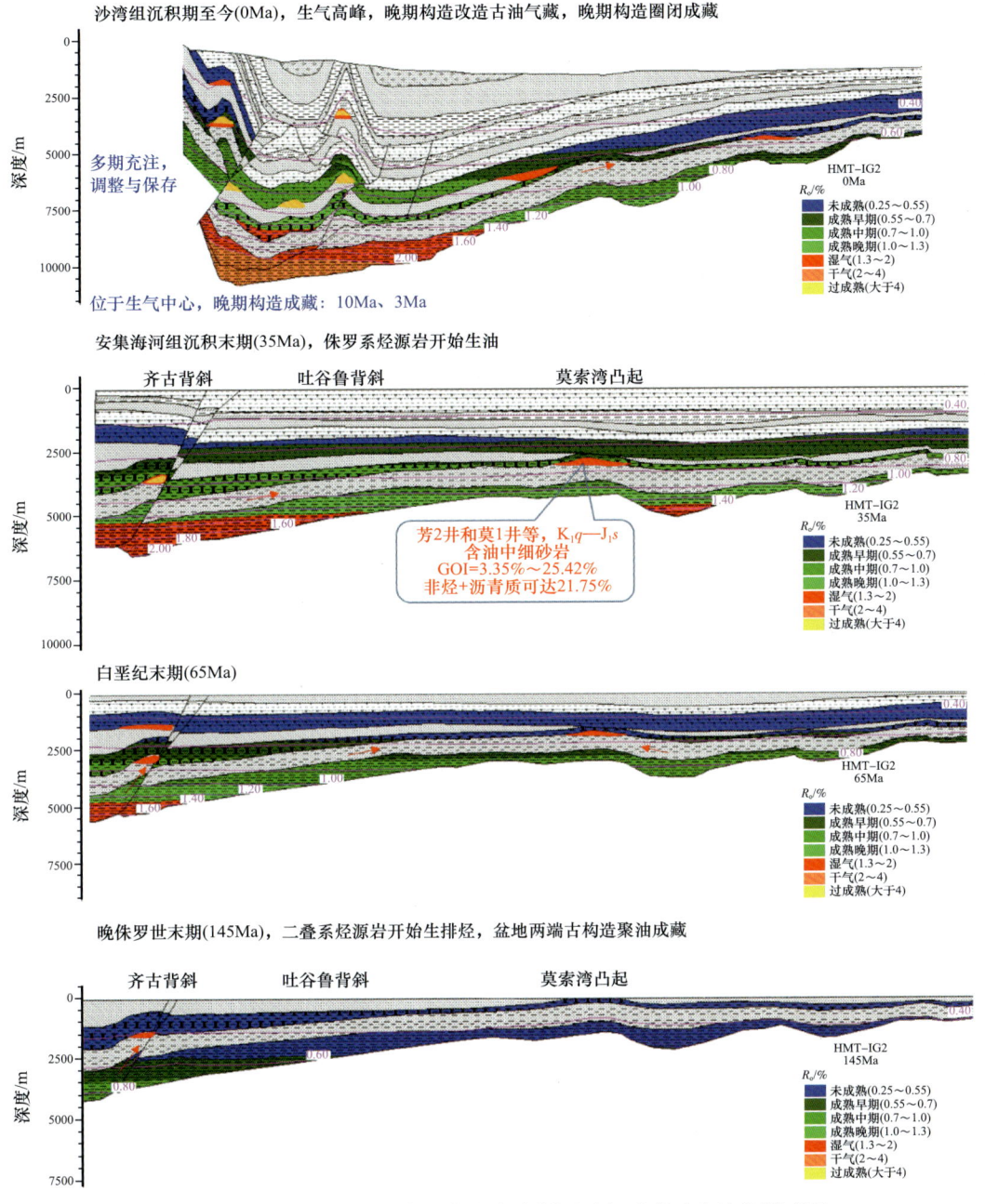

图 1-19　准南前陆盆地中段南北向大剖面油气成藏动态演化模式图

带，这是由于第一排构造带在侏罗纪末期古构造已经形成，有利于二叠系原油的聚集。由于侏罗纪末期，第一排构造带北部地区仍处于坳陷斜坡背景，大量源自二叠系原油沿着储层顶面运移至北部车—莫古隆起运聚。

古近纪末期，南部坳陷区二叠系烃源岩开始大量生气，北部斜坡区二叠系烃源岩进入生油窗，深部二叠系含油气系统继续向南、北高部位运聚成藏。此时坳陷区中—下侏罗统烃源岩进入生油阶段，首先就近向齐古背斜运聚。

新近纪以来，侏罗系烃源岩达到生气高峰期，坳陷区白垩系烃源岩达到生油阶段，第二排、第三排背斜带依次形成，北部构造带向南翘倾形成斜坡带，在第二排、第三排构造带下组合形成的侏罗系构造圈闭中，聚集形成原生气藏；由于断层的沟通作用，生成的天然气沿断层向上运移到中组合圈闭，形成次生油气藏；坳陷—斜坡区大量侏罗系原油沿着储层顶面往北部斜坡隆起区运移，在侏罗系内部形成岩性、构造—岩性油气藏。喜马拉雅期以来，白垩系烃源岩在新近纪开始大量生油，关键时刻为新近纪以来生成的原油沿断层向上运移至上白垩统东沟组和古近系紫泥泉子组储层聚集，与深部侏罗系来源的天然气共享圈闭，形成气侵成因的油气藏和凝析气藏，有利区为第二排、第三排构造带的霍尔果斯、安集海、吐谷鲁构造一带。

第二排、第三排构造带以新近纪晚期成藏为主，白垩系烃源岩生油，侏罗系烃源岩生气，中上组合由于断裂的沟通油气发生混源，形成气侵油气藏和凝析气藏，下组合保存条件好的构造圈闭以气聚集为主。第二排霍玛吐构造的油气充注主要在14—9Ma、3Ma，第三排构造油气充注主要在3Ma（方世虎等，2007），与准南新生代晚期强烈的构造活动时间具有良好的对应关系。

第二节　柴北缘复杂构造区圈源匹配与油气成藏整体评价

柴北缘地区主力烃源岩为中—下侏罗统烃源岩，早期，烃源岩生成的油气甲烷碳同位素值偏轻，与山前断阶带和盆内古构造圈闭匹配，烃源岩早期演化阶段生成的油气以侏罗系顶部不整合或砂体侧向运移远源成藏为主；中期，山前断阶带低断阶和盆内古构造天然气近源充注成藏，甲烷碳同位素值更轻；晚期，盆内滑脱冲断构造圈闭形成，高—过成熟天然气甲烷碳同位素值变重，以断裂垂向运移为主，远源成藏和近源成藏多层系富集。由山前向盆内，烃源岩演化与构造圈闭时空匹配控制天然气阶段聚集成藏。山前带和盆内滑脱冲断构造带发育基岩与含膏泥岩、砂岩与泥岩两种储盖组合，形成基岩成藏和多层系成藏两种成藏模式。

一、柴北缘地区侏罗系烃源岩再认识

柴北缘地区主力烃源岩为中—下侏罗统煤系地层，以生气为主。阿尔金山前带、冷湖和鄂博梁构造带是侏罗系含油气系统中典型的富气构造带。早期在冷湖—鄂博梁构造带 N_2^1、N_1、E_3^1 等浅层发现油气层，2012年东坪气田在 E_3^2、E_3^1 和 E_{1-2} 发现气层，2017年尖北气田在基岩获得工业气流，2018年昆2井（加深）在凹陷古构造侏罗系和基岩获工业油气流。该区为典型的油气多层系成藏，其中，阿尔山前带油气为侧向运移、远源成藏，冷湖—鄂博梁构造带油气为垂向运移、远源和近源成藏。油气源对比表明，油具有腐泥型特征，气表现出腐殖型特征，均来源于侏罗系烃源岩。

1. 下侏罗统烃源岩分布新认识

侏罗系存在 J_2、J_1h、J_1x 三套主力烃源岩层段，其中，下侏罗统主要分布于柴北缘西段、祁连山与阿尔金山交会处，沉积中心主要位于冷湖凹陷和伊北凹陷。中侏罗统主要分布在祁连山西侧的赛什腾—鱼卡一带，至德令哈断陷处分布范围有所增大，在柴西北部也有分布（图1-20）。

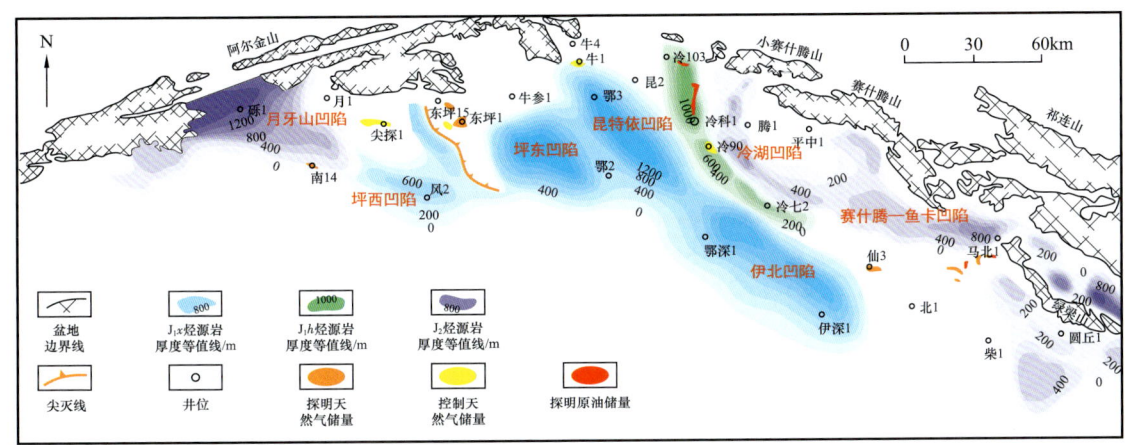

图1-20　柴达木盆地中—下侏罗统烃源岩厚度平面分布图（据青海油田勘探开发研究院，2019）

中—下侏罗统存在多个局部沉积中心，自西向东包括坪西凹陷、坪东凹陷、昆特依凹陷、冷湖凹陷、伊北凹陷、赛什腾—鱼卡凹陷等。其中伊北凹陷面积最大，最大厚度近2000m；其次是昆特依凹陷，分布面积为2500km²，最大厚度超过2000m；坪东凹陷分布面积达到2000km²，最大厚度近2000m；冷湖凹陷分布面积为700km²，最大厚度可达2400m；赛什腾—鱼卡凹陷分布面积约2500km²，最大厚度1000m。

通过井震结合，重新厘定了下侏罗统有效烃源岩的分布。一是分别建立了湖西山组（J_1h）一段、二段及小煤沟组（J_1x）有效烃源岩测井解释标准，依据该标准开展12口典型井测井识别，为落实烃源岩的分布奠定基础。如冷科1井湖西山组2段主要岩性为黑灰色泥岩，地层厚637m，暗色泥岩厚度为470m，测井解释烃源岩厚度为250m（图1-21），烃源岩占地层厚度比值为39%；湖西山组1段烃源岩主要岩性为黑色泥岩，地层厚度为610m，暗色地层厚度为323m，测井解释烃源岩厚度为245m（图1-22），烃源岩占地层厚度比值为40%。牛12井小煤沟组烃源岩主要岩性为深灰色碳质烃源岩，地层厚度为648m，暗色地层厚度为523m，测井解释烃源岩厚259m（图1-23），烃源岩占地层厚度比值为49%。二是由钻井标定地震剖面，刻画出冷湖三—五号地区发育 J_1h_1、J_1h_2 两套烃源岩（图1-24），以暗色泥岩为主，为断陷湖盆湖泛期沉积建造。J_1x 受燕山期差异剥蚀影响，在该区局部分布，不具备规模生烃能力。研究落实 J_1 有效烃源岩平面上主要分布于阿尔金山前中东段及盆地腹部（图1-20），发育冷湖（J_1h，面积2000km²，最大厚度600m）、坪西、坪东、昆特依、鄂博梁（J_1x，面积12000km²，最大厚度1400m）等生烃凹陷，总面积14000km²。

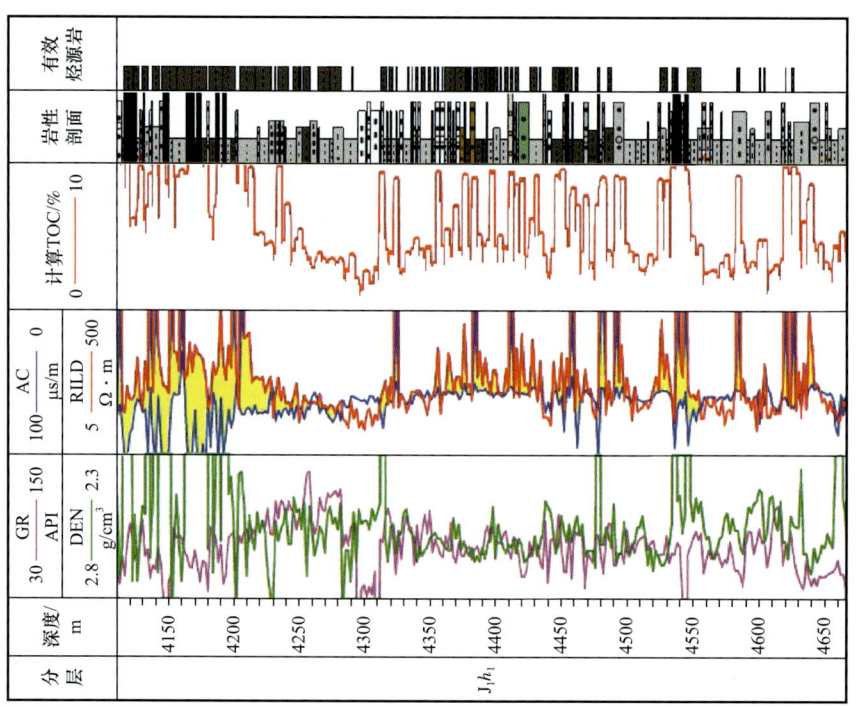

图 1-22 冷科 1 井 J_1h_1 烃源岩测井解释成果图

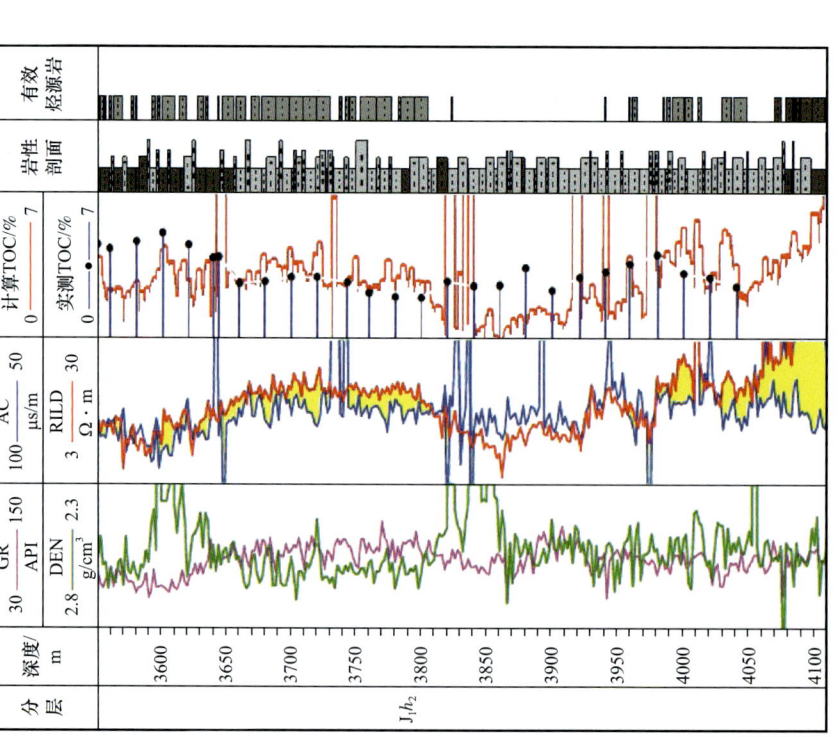

图 1-21 冷科 1 井 J_1h_2 烃源岩测井解释成果图

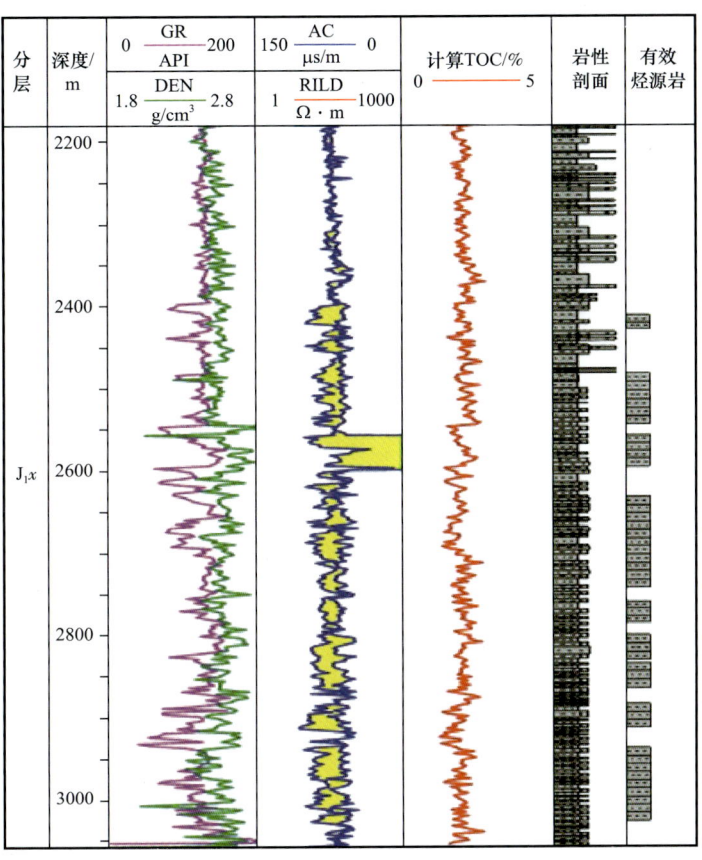

图 1-23　牛 12 井 J_1x 烃源岩测井解释成果图

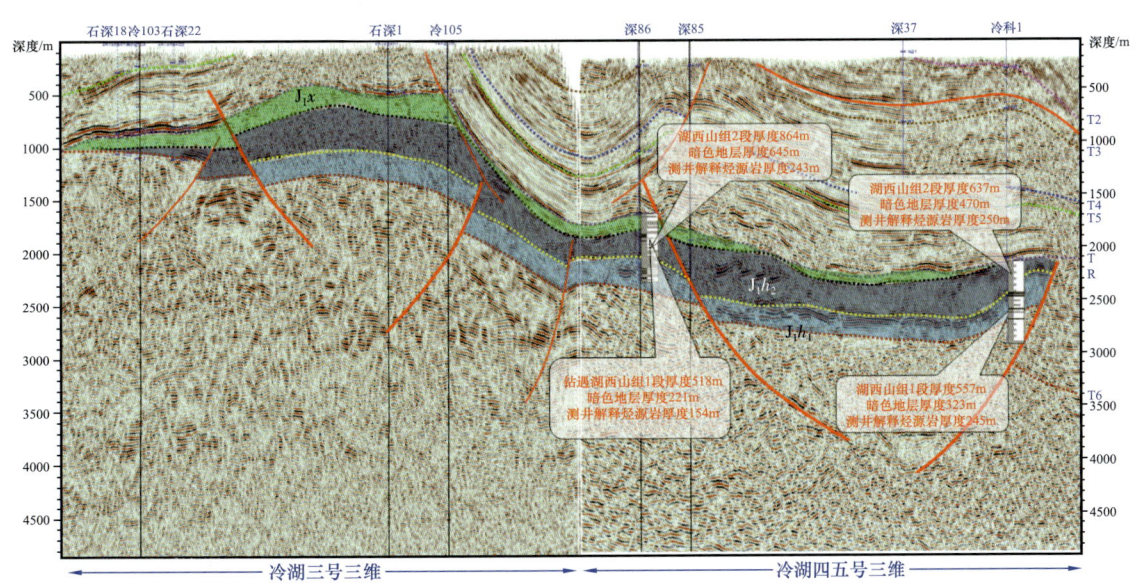

图 1-24　井震结合确定下侏罗统烃源岩厚度分布图

综合分析认为阿尔金山前带基本不发育有效烃源岩，大风山—鄂博梁构造有效烃源岩主要为下侏罗统，冷湖构造有效烃源岩主要为中侏罗统。

2. 烃源岩评价

柴北缘中—下侏罗统烃源岩岩性多样，主要有湖相的暗色泥岩、油页岩、湖沼相的碳质泥岩和煤。

中—下侏罗统泥岩有机质丰度相近，平均有机碳含量分别为 3.85% 和 3.93%，平均生烃潜量分别为 14.43mg/g 和 8.34mg/g，平均氯仿沥青"A"含量均为 0.08%，氢指数平均值分别为 568.74mg/g 和 395.25mg/g（表 1-1）。中—下侏罗统油页岩有机质丰度相差大，有机碳含量平均值分别为 6.33% 和 27.04%，平均生烃潜量分别为 42.44mg/g 和 120.02mg/g，平均氯仿沥青"A"含量分别为 0.69% 和 0.42%，氢指数平均值分别为 362.27mg/g 和 392.52mg/g。

中—下侏罗统碳质泥岩平均有机碳含量分别为 18.61% 和 18.11%，平均生烃潜量分别为 31.32mg/g 和 36.90mg/g，平均氯仿沥青"A"含量分别为 0.17% 和 0.18%，氢指数平均值分别为 175.20mg/g 和 197.05mg/g。

中侏罗统煤的丰度和类型好于下侏罗统，平均有机碳含量分别为 54.80% 和 54.74%，平均生烃潜量分别为 112.19mg/g 和 82.43mg/g，平均氯仿沥青"A"含量分别为 0.37% 和 0.44%，氢指数平均值分别为 202.04mg/g 和 165.05mg/g（张喜龙，2019）。

中侏罗统烃源岩三种类型有机质均发育，以 I 型、II 型为主，反映该时期主要为湖泊沉积。下侏罗统 I 型有机质较少，以 II 型、III 型为主，反映该时期陆源高等植物的输入较多（Ritts et al.，1999）。

表 1-1 柴北缘地区侏罗系烃源岩有机质丰度统计表

地层	中侏罗统				下侏罗统			
岩性	泥岩	油页岩	碳质泥岩	煤	泥岩	油页岩	碳质泥岩	煤
TOC/%	3.85	6.33	18.61	54.80	3.93	27.04	18.11	54.74
生烃潜量/mg/g	14.43	42.44	31.32	112.19	8.34	120.02	36.90	82.43
氯仿沥青"A"/%	0.08	0.69	0.17	0.37	0.08	0.42	0.18	0.44
氢指数/mg/g	568.74	362.27	175.20	202.04	395.25	392.52	197.05	165.05

3. 烃源岩生烃演化模式

下侏罗统烃源岩 R_o 分布在 0.5%～3.5% 之间，总体处于高成熟阶段，以生气为主。中侏罗统烃源岩 R_o 总体较下侏罗统偏低，处于生油和生气阶段。

为了探讨柴北缘地区煤型气天然气的组成特征，选择了两种类型的样品，开展了黄金管模拟实验。模拟实验样品选择了煤样、碳质泥岩。所选样品的基本地球化学特征见表 1-2。

表 1-2 热模拟样品基本地球化学特征

编号	样品地区	样品基本地球化学特征	有机质类型
LZD-3-M006	民和盆地，侏罗系煤样	TOC=78.5%；T_{max}=426℃；HI=183.13mg/g，OI=4.11；R_o=0.7%	Ⅲ型有机质 $\delta^{13}C$=-23.5‰
LZD4-XMG	柴达木盆地，小煤沟组碳质泥岩	TOC=33%；T_{max}=432℃；HI=291mg/g，OI=37	Ⅱ型有机质

模拟温度为 300～600℃；压力恒定在 50MPa，以 2℃/h 和 20℃/h 的升温速率进行模拟。对模拟气体产物 24 个温度点的 C_1—C_3 组成，轻烃组成，液态烃组成进行了定量收集和分析，并对每一温度点的气体碳同位素进行分析，获得不同类型样品的甲烷和乙烷累计和瞬时的碳同位素值（图 1-25 和图 1-26），无论是甲烷碳同位素还是乙烷碳同位素，也无论是累计碳同位素还是瞬时碳同位素，均有一个共同的演化规律，即随烃源岩成熟度的增大，碳同位素值由高到低、再大幅升高，转换临界成熟度在 1.0% 左右。通过黄金管

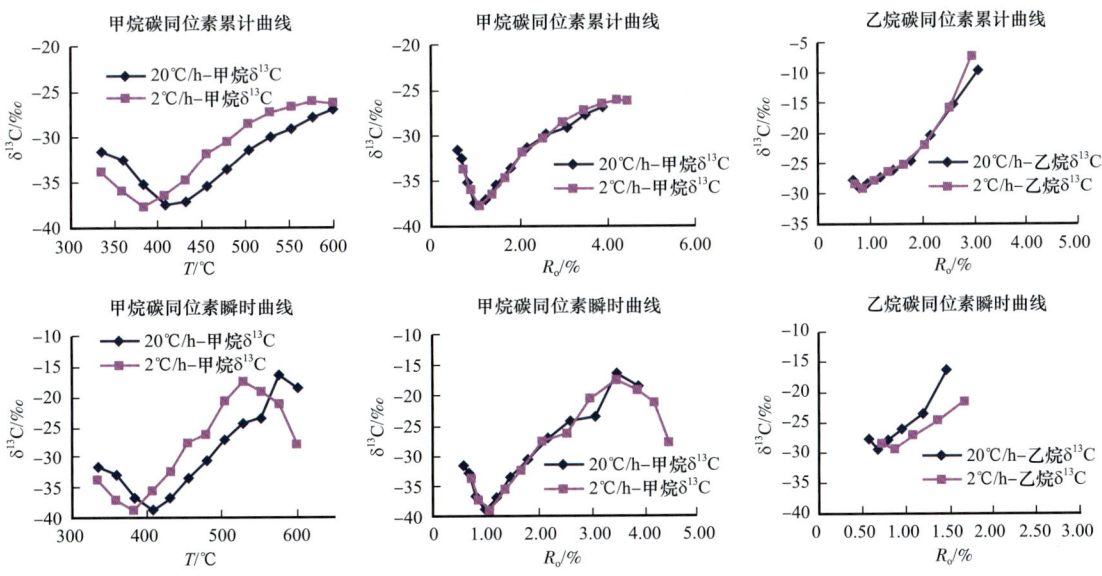

图 1-25 煤样品甲烷、乙烷碳同位素累计和瞬时碳同位素分布特征

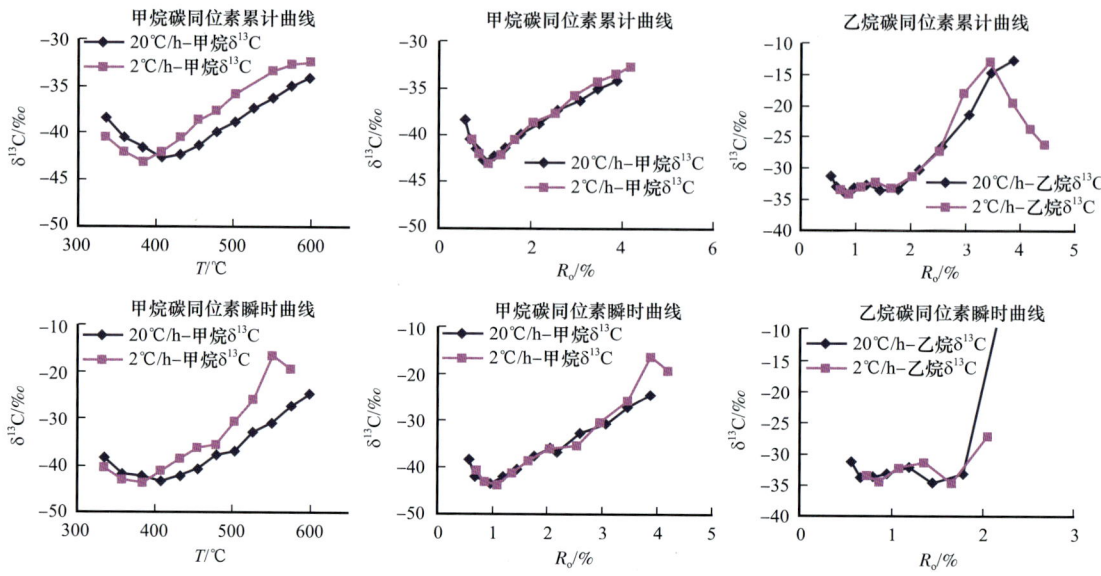

图 1-26 小煤沟碳质泥岩模拟实验甲烷、乙烷碳同位素累计和瞬时碳同位素分布特征

生烃模拟实验看，如果早期形成的天然气也保留在气藏中，煤和碳质泥岩样品累计生烃甲烷碳同位素值不超过 -26.5‰、-32.5‰，而考虑瞬时模型时，两类样品模拟产物甲烷碳同位素最大值可以达到 -16‰、-17‰。柴北缘尖北、东坪、昆北、鄂博梁 3 号、冷湖 5 号和南八仙等地区天然气甲烷同位素较重，为 -31.8‰~-13.2‰（表 1-3）。乙烷碳同位素为 -27.9‰~-12.5‰，个别来自侏罗系煤型气的乙烷碳同位素为 -28.8‰，反映了成藏过程以阶段聚气为主的特点。

表 1-3 柴北缘地区天然气组成和碳同位素数据表

气田	井号	地层	C_1/%	C_2/%	干燥系数	$C_1/(C_2+C_3)$	$\delta^{13}C_1$/‰	$\delta^{13}C_2$/‰	$\delta^{13}C_3$/‰	R_o/%
尖北	尖探 2	基岩	81.75	2.30	0.97	32.9	-23.1	-21.6	-21.9	2.2
东坪	东坪 171	N_2^2	92.39	2.53	0.97	34.2	-31.0	-20.8	-22.9	1.3
	东坪 1	基岩	88.49	2.01	0.97	41.2	-25.0	-20.8	-23.8	1.9
	坪 1H-2-7	基岩	88.21	2.04	0.97	40.4	-25.3	-21.4	-21.0	1.9
	坪 1H-2-8	基岩	88.14	2.03	0.97	40.5	-24.9	-21.0	-25.4	2.0
牛东	牛 105	J	78.04	6.78	0.90	10.4	-35.5	-25.0	-23.3	0.9
	牛 1	J	88.77	3.95	0.95	21.0	-34.7	-23.5	-23.0	1.0
	牛 1-2-1	J	76.69	8.23	0.88	8.2	-37.8	-25.3	-22.6	0.8
昆北	昆 2	基岩	90.70	4.12	0.95	19.7	-30.0	-22.1	-20.3	1.4

续表

气田	井号	地层	C_1/%	C_2/%	干燥系数	$C_1/(C_2+C_3)$	$\delta^{13}C_1$/‰	$\delta^{13}C_2$/‰	$\delta^{13}C_3$/‰	R_o/%
鄂博梁3号	鄂7	N_2^1	96.39	0.13	0.99	688.5	−23.8			2.1
	鄂深1	N_2^1	91.78	0.21	0.99	443.4	−21.2	−22.0		2.5
	鄂深1	N_2^1					−18.6			3.1
	鄂深1	N_2^1					−19.3	−20.7		2.9
	鄂深1	N_2^1					−22.1	−23.4		2.4
	鄂深1	N_2^1					−13.2			4.5
	鄂深1	N_2^1					−15.5	−21.5		3.8
	鄂深1	N_2^1					−14.3	−16.2		4.1
	鄂深1	N_2^1					−14.2			4.2
	鄂深1	N_2^1					−20.5	−20.6		2.7
	鄂深2	N_2^1					−21.8	−20.9		2.4
	鄂深2	N_2^1					−22.4	−19.4		2.3
伊克雅乌汝	伊深1	N_2^2					−18.3	−12.5		3.1
	伊深1	N_2^2					−20.7	−17.6		2.6
	伊探1	N_2^3					−24.3			2.0
	伊探1	N_2^3					−22.3			2.4
	伊探1	N_2^2					−22.8			2.3
	伊探1	N_2^2					−24.5			2.0
	伊探1	N_2^2					−24.9			2.0
	伊探1	N_2^2					−24.9			2.0
	伊探1	N_2^2					−24.6			2.0
冷湖4号	冷96	E_{1-2}	83.33	8.88	0.86	7.0	−37.2	−26.6		0.8
	深85	N_1	78.66	8.24	0.84	6.4	−32.3	−23.4		1.2
	冷潜4	E_3^2	56.27	13.15	0.78	3.9	−38.7	−27.5	−25.6	0.7

续表

气田	井号	地层	C_1/%	C_2/%	干燥系数	$C_1/(C_2+C_3)$	$\delta^{13}C_1$/‰	$\delta^{13}C_2$/‰	$\delta^{13}C_3$/‰	R_o/%
冷湖5号	垣1	E_3^2	89.54	0.56	0.99	151.8	−25.4	−22.7	−29.3	1.9
	冷94	N_1	92.40	1.38	0.97	61.2	−28.9	−22.8		1.5
	冷902	N_1	93.31	0.93	0.99	77.8	−24.8	−22.5	−21.1	2.0
	冷新1	J	83.20	4.45	0.91	11.0	−31.8	−27.9	−25.8	1.2
	冷90	N_1	93.51	0.70	0.99	115.4	−26.0	−23.8		1.8
冷湖7号	仙西1	E_3^2	81.18	6.14	0.89	10.2	−29.5	−24.2	−21.3	1.4
	仙西1	J	79.06	12.75	0.82	5.0	−42.7	−28.8	−25.1	0.8
南八仙	仙1-1	N_2^1	89.63	3.69	0.94	19.1	−24.2	−21.3	−19.6	2.1
	仙17	E_3^1	91.19	2.93	0.96	25.7	−22.7	−20.2	−19.5	2.3
	仙18	E_3^1	89.66	3.50	0.95	21.2	−29.0	−23.4	−23.4	1.5
马北	马八2-9	基岩	37.82	0.09	0.99	294.8	−25.3	−19.7	−19.5	1.9
	马八H1-1	基岩	75.76	7.54	0.84	7.3	−30.5	−24.7	−24.0	1.3
	马八H2-1	基岩	78.58	7.25	0.87	8.1	−27.8	−24.7	−23.8	1.6
	马西106	E_3^1	87.83	3.12	0.96	24.4	−28.0	−22.4	−22.0	1.6
	马西1-3	E_3^1	89.18	2.90	0.96	27.0	−26.1	−21.7	−22.5	1.8
平台	平302	E_{1-2}	8.26	0.72	0.86	7.5	−31.3	−24.8	−24.4	1.2

二、柴北缘地区油气成藏整体评价

1. 生储盖组合

柴北缘山前带高断阶基本不发育侏罗系烃源岩，如阿尔金山前带的东坪、牛东地区，凹陷带深层有侏罗系有效烃源岩分布。该区大体发育两种类型的储层：碎屑岩储层和基岩裂缝型储层。其中碎屑岩储层为主要类型，几乎在柴北缘所有构造带都发育。基岩裂缝型储层在马海、尖北、东坪、牛东等地区钻遇，非均质性强，裂缝分布不均。柴北缘地区存在两套区域性盖层，深部盖层以侏罗系泥岩为主，浅部盖层为古近系—新近系区域性盖层，岩性包括泥岩和膏泥岩，两套盖层都能有效地保存油气（图1-27）。

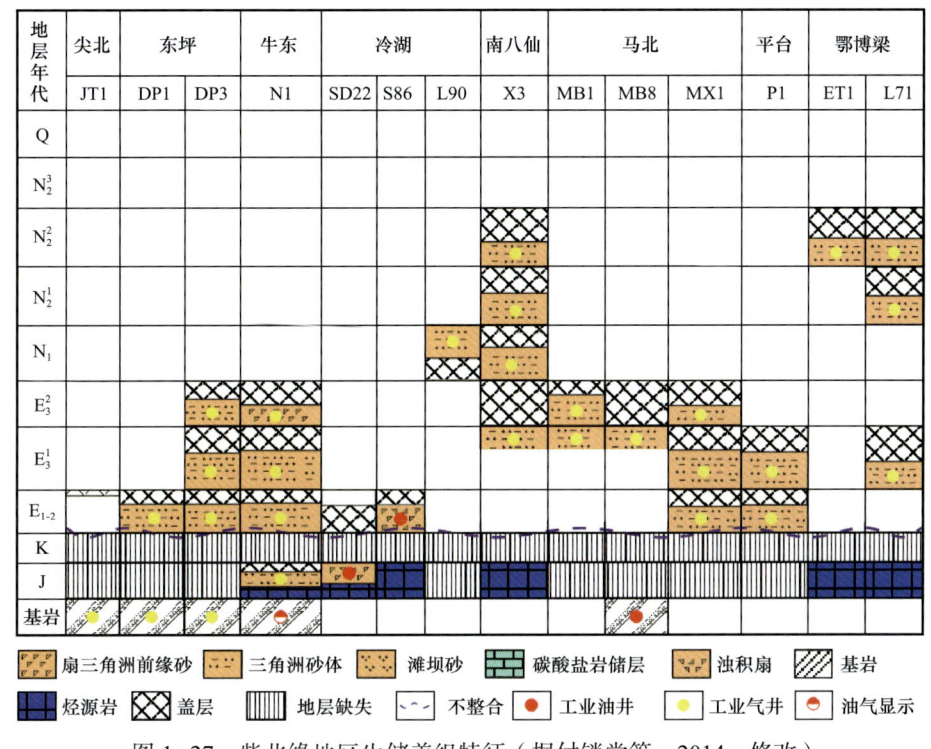

图 1-27 柴北缘地区生储盖组特征（据付锁堂等，2014，修改）

2. 阿尔金山前带典型气田解剖

1）构造背景与构造演化

阿尔金山前带东段西为茫崖凹陷与大风山凸起，东为昆特依地区、冷湖构造带，东南紧邻一里坪生烃凹陷。区内自西向东依次为尖北斜坡、东坪鼻隆、牛北斜坡、牛东鼻隆、冷北斜坡的"两隆三斜坡"构造格局，各构造带内部被一系列小断层切割形成背斜、断背斜、断块等圈闭形态。

根据前人研究成果，阿尔金山前带东段地区主要经历了 3 个大的构造演化阶段，分别为燕山早期断陷阶段，中生代（侏罗纪）为伸展断陷阶段；喜马拉雅早期断坳阶段，路乐河组—下干柴沟组上段沉积处于拉分坳陷阶段，东坪地区在断裂的控制下，具有了古斜坡背景；喜马拉雅中晚期挤压反转阶段，上干柴沟组—下油砂山组沉积期东坪地区形成古隆起，并形成现今的构造形态。

区内发育基岩风化壳、中生代与新生代三套地层，其中东坪鼻隆发育新生代地层主要为路乐河组、下干柴沟组下段与上段、上干柴沟组，下油砂山组与上油砂山组、狮子沟组地层在区内多遭受剥蚀。

2）油气来源

油源对比表明，油气藏存在不同类型油气的混合，天然气主要来源于腐殖型有机质，为煤型气（图 1-28），轻烃主要源于淡水湖相腐泥型有机质。柴北缘地区全油碳同位素数据显示，东坪地区原油碳同位素具有偏轻的特征，与冷湖 3 号地区相似，进一步表明该地区凝析油（原油）主要来源于侏罗系淡水湖相泥岩。中侏罗统烃源岩偏腐泥型，下侏罗统烃源岩偏腐殖型。因此认为在坪东凹陷，除了发育下侏罗统腐殖型烃源岩外，可能也存在中侏罗统腐泥型烃源岩，大部分侏罗系埋深超过 4500m，R_o 在 1.4% 以上，最高达 4.0% 以上，处于高—过成熟阶段，以生气为主。

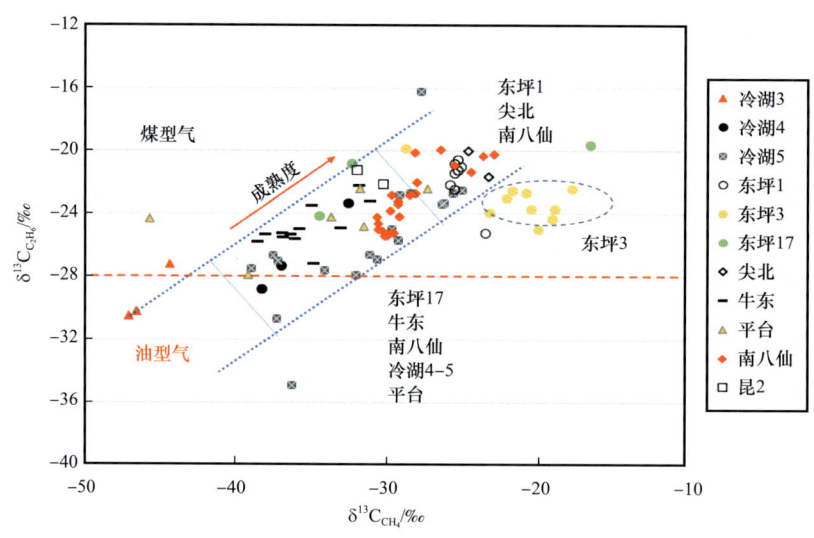

图 1-28 阿尔金山前带天然气来源分析

3）油气运移路径和时间

受多期构造活动影响，柴北缘深层发育大量沟通油气源的断裂。如东坪地区，主要断裂为坪东、坪西、坪北和红南断层。这些断层延伸距离远，错断地层广。其中坪东断层是东坪鼻隆区的一条最主要逆断层，走向北北西，倾向西南，断开层位 T3—T6，区内最大断距 1900m，在工区内延伸长度约 30km；坪西断层位于东坪一号构造西翼，与坪东断裂相交形成东坪一号断背斜。走向北北东转为北东东，倾向东南，断开层位 T3—T6，最大断距 1900m，在工区内延伸长度约 11km。这些油源断裂与不整合、砂层及裂缝等组成多种类型的复合输导体系，从而使得深部侏罗系生成的天然气向盆缘区或者上部圈闭聚集成藏。另外，断层附近裂缝发育，为流体的流动提供了通道，为深层储层改善提供了优越条件。总之，柴北缘广泛发育的深大断裂为深层气藏的形成提供了优越的垂向运移通道，也在一定程度上扩大了天然气在空间上的富集。

钻井资料揭示该区下部没有侏罗系烃源岩，天然气来自坪东和坪西生烃凹陷，在盆缘古隆起区。油气运聚三维数值模拟表明，尖顶山和东坪地区古隆起为油气长期汇聚区，油气分别来自坪西和坪东凹陷，烃源岩以生气的下侏罗统为主。天然气运移通道主要为断层与不整合面组成的输导体系，基岩顶部不整合风化带为侧向运移主要通道，构造脊控制油气主要运移路径，断裂侧向封闭性控制油气的运聚（图1-29）。

油气沿断层向上运移，直接进入基岩顶部的风化壳渗透层之中，油气向上运移到上覆的路乐河区域性膏泥岩盖层底部，由于其封盖性较好，使得油气主要先侧向运移，遇到断裂时，开始沿着断裂向上部地层运移。进入基岩顶部渗透性地层中的油气平面上按照流线的趋势，从坪东凹陷内部向东坪高构造部位运移，并在有利圈闭部位发生聚集。其中，尖顶山地区尖探1井为天然气充注聚集，天然气来源于坪西凹陷（图1-30和图1-31）。尖探5圈闭没有处在天然气运移路径上，故而钻探失利。东坪3井区油气聚集序列为：先油（距今22Ma），再油气（距今4.9Ma），最后为气聚集（距今8.2Ma）。

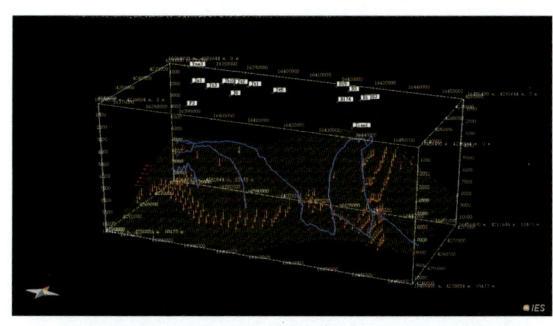

(a) 烃源岩生成油气向基岩的运移（距今22Ma）

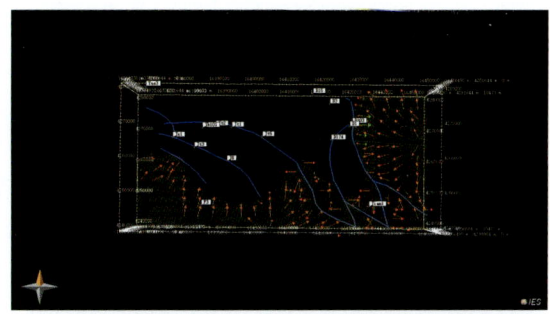

(b) 烃源岩生成油气侧向的运移（距今22Ma）

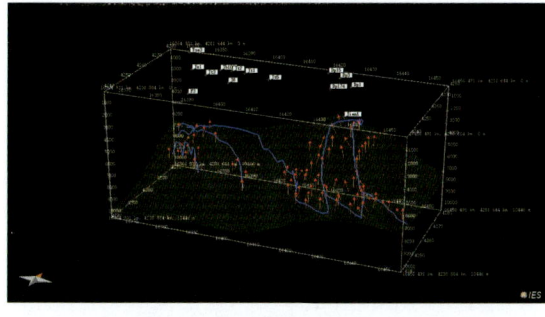

(c) 烃源岩生成油气沿断裂运移（距今22Ma）

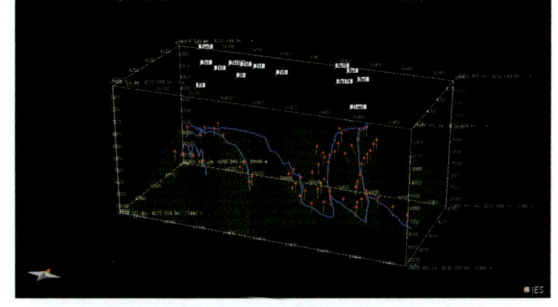

(d) 烃源岩生成油气沿断裂运移（距今8.2Ma）

图1-29　尖顶山和东坪地区油气的运移特征

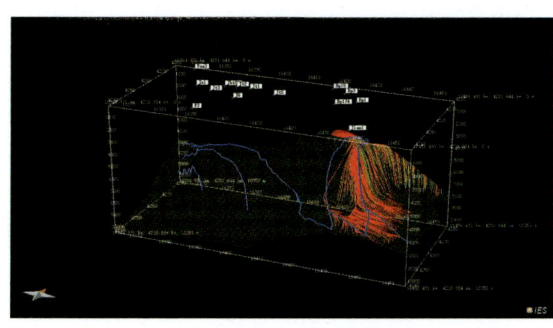

(a) 距今8.2Ma（南西向观察）

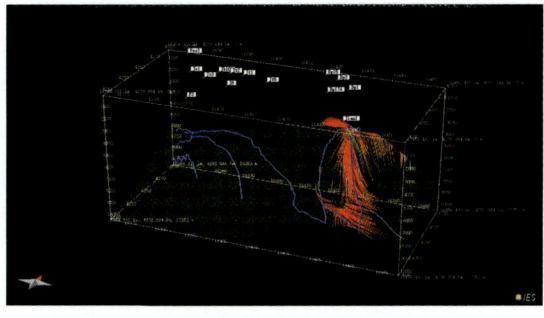

(b) 距今2.5Ma（南西向观察）

图1-30　尖顶山和东坪构造只有坪东凹陷时油气聚集单元分布

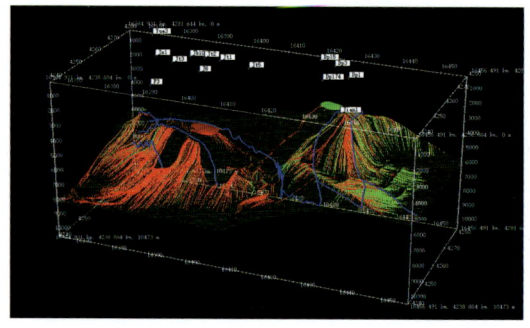
(a)基岩顶面距今22Ma时流线及运聚单元分布（南西向观察）

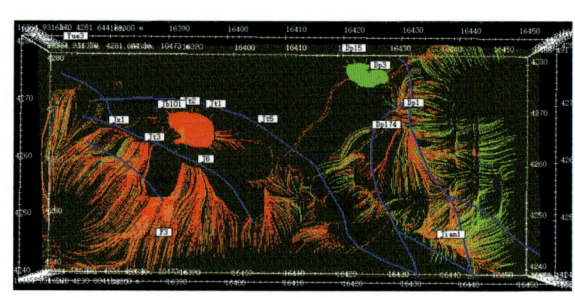
(b)基岩顶面距今22Ma时流线及运聚单元分布（俯视）

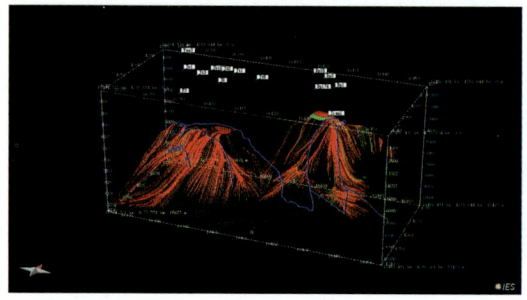
(c)基岩顶面距今14.9Ma时流线及运聚单元分布（南西向观察）

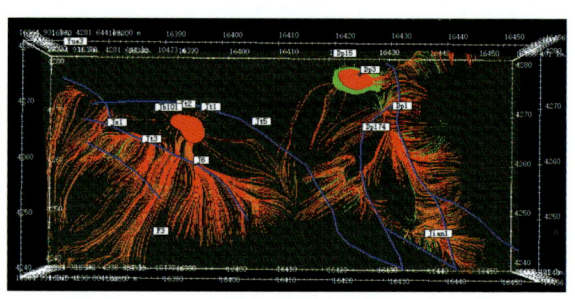
(d)基岩顶面距今14.9Ma时流线及运聚单元分布（俯视）

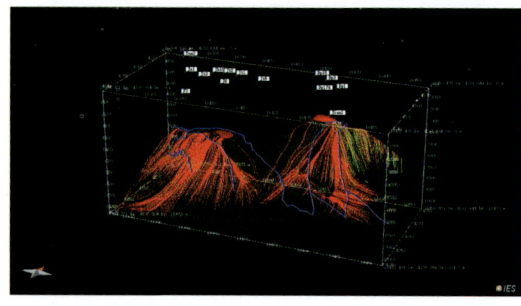
(e)基岩顶面距今8.2Ma时流线及运聚单元分布（南西向观察）

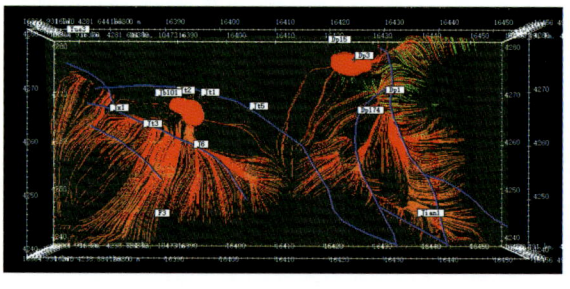
(f)基岩顶面距今8.2Ma时流线及运聚单元分布（俯视）

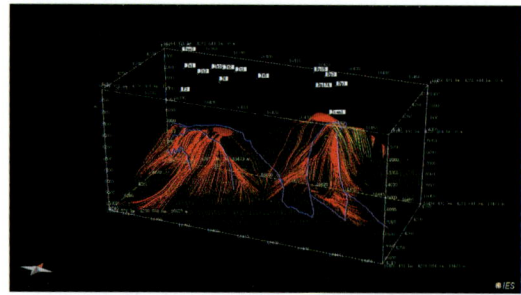
(g)基岩顶面距今2.5Ma时流线及运聚单元分布（南西向观察）

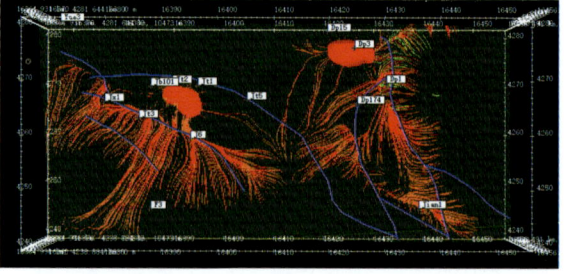
(h)基岩顶面距今2.5Ma时流线及运聚单元分布（俯视）

图1-31　尖顶山和东坪构造不同时期油气聚集单元分布

从山前向盆内，天然气甲烷碳同位素由重变轻（图 1-32 和图 1-33），这与一般接近烃源岩区油气成熟度增高的传统认识不一致，似乎是成熟度较高的天然气充注在山前断阶带的高断阶、成熟度较低的天然气充注在山前断阶带的低断阶。其实不然，牛东、东坪等隆起地区无论是原油碳同位素还是天然气碳同位素，以及天然气干燥系数、天然气成熟度，在整个柴北缘是相对较低的，天然气 R_o 基本处于 0.8%～1.75% 之间，对应于侏罗系烃源岩的生烃热演化模式和瞬时聚气规律，多数为烃源岩热演化 R_o 在 1.0% 以前的产物，

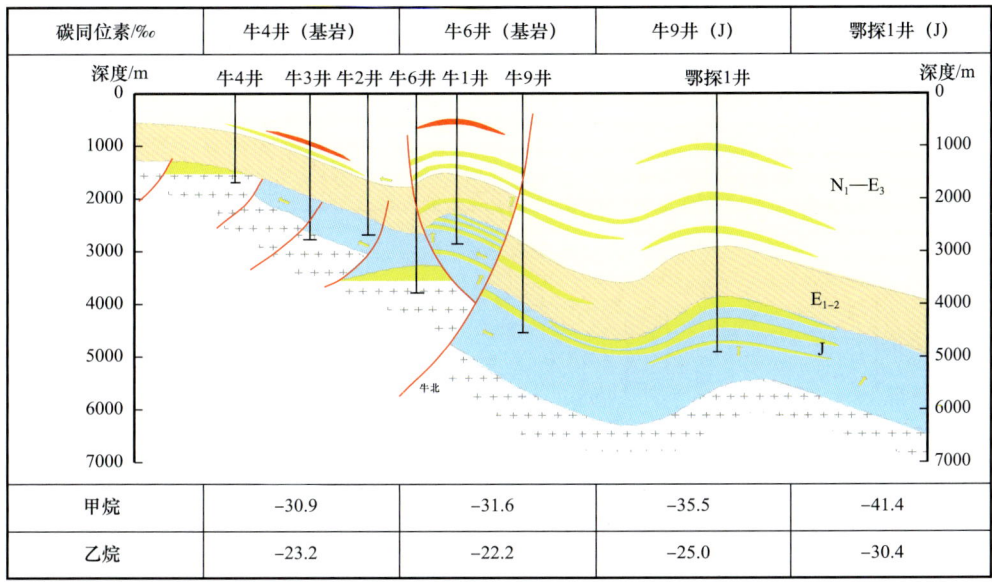

图 1-32　阿尔金山前带重点井天然气同位素分布特征

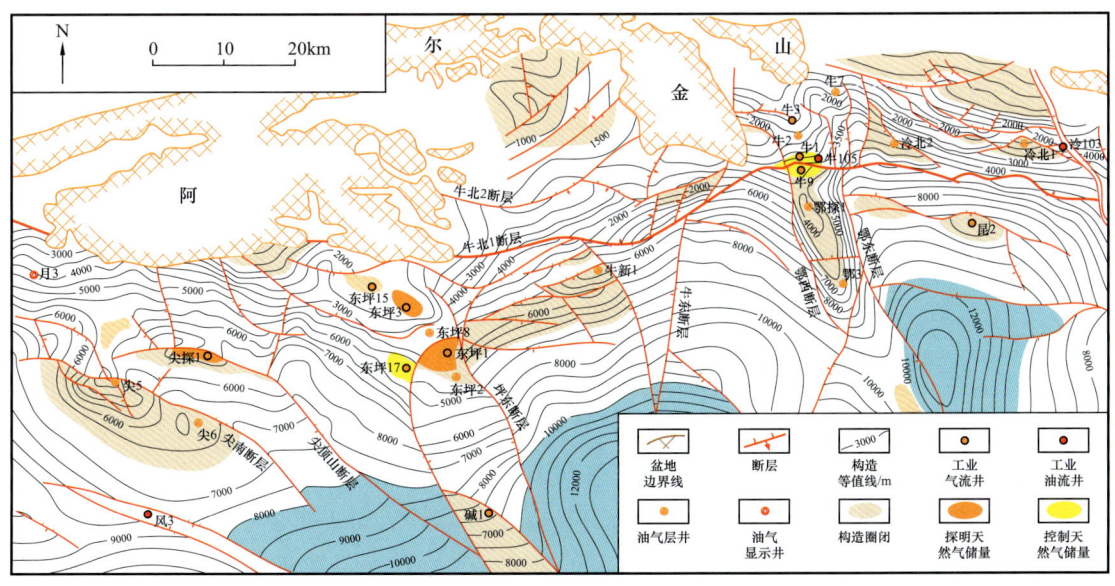

图 1-33　阿尔金山前东段天然气分布特征

早期生成的天然气碳同位素值重,随后生成碳同位素值轻的天然气充注于低断阶,并将早期天然气向高断阶驱替,低断阶天然气藏为混源。因此造成由山前推覆带高断阶向盆内低断阶天然气碳同位素呈变轻的趋势。

储层流体包裹体均一温度测定表明,牛东、东坪气田成藏期次划分为两到三期,以两期成藏为主(图1-34),对应于上干柴沟组(N_1)沉积早期和下油砂山组沉积初期(N_1—N_2^1),上油砂山组(N_2^2—N_2^3)沉积末期局部发生调整(图1-35)。

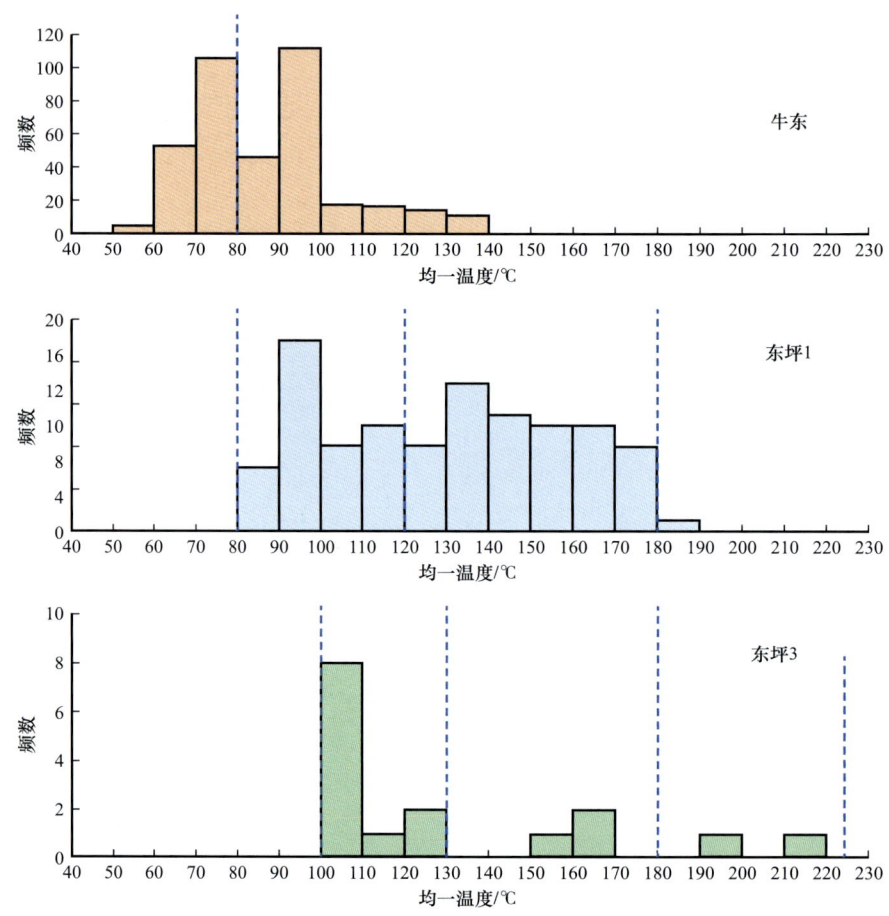

图1-34 阿尔金山前东段储层流体包裹体均一温度分布直方图

4)油气成藏模式

坪东和坪西断裂早在E_{1-2}期就开始发育,但对沉积控制作用不大。下盘地层稍有加厚。E_3^1、E_3^2和N_1沉积期,构造变形不明显,断层上下盘厚度基本一致。构造变形较明显的是N_2^1沉积前及其以后的沉积期,该沉积期构造变形强烈,地层抬升遭风化剥蚀。在地震剖面上可见明显的不整合现象。坪东和坪西老断裂继续活动,断距加大。

在上干柴沟组(N_1)沉积时期,构造活动增强,坪东断层可作为很好的油气运移通道。此时昆特依凹陷中生界煤型烃源岩进入成熟演化阶段,排出的油气沿断裂向上运移

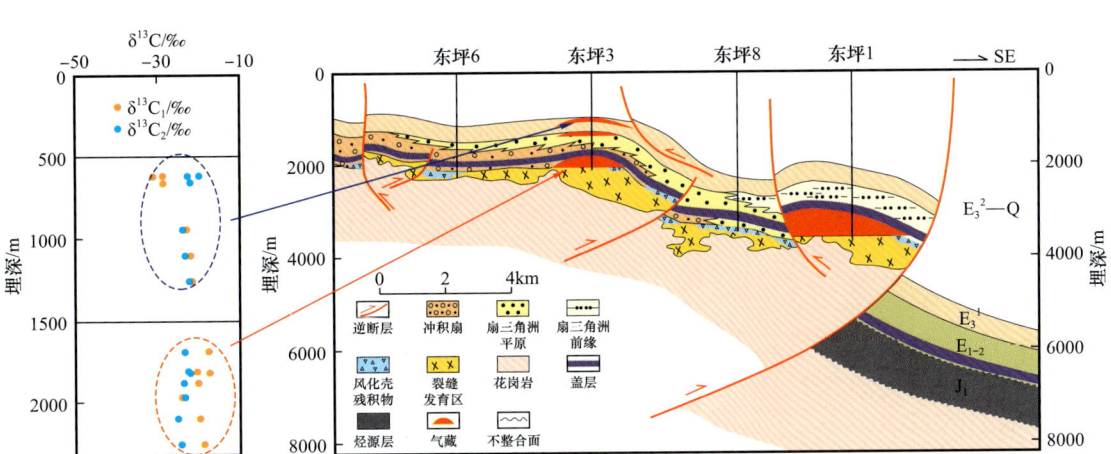

图 1-35 东坪 3 区块多层系天然气碳同位素分布特征

至低断阶基岩、古近系储层聚集（图 1-36）。此后在构造挤压作用下，发育了大量的逆断层。自下油砂山组（N_2^1）沉积时期至今，形成了东坪隆起，其下部无烃源岩。坪东凹陷中侏罗系煤系烃源岩生成大量高成熟天然气，在断层垂向和不整合风化壳、砂体侧向输导下向高断阶驱替运聚成藏。

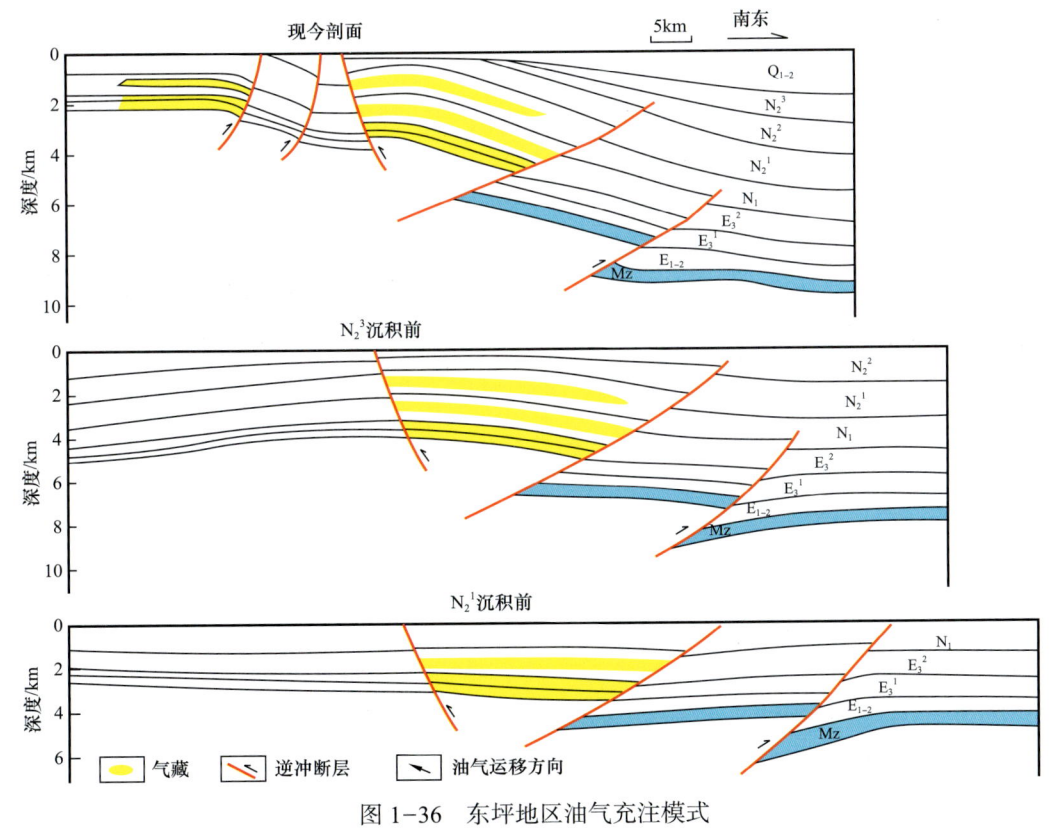

图 1-36 东坪地区油气充注模式

3. 冷湖七号油气藏解剖

1）构造背景与构造演化

冷湖七号地区位于冷湖构造带东南端，是该构造带规模最大的背斜构造，南邻伊北凹陷，北靠赛什腾凹陷，处于斜坡—凹陷区，形成了以下侏罗统烃源岩为油气源岩，基岩及侏罗系、古近系和新近系为储层的多套含油气系统。自古近纪开始整体处于稳定沉积状态；至喜马拉雅晚期（N_2^2沉积末期），受到来自祁连山的北东方向侧向挤压作用，基底开始隆升，至N_2^3沉积末期，在构造挤压作用及基底隆升的双重控制下，深层挤压隆升，形成较完整的背斜或断背斜圈闭，浅层形成滑脱断裂。冷湖七号构造为一晚期构造，发育深、浅两套构造样式。

2）烃源岩演化和油气运移路径

冷湖七号构造南北分别与伊北凹陷和赛什腾凹陷相邻，具有十分优越的油气源条件。伊北凹陷下侏罗统烃源岩最大厚度超过800m，有机质丰度高（平均大于2.5%），以Ⅲ型有机质为主。该套烃源岩在E_{1-2}即进入生烃门限，其门限深度在3400m左右，$E_3—N_1$为其主要的生油高峰期，N_1末期烃源岩顶面R_o已达到1.3%，现今R_o演化到过成熟干气阶段。赛什腾凹陷中侏罗统暗色泥岩厚度多为100～200m，有机质丰度相对较低，以Ⅲ型有机质为主，凹陷中心R_o值为0.62%～1.4%。该套烃源岩在古近纪晚期开始排烃，$N_1—N_2$早期为主要的生油高峰期，N_2中期达高成熟阶段，新近纪末期达到过成熟阶段。

冷湖七号发育的浅部滑脱断裂（上盘形成张性断裂）、深部背冲断裂为该区油气垂向运移提供了良好的通道条件，油气以垂向运移远源或近源成藏为主。

冷湖七号N_2^1储层孔隙度为12%～20%，渗透率一般为10～50mD；N_1储层孔隙度为8%～16%，渗透率为10～100mD；E_3^2储层的孔隙度为7%～14%，渗透率为5～50mD；E_3^1储层的孔隙度为5%～11%，渗透率为5～20mD。总体属于中—低渗透性储层，但空间上存在差异。纵向上，随地层变新物性具有变好的趋势，新近系储层物性好于古近系储层物性，如冷七2井N_2^1物性最好，最大孔隙度为29.9%，而E_3^1物性最差，最大孔隙度为9.7%；横向上，古近系储层物性冷七2井比冷七1井好，新近系储层物性冷七1井比冷七2井好（谢宗奎等，2006）。

3）油气成藏期次和过程

流体包裹体研究表明，冷湖七号地区有两个均一温度的高峰区，一是60～70℃，二是110～130℃。结合冷湖七号地区沉积埋藏史和热史，该地区至少有两期油气充注：第一期（60～70℃）充注，埋深为1900～2200m，对应地质时期为N_2^2；第二期（110～130℃）埋深为3000～3200m，对应地质时期为N_2^3至今（图1-37）。

油气成熟度研究表明，柴北缘烃源岩主要的排烃时期大致有三期：上干柴沟组（N_1）沉积早期，下油砂山组沉积初期（$N_1—N_2^1$），上油砂山组（$N_2^2—N_2^3$）沉积末期。渐新世末期，柴北缘西段的平台和冷湖三号、南八仙、马北地区的圈闭已经形成并且具有一定的

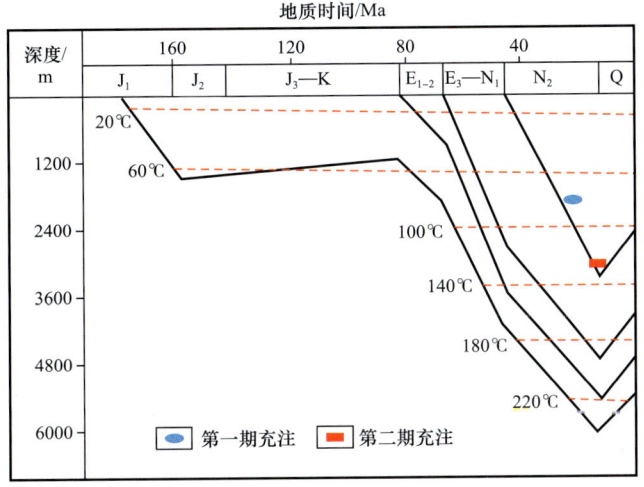

图 1-37 冷湖七号构造沉积埋藏史和成藏期次（据李宏义等，2007）

规模，可以提供有效的储存空间。这时候侏罗系烃源岩进入了生油阶段，圈源配置良好，早期断裂及不整合面为油的侧向和垂向运移也提供了条件，三者相结合，在平台和冷湖三号、南八仙、马北地区形成了早期的油藏。之后，油气运聚过程持续进行，伴随冷湖四、五号构造的隆起，形成了冷湖四、五号油藏。上新世末，各凹陷烃源岩热演化达到高—过成熟阶段，以生气为主，主要充注在冷湖六、七号和鄂博梁构造带，同时在平台和冷湖三号、南八仙、马北地区也有充注。

4）油气成藏模式

冷七 1 井 N_2^1 气藏赋存于浅层滑脱断层下盘断背斜圈闭之中，圈闭中滑脱断层为其遮挡条件。由于北侧赛什腾凹陷中侏罗统烃源岩演化程度相对较低，排气强度低，难有大量天然气排出，因此，冷湖七号构造东高点 N_2^1 气藏的气主要来自其南侧的伊北凹陷。冷湖七号东高点为受断裂控制的同沉积构造，构造演化过程与西高点类似，其南侧伊北深凹中排出的高成熟气在浮力作用下，沿下侏罗统顶不整合面向北构造高部位运移，遇基底断裂之后沿断裂垂直运移，再通过浅层滑脱断层向上运移，进入其下盘圈闭中聚集，形成 N_2^1 气藏（图 1-38）。

4. 柴北缘地区油气成藏整体认识与油气分布规律

柴北缘圈闭形成与烃源岩生气期时空匹配控制油气的分布。阿尔金山前带和冷湖—鄂博梁构造带是柴达木盆地北部重要的天然气勘探区，前者是古近纪早期构造挤压隆升，N_1 沉积早期大规模挤压形成构造圈闭，缺乏有效烃源岩，为垂向—侧向运移、远源成藏；后者为新近纪晚期构造活动形成的圈闭，发育侏罗系有效烃源岩和油源断裂，为垂向运移、近源和远源成藏并存，围绕深大断裂具有较大的勘探潜力。冷湖构造带主要包括冷湖三号、冷湖四号、冷湖五号、冷湖六号、冷湖七号和南八仙地区，整个构造带呈现出两端为油和油气混合区，中间为气区的特点（图 1-39）。鄂博梁构造带包括鄂博梁Ⅰ号、鄂博梁

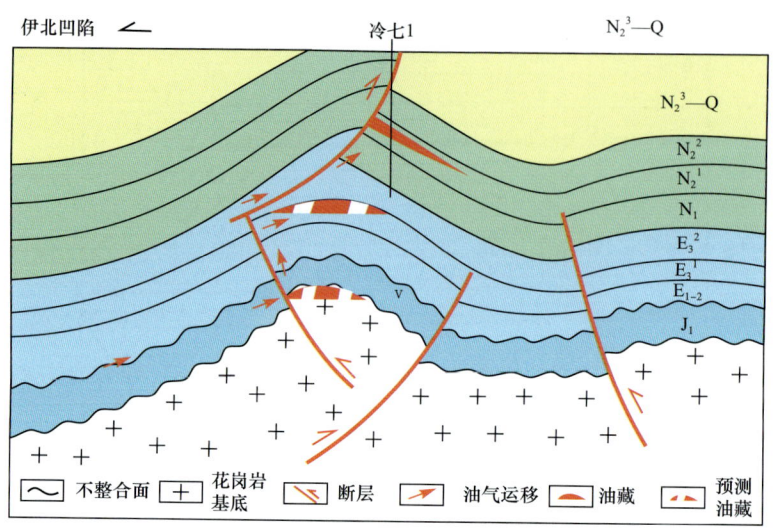

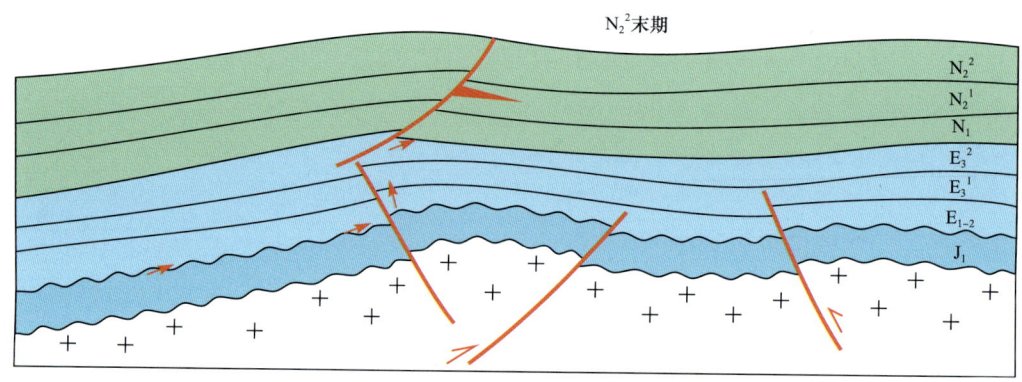

图 1-38 冷湖七号东高点油气动态成藏模式图

Ⅱ号、鄂博梁Ⅲ号和伊克雅乌汝地区，整体表现北部为油气混合区，南部为气区的特点。

柴北缘构造圈闭的形成与烃源岩演化时空匹配。除了鱼卡凹陷由于受抬升作用至今仍处在未成熟阶段外，总体上柴北缘侏罗系烃源岩在渐新世—中新世期间进入了生油高峰，在中新世—上新世进入了生气阶段（万传治，2006）。烃源岩演化及包裹体分析显示，柴北缘西段新生代以来发生过两次成藏过程，时间分别为渐新世末期和上新世晚期（汤良杰，2000；高先志，2002；付锁堂，2014；田继先，2014）。渐新世末期（或中新世早期），阿尔金山前带东段和柴北缘西段的圈闭已经形成，与早期烃源岩生油期圈源匹配，早期断裂及不整合面为油气侧向和垂向运移提供了条件，三者相结合，形成了早期的油藏或气藏（图 1-40 至图 1-42）。之后，伴随冷湖四、五号构造的隆起，形成了冷湖四、五号油藏。上新世末，盆内冷湖六、七号和鄂博梁构造带滑脱冲断，构造圈闭与烃源岩高—过成熟生气期匹配，形成气藏。此外，由于中新世喜马拉雅中幕构造运动形成的断层在一定程度上破坏了早期的构造圈闭系统，因而早期的油藏发生了调整，于是形成了早期构造多为油藏、气藏同生，原生、次生并存，晚期构造多为原生且纯气藏的格局。

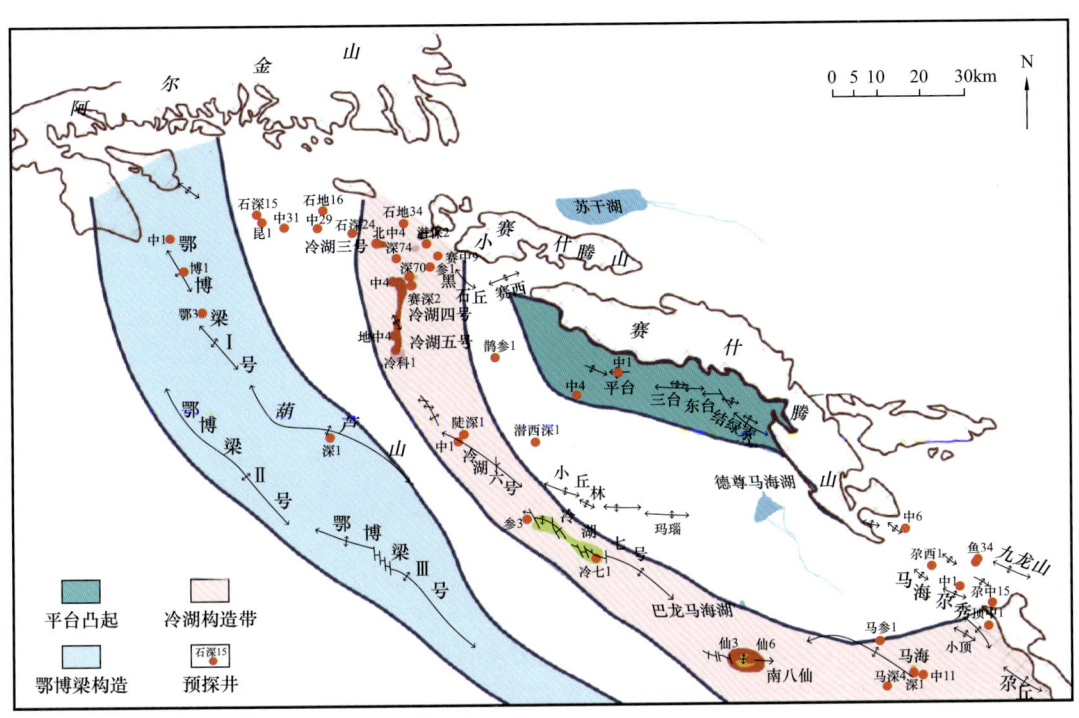

图 1-39 冷湖—鄂博梁构造带位置及油气田分布特征

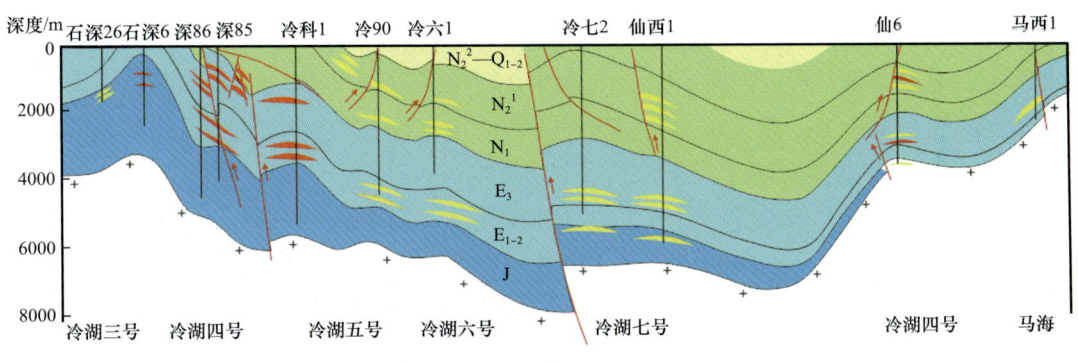

图 1-40 冷湖构造带剖面图（南东向）

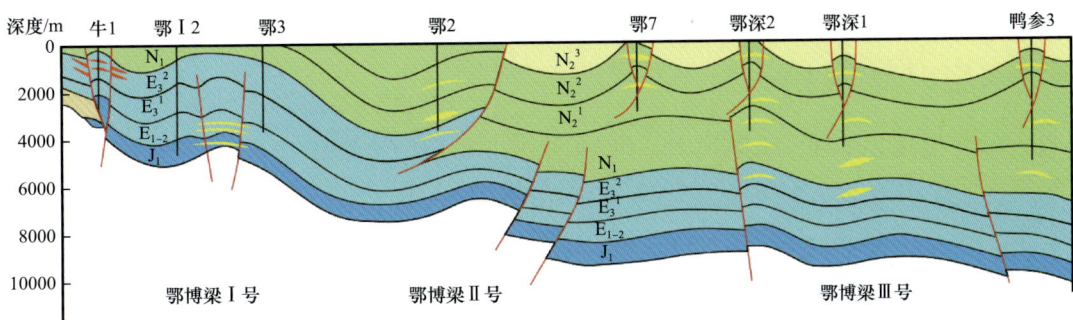

图 1-41 鄂博梁构造带剖面图（南东向）

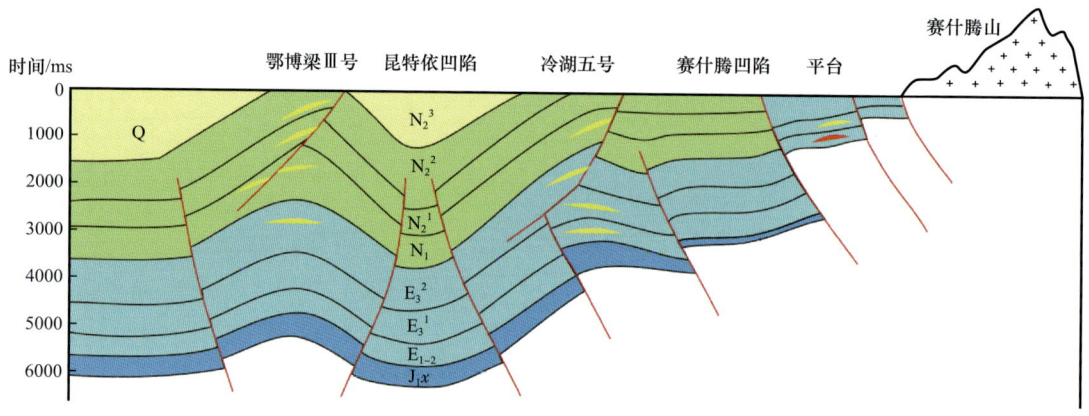

图 1-42 冷湖—鄂博梁构造带剖面图（北东向）

第三节 川西北复杂构造区圈源匹配与油气成藏整体评价

川西北地区发育下寒武统筇竹寺组、下二叠统龙潭组、中二叠统栖霞组—茅口组和上三叠统须家河组 4 套主力烃源岩，以及 2 套碳酸盐岩与泥岩储盖组合、1 套砂岩与煤系储盖组合。因此，川西北地区具有多层系成藏特征，目前已在震旦系，寒武系，泥盆系，二叠系栖霞组—茅口组，三叠系嘉陵江组—雷口坡、须家河组，侏罗系自流井组等多套层系发现工业油气流和油气显示，在中坝、矿山梁、河湾场、吴家坝、九龙山、双鱼石等构造都有工业油气流的发现，但具有规模气藏储量发现的目前仅有中坝雷口坡气田、九龙山二叠系气藏和双鱼石二叠系气藏，天然气分布具有很强的非均质性，钻井多呈现出"口口见气、口口不流"的复杂情况。研究认为，近山前冲断带油气以垂向运移、远源成藏为主，但保存条件不好；盆内古构造和古隆起派生构造有利于油气成藏，如双鱼石构造和九龙山构造，古构造圈闭和古隆起构造圈闭捕获早期原油，形成古油藏，侏罗纪—白垩纪整体沉降，古油藏裂解成气，同时二叠系烃源岩和三叠系煤系烃源岩进入生气高峰，以多层系近源充注为主。

一、天然气气源对比

1. 多层系油气的发现

1972 年发现了中坝雷三段气田，川 19 井雷三段（T_2l_3）获 $25.8 \times 10^4 m^3/d$ 的高产气流，天然气探明储量为 $86.3 \times 10^8 m^3$。2010 年完钻的川科 1 井（完钻井深 7182m，完钻层位嘉陵江组）在上三叠统马鞍塘组—中三叠统雷口坡组测试产量 $86.8 \times 10^4 m^3/d$，2014 年 1 月彭州 1 井雷口坡组测试产量 $115 \times 10^4 m^3/d$。

1973 年和 1984 年河湾场构造河 3 井、河 2 井在中二叠统茅口组产气 $37 \times 10^4 m^3/d$、$8.8 \times 10^4 m^3/d$。2003—2005 年，在龙门山推覆冲断带矿山梁构造上先后部署了矿 1 井、矿

2井和矿3井，矿1井在茅口组获气 $2.79\times10^4m^3/d$。

2005年至2007年在九龙山构造龙16井、龙4井茅口组分别获 $251.74\times10^4m^3/d$、$20.97\times10^4m^3/d$ 高产气流，龙17井栖霞组获气 $32.23\times10^4m^3/d$。

2015年在双鱼石构造完钻的双探1井取得重大突破，栖霞组产气 $87.608\times10^4m^3/d$；茅口组产气 $126.77\times10^4m^3/d$，2016年9月双探3井在栖霞组获气 $41.86\times10^4m^3/d$。钻探成果表明，川西北地区中二叠统栖霞组—茅口组油气勘探取得了良好的成果，栖霞组白云岩储层大面积分布，茅口组岩溶缝洞储层发育，钻井过程油气显示丰富，单井测试产量高，预示着川西北地区栖霞组、茅口组具有巨大的勘探潜力。

四川盆地震旦系—寒武系目前发现了2个气田和1个含气区，1964年发现的威远气田、1993年发现的资阳含气区和2011年发现的高石梯气田。威远气田灯影组探明地质储量 $40.86\times10^9m^3$，高石梯气田探明地质储量 $369.7\times10^9m^3$，资阳含气区控制储量 $10.2\times10^9m^3$。川西地区震旦系—下古生界勘探程度低，20世纪60—70年代在盆地外围钻探了曾1井、曾2井、强1井、会1井，80年代在河湾场钻探了河深1井，井深4606m，完钻层位高台组；2013年中国石化在天星坪钻探了天星1井，井深2787m，完钻层位灯二段；2014年中国石化在平昌县马路坝背斜钻探了亚洲最深探井——马深1井，井深8418m，完钻层位为灯二段。以上所有井多以井漏和盐水侵显示为主，可能因川北地区构造保存条件较差，试油多产水，下古生界勘探未获明显突破。

四川盆地须家河组先后发现了川中、川西南、川西北3个大型致密砂岩气聚集区，为源储叠置型构造气藏、岩性气藏和构造—岩性复合气藏。其中，龙门山冲断带平落坝、白马庙和邛西须二段气藏属于构造型气藏；川西北梓潼凹陷老关庙—柘坝场—剑阁—九龙山—元坝为致密岩性气藏群；川中广安—南充、营山—八角场为构造背景下的岩性气藏；川中南合川、安岳气田为平缓前陆斜坡带背景下的低孔低渗岩性气藏。总体而言，须家河组以须二段天然气最富集。

2. 气源对比

由于四川盆地为典型的多套多种类型烃源岩、多套储集体、多套成藏组合的多层系油气聚集区，为了更好地对川西北天然气的来源进行分析，系统收集了四川盆地主要气田的甲烷、乙烷碳同位素值数据。根据天然气甲烷、乙烷碳同位素值（图1-43），可以将四川盆地天然气划分为三大类，每一类天然气都有自己的分布区间。

第一类为来源于寒武系和志留系海相烃源岩的油型气。安岳气田震旦系—寒武系、威远震旦系—寒武系、川东石炭系天然气、川中二叠系、蜀南的纳溪气田、庙高寺气田等天然气的甲烷碳同位素值分布区间基本一致，均位于 −34.2‰～−31.4‰之间，而乙烷碳同位素值的分布区间较宽泛，主要是由于天然气的裂解程度不同造成的，随着天然气裂解程度增大，乙烷碳同位素值逐渐变重，如安岳气田震旦系天然气乙烷碳同位素值明显比寒武系天然气偏重。

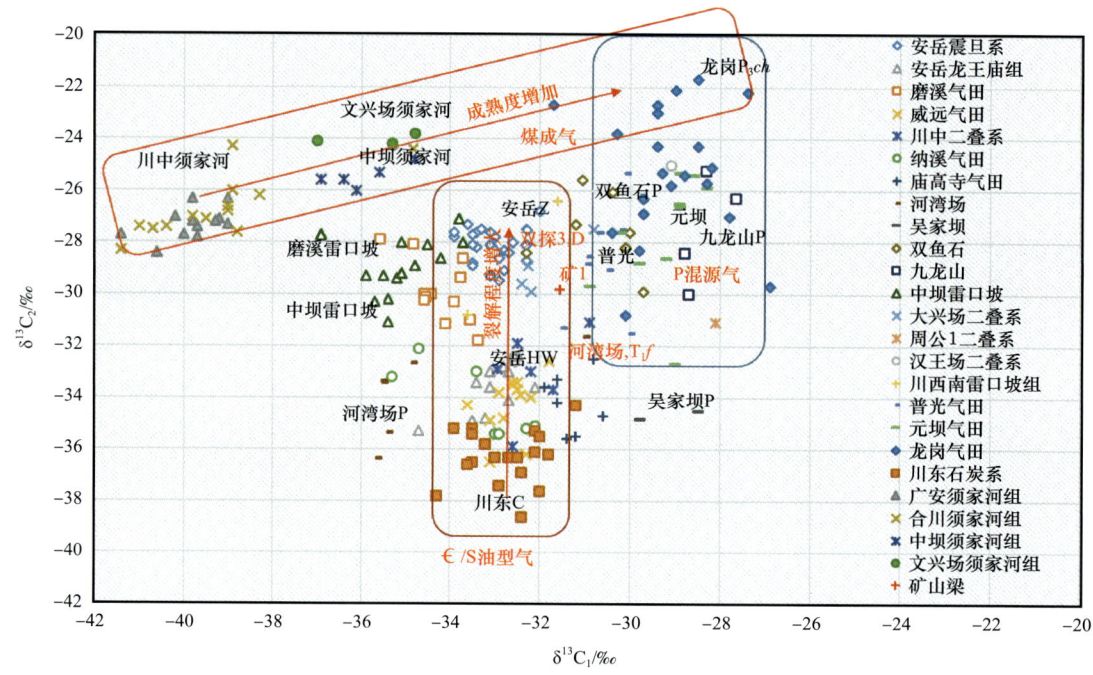

图 1-43 四川盆地天然气甲烷—乙烷碳同位素交会图

第二类为二叠系自生自储的混源气。川西北二叠系普遍发育中二叠统碳酸盐岩和上二叠统泥质烃源岩和龙潭组煤系烃源岩，烃源岩与储层互层分布或等时异相分布，组成自生自储优质生储盖组合，因此，二叠系天然气主要呈现出自生混源的特征，甲烷、乙烷碳同位素值比寒武系/志留系油型气的重，如普光、龙岗、元坝气田的天然气，其中龙岗气田的天然气同位素值最重，反映来自龙潭煤系的煤型气的贡献更大。

第三类为来自须家河组的煤成气。乙烷碳同位素值较重，普遍重于 −28‰，甲烷碳同位素值变化范围较宽，主要受成熟度控制，随成熟度的增加，甲烷碳同位素值逐渐变重。如川中须家河组、中坝须家河组、文兴场须家河组天然气都属于该类型。

二、双鱼石构造天然气成藏分析

1. 构造特征与气源判识

广元市剑阁县境内的双鱼石构造，属于龙门山山前褶皱带，位于龙门山推覆体构造带与梓潼向斜结合部，北西面与射箭河—潼梓观高带相连，南东面与剑阁—梓潼坳陷带相邻，为一个北东—南西走向的断块、断鼻构造带。2015 年在双鱼石构造完钻的双探 1 井取得重大突破，栖霞组产气 $87.608 \times 10^4 \text{m}^3/\text{d}$；茅口组产气 $126.77 \times 10^4 \text{m}^3/\text{d}$。2016 年 9 月双探 3 井在栖霞组获气 $41.86 \times 10^4 \text{m}^3/\text{d}$，为气层；在观雾山组获气 $11.6 \times 10^4 \text{m}^3/\text{d}$，为气水同层。

双鱼石构造天然气甲烷含量为93.18%～96.67%，平均为95.64%，重烷烃含量都小于1%，属于干气。从天然气碳同位素值数据来看，西侧靠近山前带的双探3井泥盆系观雾山组天然气落在寒武系/志留系油型气范围，主要为深部震旦系—寒武系高裂解程度天然气通过断裂上运形成的天然气聚集。向东部盆地内方向，双探1井栖霞组、茅口组天然气属于二叠系混源气范围，主要为二叠系自生自储天然气，双探7井和双探8井二叠系天然气也属于二叠系混源气范围，主要为二叠系自生自储的天然气。

2. 动态成藏过程

根据油气源对比、构造演化分析，建立了双鱼石构造带的构造演化与油气成藏过程，可以分为三个重要阶段：（1）古油藏的形成阶段，下寒武统烃源岩晚三叠世达生油高峰，原油经油源断裂进入寒武系和二叠系古构造形成古油藏。（2）古油藏裂解和二叠系烃源岩供烃阶段，经过侏罗系和白垩系整体沉降，古油藏开始裂解成气，下二叠统烃源岩进入生气阶段，二者充注至栖霞组—茅口组形成气藏。（3）现今气藏的形成阶段，喜马拉雅期构造调整，古气藏垂向近距离运移调整在二叠系储层中形成混源气，部分井区栖霞组和茅口组气藏表现为下二叠统烃源岩与寒武系的混源特征，但总体上还是以二叠系气源为主。

近山前带油气保存条件差，盆内保存条件较好，如矿3井地层水矿化度只为19～30g/L，水型为碳酸氢钠型、硫酸钠型；双鱼石构造地层水矿化度高达99～120g/L，为氯化钙型水。

三、九龙山构造天然气成藏分析

1. 构造特征与气源判识

九龙山构造为一大型北东向穹隆状短轴背斜（图1-44），位于四川盆地川北低缓构造区，其北靠秦岭造山带，西接龙门山和松潘—甘孜推覆构造带，南侧为四川盆地腹地，构造整体变形较弱，地层产状平缓。九龙山构造从地面到地下震旦系均有构造圈闭存在，且各层构造的构造形态与地面构造基本一致，吻合较好。在上二叠统底界构造图上，九龙山构造存在着九龙山和塌洞坪两个高点。

九龙山气田的油气钻探始于1976年，首先在侏罗系珍珠冲组和三叠系须家河组获工业天然气，具有单井产量较高、生产较稳定的特征，日产天然气可达$11.3 \times 10^4 m^3$。然后，龙104井等揭示出下二叠统茅口组储层段缝洞发育，龙16井、龙4井茅口组分别获$251.74 \times 10^4 m^3/d$、$20.97 \times 10^4 m^3/d$、$35.43 \times 10^4 m^3/d$高产气流，龙17井栖霞组获气$32.23 \times 10^4 m^3/d$，因此发现了九龙山构造栖霞组—茅口组气藏。2015年7月钻探的龙探1井钻至龙王庙组（6647.5～6736.34m），钻厚88.8m（未完），在栖霞组5879～5908.5m测试获$105.655 \times 10^4 m^3/d$高产气流，在龙王庙组6657～6663m测试为微气水层，气产量为$312 m^3/d$，日产水量$27 m^3$。

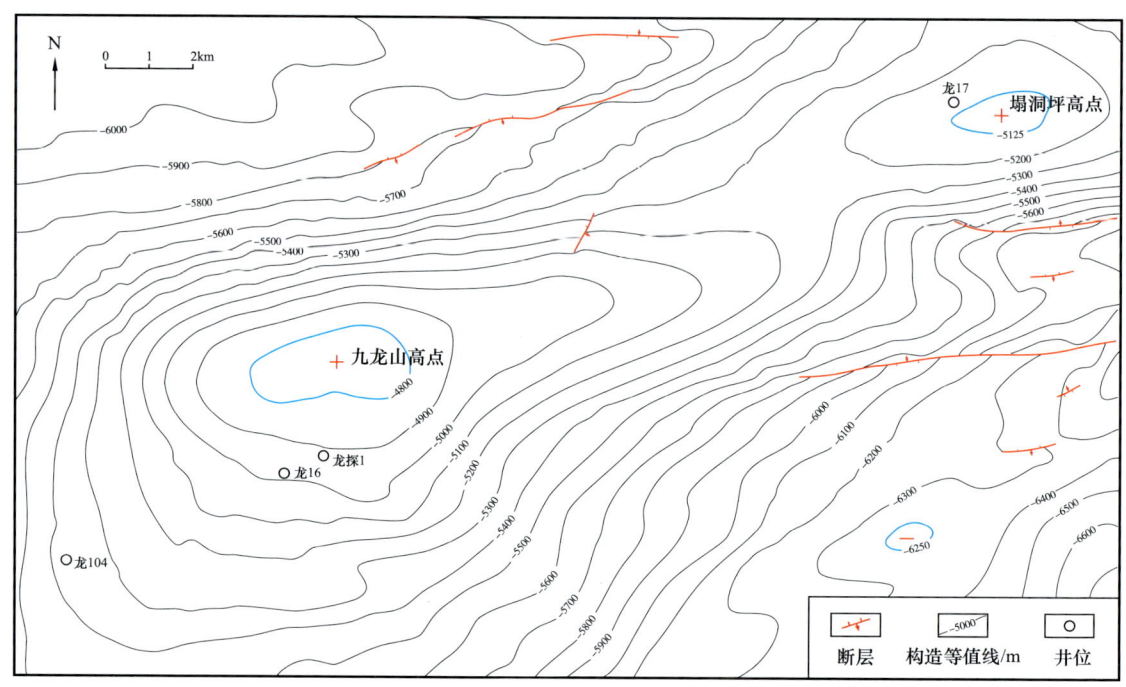

图 1-44 九龙山上二叠统底界构造平面图

浅层（T_{2-3}—J_1z）天然气甲烷含量平均为 98.35%，高于深层（P_1—T_1）甲烷平均含量 95.32%；重烃气含量低，为 0.12%~1.21%，且浅层重烃气含量（0.98%）高于深层重烃气含量（0.37%），天然气总体为干气。从非烃气含量看，深层气的 N_2 和 CO_2 含量要明显高于浅层。深层气中含有微量—少量 H_2S，只有龙 16 井茅口组一个样品中 H_2S 含量达到 6.51%，而浅层气基本不含 H_2S。从天然气碳同位素特征看，深层天然气具有较重的甲烷碳同位素值，为 −28.78‰~−28.49‰，浅层侏罗系珍珠冲组甲烷碳同位素值最轻，介于 −31.43‰~−29.9‰，而须二段天然气甲烷碳同位素值在 −30‰ 左右，从下到上天然气甲烷碳同位素值逐渐变轻，而乙烷碳同位素值却与此相反，具有向上逐渐变重的趋势。反映了深、浅层天然气具有不同气源和成因。浅层天然气应为 T_3x 煤成气与深部二叠系天然气的混合成因，珍珠冲组天然气主要来源于下伏的 T_3x 煤成气，混合少量二叠系天然气，而须二段天然气同样为 T_3x 煤成气与深部二叠系天然气混源，且二叠系天然气的贡献要比珍珠冲组天然气的大。深层栖霞组—茅口组天然气碳同位素与相邻地区的普光、元坝、龙岗气田的长兴组—飞仙关组天然气具有相似的特征，而来自寒武系筇竹寺组烃源岩的威远、安岳气田的天然气特征具有明显的差异，推测应为二叠系海相碳酸盐岩与 P_2l 煤系烃源岩的混合成因，没有明显证据表明有深部寒武系天然气的贡献。

从九龙山构造北东向、北西向两条地震剖面（图 1-45）上可以看出，九龙山构造为比较完整的穹隆背斜构造，没有明显的断裂系统将震旦系—寒武系沟通至二叠系，但侧翼发育沟通 P 与浅层 T_3x 和 J_1z 的断裂系统。

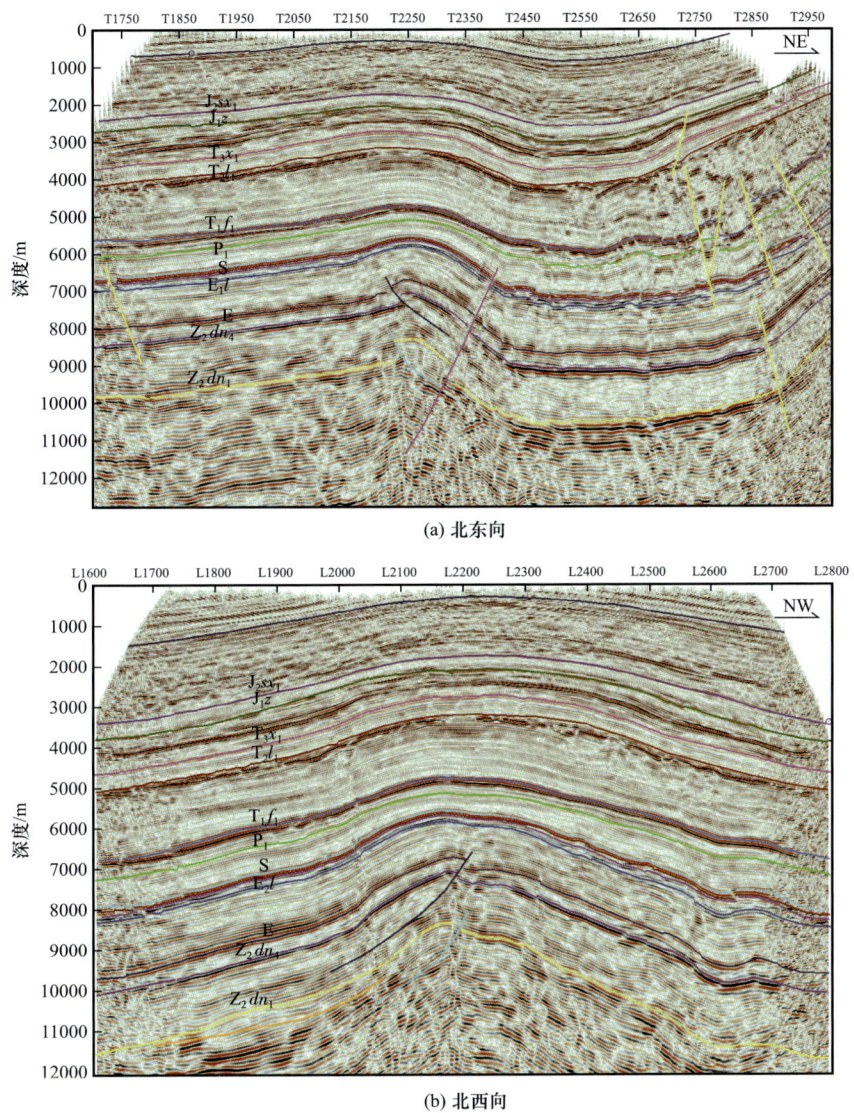

图 1-45 九龙山构造北东向、北西向地震剖面

2. 寒武系龙王庙组含油气性分析

图 1-45 明显可见有断裂沟通龙王庙组储层和筇竹寺组烃源岩，那么龙探 1 井龙王庙组到底有没有天然气成藏呢？

系统采集龙探 1 井岩屑样品，进行储层颗粒荧光分析。通常 QGF 值大于 4，QGF-E 值大于 300pc 可以指示储层中发生了古油气充注过程。从龙探 1 井颗粒荧光剖面（图 1-46）上看出，龙王庙组与栖霞组—茅口组 QGF、QGF-E 数值总体相似，QGF、QGF-E 值都较高，说明经历了早期原油充注过程。但从 QGF-E 最大强度波长和反映成熟度的 R_1 参数来看，龙王庙组与栖霞组—茅口组具有明显的差异，反映母源类型及成熟

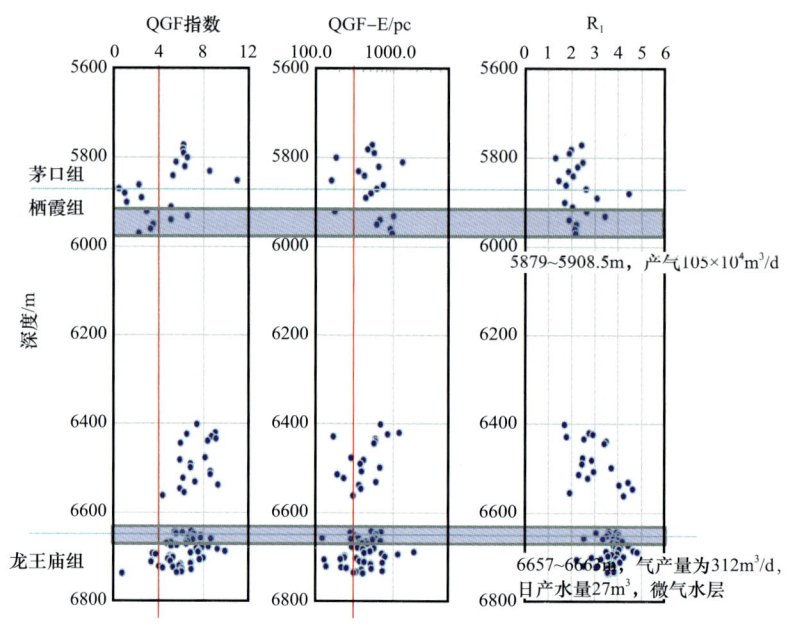

图 1-46 龙探 1 井储层颗粒荧光剖面

度的差异。从镜下薄片观察也可以发现龙王庙组在残余孔隙中充填了一定量形状不规则的沥青，同样反映有古原油的充注过程。因此，九龙山构造龙王庙组天然气确实成藏了，试气产量低有可能是储层非均质性所致。

四、川西北地区油气成藏整体评价

川西北地区发育海相、陆相两大沉积构造旋回，构成古生界海相和中—新生界陆相两大油气成藏系统。根据气源对比，结合该区构造演化和烃源岩生烃演化，从动态的角度整体评价川西北油气成藏过程。

根据天然气甲烷、乙烷碳同位素特征，对天然气的成因及来源进行判识。分析认为，靠近山前带部位深层断裂发育，形成沟通寒武系油源断裂与二叠系膏盐岩盖层组合，深部的寒武系天然气通过断裂上运形成天然气聚集，如矿山梁构造二叠系天然气碳同位素值落在寒武系/志留系油型气范围，推测为寒武系天然气垂向运移形成。再向东部，河湾场构造二叠系天然气，与寒武系/志留系油型气分布区间相近，但甲烷碳同位素偏轻，推测是寒武系天然气通过断裂垂向运移分馏造成，部分地区与二叠系天然气发生混合形成混源气。吴家坝构造二叠系天然气落在寒武系/志留系油型气与二叠系混合气之间，推测寒武系与二叠系天然气通过断裂上运混源形成。双鱼石构造少部分天然气为寒武系天然气与二叠系天然气的混源气，多数为二叠系自生自储。再向东部盆地内，在远离断裂发育的稳定构造区，形成碳酸盐岩与泥岩组合，以近源成藏为主，二叠系为自生自储，如九龙山构造二叠系天然气，少量天然气发生层间断层调整。

印支期构造运动形成川西早期前陆盆地，龙门山地区发生强烈逆冲，形成推覆构造带，成为盆地西部边界，在逆冲断裂带前缘形成了隐伏前缘带，如矿山梁—河湾场和双鱼石隐伏冲断构造，矿山梁—天井山—二郎庙地表浅层构造以一系列短轴背斜为主，印支晚期形成了良好的油气圈闭；向东至南江—苍溪—盐亭一带为坳陷带，此时九龙山地区为基底隆升形成的背斜构造。侏罗纪—白垩纪，进入整体沉降阶段，沉积了巨厚的侏罗系和白垩系地层。喜马拉雅期发生强烈构造改造，龙门山造山带逆冲推覆作用十分强烈，由一系列推覆、冲断岩片组成，大量逆冲断层成为油气逸散通道，油气圈闭无效；矿山梁—天井山一带遭受喜马拉雅期断裂破坏，油气沿断裂运移并滞留到近地表浅层形成油砂，只有少量完整背斜成藏；向东部盆地方向，受逆冲构造改造最弱，地表浅层以单斜地层为主，最有利于深层气藏的保存。

川西北地区与天然气成藏可能相关的烃源岩主要有下寒武统筇竹寺组泥岩、二叠系茅口组、吴家坪组和大隆组烃源岩，以及浅层的上三叠统须家河组煤系烃源岩。下寒武统主要发育黑色泥（页）岩，在研究区厚度分布较大（100～120m），实测TOC值为0.44%～7.29%，平均值为2.09%，有机质类型以Ⅰ型为主，R_o值为2.7%～3.83%，处于过成熟演化阶段，属于一套好的烃源岩。二叠系的茅口组、吴家坪组和大隆组以碳酸盐岩为主，部分夹页岩或燧石条带，茅口组烃源岩厚度大（150～250m），实测TOC值为0.03%～7.47%，平均值达1.63%，有机质类型为Ⅰ—Ⅱ$_1$型，R_o值为2.15%～2.3%，处于过成熟演化阶段，属于较好烃源岩；吴家坪组和大隆组烃源岩厚度普遍较薄（30～60m），区域分布不均匀，TOC值平均仅为0.53%，有机质类型为Ⅱ型，R_o值普遍超过2.0%，已进入过成熟演化阶段，具有一定生烃能力。浅层的上三叠统须家河组主要为煤系烃源岩，泥岩普遍发育。须二段中亚段发育一套稳定的薄层泥岩（20～30m），局部夹煤线。对九龙山气田龙4井和龙9井等23个样品分析，TOC值为6.8%～12.58%，除煤系外有机质类型以Ⅲ型为主，R_o值平均为1.61%，处于高成熟演化阶段，虽具有较好的生烃能力，但烃源岩厚度偏薄，成藏能力较差，属于中—差烃源岩；须三段烃源岩由西向东逐渐变薄，在研究区厚度较大（100～120m），平均有机碳含量达2.13%，有机质类型以Ⅲ型为主，R_o值为1.65%～1.95%，处于高成熟热演化阶段，具有较强生烃能力。

该区下寒武统烃源岩从加里东晚期进入生油窗，晚三叠世进入凝析气—湿气阶段，早白垩世进入干气阶段，目前整体处于高成熟—过成熟阶段，以生干气为主。从横向上看，研究区从逆冲推覆带、前缘隐伏带和坳陷带烃源岩进入成熟阶段的时期越来越晚，表明前陆盆地构造运动对不同构造带烃源岩热演化具有延迟效应（图1-47），其中下寒武统烃源岩在逆冲推覆带长期处于生油阶段，湿气阶段相对持续时间较短，为该区古油藏形成提供了良好的物质基础，而二叠系烃源岩从印支晚期进入生油窗，从早白垩世进入干气阶段。随着推覆作用进行，古油藏向古气藏演化或经历调整演化，形成现今油气分布的格局。须家河组煤系烃源岩在白垩纪开始生气。

根据构造演化和烃源岩生烃演化史，研究认为川西北发生三期成藏过程，在P—T$_3$时间，寒武系烃源岩大量生油，充注入矿山梁—河湾场、双鱼石和九龙山地区深层古构造，形成古油藏（图1-48）。中侏罗世—早白垩世，古油藏原油裂解成气，二叠系烃源岩和须

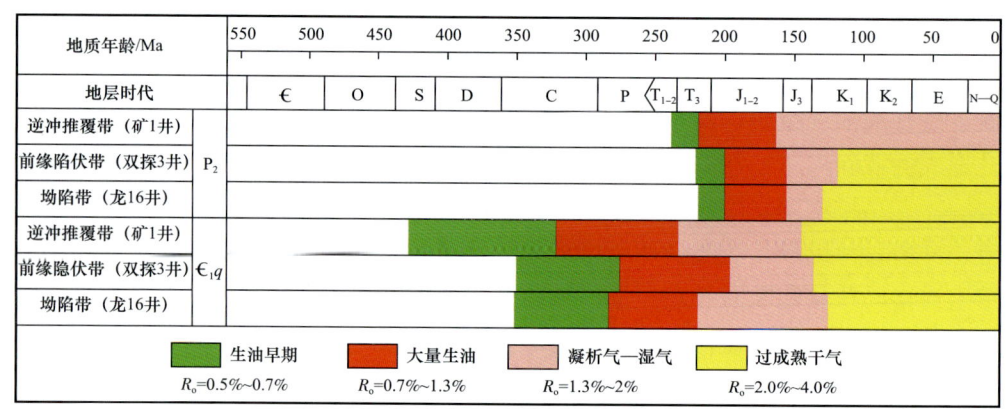

图 1-47　川西北地区古生界主要烃源岩生烃史图（据李斌等，2020）

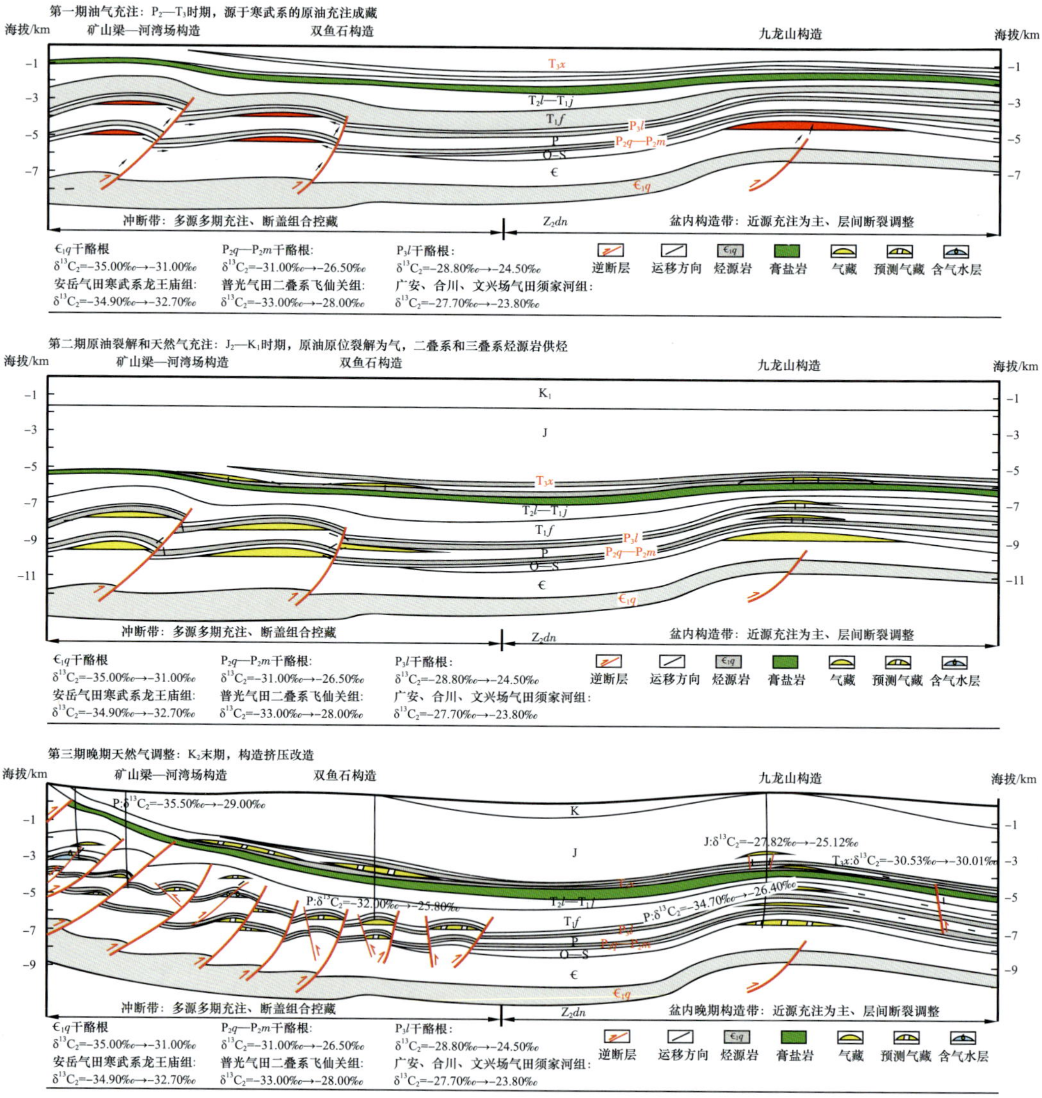

图 1-48　川西北地区油气动态成藏模式图

家河组烃源岩亦进入生排气阶段，近源充注成藏。白垩纪晚期，遭受强烈构造挤压，山前带古气藏大多被破坏，同时深层气藏天然气沿断裂向上调整。

  区域盖层的好坏对天然气的保存至关重要。川西北地区二叠系发育两套盖层，一套是上二叠统龙潭组厚层含煤层的泥页岩，厚度可达到100m以上，龙潭组既是烃源岩又是盖层，具有烃浓度封闭作用，为中二叠统储层良好的直接盖层。另一套是中—下三叠统膏盐岩，累计厚度50～450m，为二叠系气藏间接盖层。水型从氯化钙型过渡到硫酸钠型，其中茅口组保存条件较差，遭受破坏相对严重，栖霞组和石炭系部分受到破坏，显示在逆冲带深层仍然存在有效的圈闭；前缘隐伏带和斜坡带水型为氯化钙型，地层呈超压状态，有利于油气保存。

第二章 前陆盆地断层控藏作用

前陆盆地与其他类型盆地最大区别在于地层遭受强烈的构造挤压，特别是前陆冲断带，导致逆断层及其相关构造圈闭发育。构造圈闭油气富集程度受断层的性质和封闭性控制，也受逆断层与其他成藏要素的联合控制，如断层与盖层、断层与次级断层—裂缝、断层与不整合面等。

第一节 断层对油气运聚的控制作用

断层既可以作为流体运移的通道（Knipe，1993），也可以成为封堵流体活动的遮挡物（Hindle，1989）。断裂带二元结构（Bruhn et al.，1990；Berg et al.，2005；付晓飞等，2005；吴智平等，2010）、幕式运移（Hooper，1991；罗群等，1998）和地震泵效应（Sibson et al.，1975；华保钦，1995；吕延防等，1996；赵密福等，2001）等理论的提出揭示了断裂的输导机理。断裂两盘岩性对接 Allan 图（Knipe，1997；Knipe et al.，1998；Allan，1989）、断面 SGR（Bretan et al.，2003）、断接厚度（吕延防等，1996，2008）等方法实现了断裂封闭性的定量评价。断层"四控"（控源、控圈、控运和控保）研究在断层控藏作用方面取得了重要进展（Biddle et al.，1994；Forster et al.，1994；卢双舫等，2002；李丕龙等，2004；付晓飞等，2005；罗群等，2007）。

前陆冲断带发育大量逆断层，加之前陆冲断带晚期遭受强烈构造挤压冲断作用，相似的成藏条件、相同构造样式的目标有的富油气、有的落空，成藏认识的关键是断层相关褶皱中断层的行为、封闭性、油气沿断层运移规律及对油气成藏的控制作用。

一、断层封闭性与圈闭有效性

在油气供给充足的前提下，油气进入断层控制的圈闭后能否聚集主要取决于断层侧向和垂向封闭性。

1. 断层侧向封闭性

所谓断层侧向封闭性是指断层在侧向上，对断层两盘对置层中沿断层面法线方向穿过断层面运移油气的封闭作用（吕延防等，1996）。断层的侧向封闭能力受断裂带内部结构、泥岩或膏盐岩层等盖层厚度、断层断距等因素影响。

断裂带渗透性是非均质的，各个位置所能封闭的烃柱高度大小不一，伴随着油气注入圈闭，断面承受的剩余压力越来越大，当剩余压力与断裂带最小毛细管压力相等时，油气沿着该点开始渗漏，此时的烃柱高度就是断层所能封闭的最大烃柱高度。常用评价方法为断面 SGR 法。

中西部前陆盆地大量实例研究表明，断层面 SGR 值只有超过某一下限值之后才能起到侧向封堵作用，SGR 值越大，侧向封堵性越强，当 SGR 值小于这一下限值则油气将沿该点泄漏。对中西部前陆冲断带典型油气藏的系统解剖表明（图 2-1），不同深度断层封闭的 SGR 下限值有所不同，在埋藏 3500m 以深，SGR 下限值一般为 15%～20%，在埋深 3500m 以浅，SGR 下限值为 30%～40%。说明随埋深增大，逆断层侧向封闭性增强。

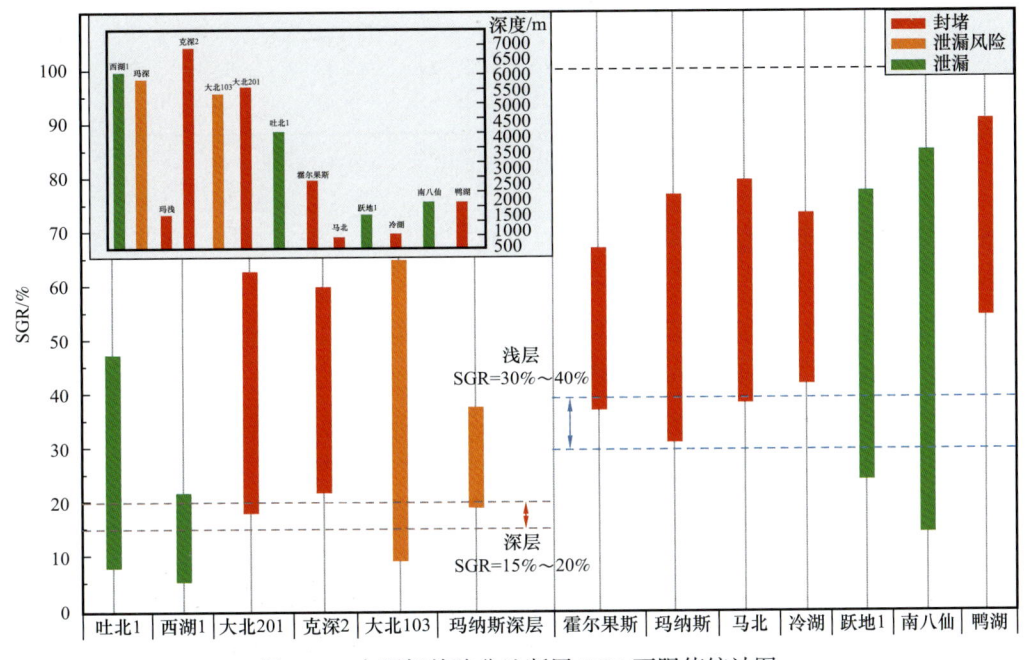

图 2-1　中西部前陆盆地断层 SGR 下限值统计图

断层活动常伴随着地层的翘倾，造成断裂两盘地层产状不一致，无论是浮力还是压力驱动油气沿断层的运移，向储层分流过程均受到地层产状的影响。根据断层倾向与两盘地层倾向关系，油气垂向运聚分为四种情况（图 2-2）。对侧向运移的油气，反向断层因砂砂对接常起到通道作用；由于逆冲反转断层形成反转断隆背斜构造，两盘砂泥对接常起遮挡作用。因此，地层和断层反向配置，充注的程度低；同向配置，充注的程度高，这与正断层的侧向封闭性正好相反（赵文智，2006）。

2. 断层垂向封闭性

断层的现今断距是多次地震活动的累积，伴随断层活动，在不同的温压条件、不同的岩性段和不同地史时期出现不同的变形机制，相应出现不同类型的断裂带结构，断裂带结

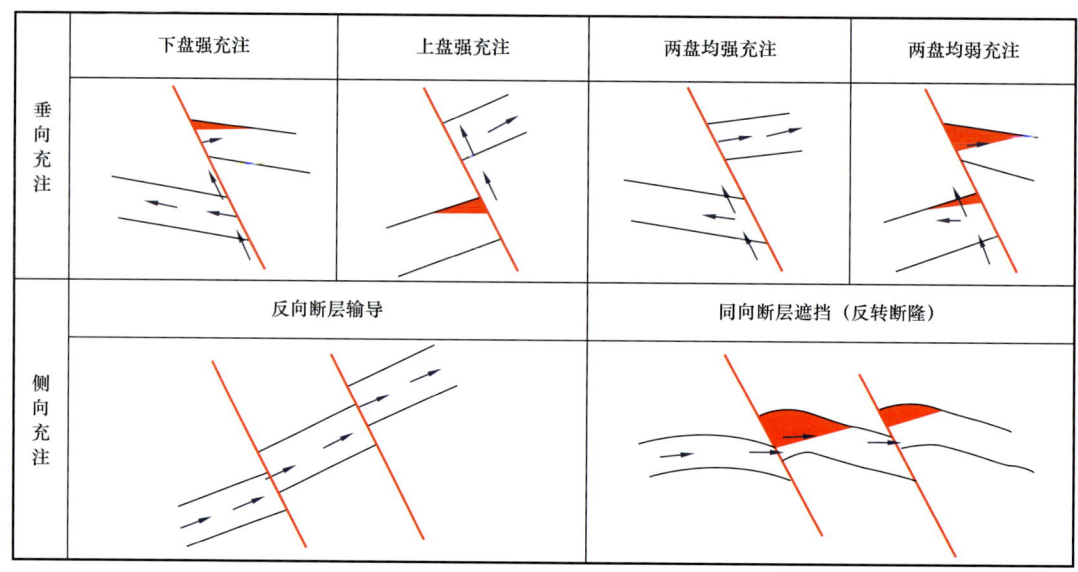

图 2-2 断层与地层产状配置关系及与油气充注

构特征最终决定对油气的输导特征。断层在储盖层段因破碎带发育程度和断裂带结构不同而表现出不同的充注能力，分为四种类型（图 2-3）：一是储层段形成断层核和破碎带二分结构，盖层段只发生强制型褶皱变形，断层未断穿盖层，形成强封闭模式；二是储层段形成断层核和破碎带二分结构，盖层段发生剪切型泥岩涂抹变形，断层在盖层段已形成，但盖层依然保持连续性，形成较强封闭模式；三是储层段形成断层核和破碎带二分结构，盖层段剪切型泥岩涂抹被破坏，断层断穿盖层，盖层失去完整性，形成中等封闭模式；四是储层段和盖层段均形成断层核和破碎带二分结构，形成弱封闭模式或散失型模式。

库车前陆盆地主力含气层系为巴什基奇克组，气层上部为库姆格列木群区域性盖层，盖层厚度为 100～1000m，最厚的地方超过 3000m，泥岩厚度占地层厚度的百分比为 60%～100%，处于中成岩阶段 B 亚期，为强塑性盖层。野外露头表明，该套膏泥岩盖层具有两种变形特征：一是塑性，形成剪切型泥岩涂抹，断层在强塑性盖层段上下具有分段扩展特征，叠覆区形成剪切型泥岩涂抹，盖层保持连续性，从断层输导油气角度看属于较强充注型。二是脆性，产生大量裂缝切割剪切型泥岩涂抹。

库车前陆冲断带大北地区和部分克深圈闭为强充注型模式，有利于油气运聚成藏；克拉 2 为较强充注型模式，盖层未被断穿；吐北、克深部分圈闭为较弱充注型模式；克拉 3 为散失型模式，发育走滑断层，为天然气充注的通道，同时对盖层具有一定的破坏性，不利于天然气的聚集。

吕延防等（2008）提出断接厚度的概念来定量表征裂缝垂向连通性（图 2-4），即平行于断面的盖层厚度与断层位移的差值，该值越大，裂缝垂向导通能力越差。处于脆性域的盖层存在临界的断接厚度值，断接厚度大于临界值，断层垂向封闭能力增强（吕延防等，2008）。

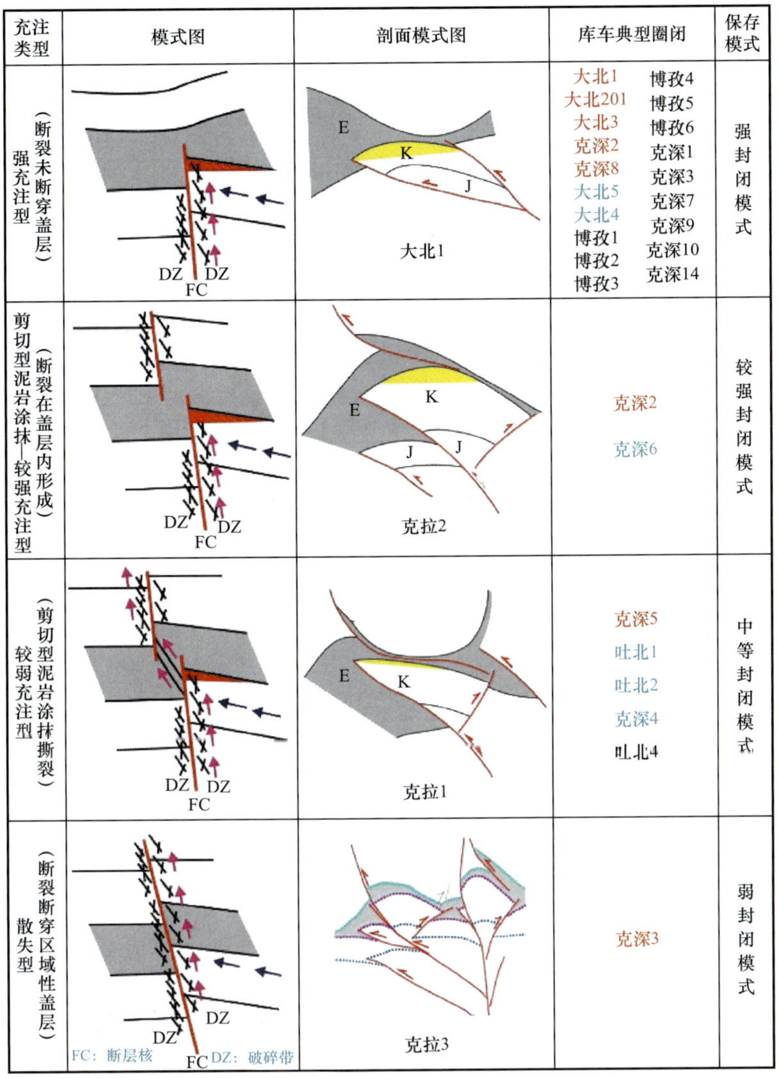

第二章 前陆盆地断层控藏作用

充注类型	模式图	剖面模式图	库车典型圈闭	保存模式
（断裂未断穿盖层）强充注型	DZ DZ FC	大北1	大北1 大北201 大北3 克深2 克深8 大北5 大北4 博孜1 博孜2 博孜3 博孜4 博孜5 博孜6 克深3 克深7 克深9 克深10 克深14	强封闭模式
（断裂在盖层内形成）剪切型泥岩涂抹较强充注型	DZ DZ FC	克拉2	克深2 克深6	较强封闭模式
（剪切型泥岩涂抹撕裂）较弱充注型	DZ DZ FC	克拉1	克深5 吐北1 吐北2 克深4 吐北4	中等封闭模式
（断裂断穿区域性盖层）散失型	DZ DZ FC: 断层核 FC DZ: 破碎带	克拉3	克深3	弱封闭模式

图2-3 断裂带结构与油气充注程度

准南前陆冲断带安集海河组泥岩盖层埋深小于3000m，主体位于脆性域，断层垂向封闭性主要取决于临界断接厚度。通过对准南冲断带中西段中上组合油气显示及断接厚度的统计，可以确定安集海河组泥岩盖层的临界断接厚度为391~409m。断接厚度低于400m时，断层垂向不封闭，油气将穿过安集海河组泥岩向上调整，在沙湾组成藏；在断接厚度大于400m时，断层垂向封闭，油气很好地封存在安集海河组泥岩盖层之下聚集成藏，如霍玛吐

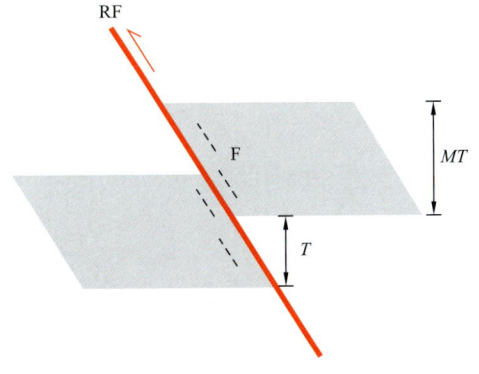

图2-4 断接厚度模式图（据吕延防等，2008）
RF—逆断层；MT—泥岩层厚度；T—断距；F—裂缝

构造带的油气主力层位为安集海河组之下的紫泥泉子组（图2-5）。据此，总结准南前陆冲断带安集海河组两种断层封闭模式，一种为断层调整散失模式，如独山子、西湖和安集海构造带；另一种为断层对接封闭模式，如玛纳斯、霍尔果斯和呼图壁构造带（图2-6）。

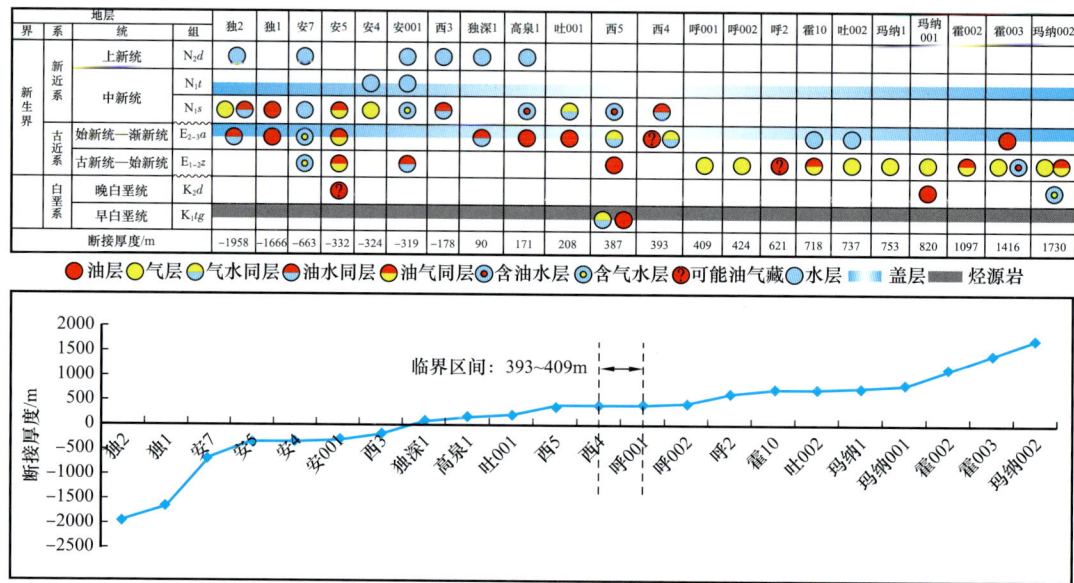

图2-5 准南前陆冲断带安集海河组泥岩盖层临界断接厚度的确定

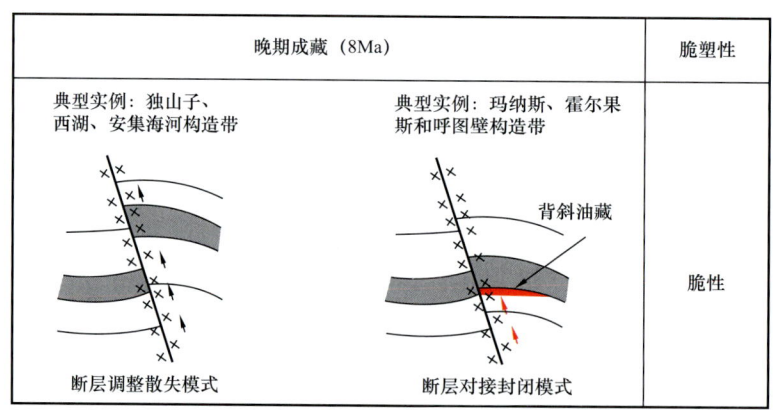

图2-6 准南前陆冲断带断盖组合控藏模式

二、断层相关褶皱次级断层和裂缝发育规律

在断层活动之前，烃源岩生成的油气优先进入邻近砂岩层，近源成藏；在断层活动期间，大量油气向储层中运移聚集，断层垂向运移、远源成藏，即断层—砂体运移"中转站"模式。以库车前陆盆地为例，主力烃源岩层为侏罗系、三叠系，从侏罗、三叠系地层结构来看，砂泥互层（砂岩比例为40%，泥岩比例为60%左右），砂岩层紧邻烃源岩

具有优先聚气的特征，烃源岩生成的油气在断层闭合期不断地向砂岩夹层中运移，因夹持于泥岩层中封闭条件较好导致大量的油气聚集，甚至可能因大量注入天然气而出现异常高压，成为有利的"储气库"，为天然气大规模沿断裂带运移准备充足的气源。近源成藏以库车前陆冲断带东部迪西1气藏为典型实例，远源成藏如库车前陆冲断带中段盐下克拉2、克深2、大北1、迪那2等大型气田，盐下万亿立方米大气区的形成主要集中在2Ma以来，时间短、成藏效率高，可能与深部存在近源"储气库"有关。

前陆盆地存在近源和远源两大成藏体系，断层是连接近源油气藏与远源油气藏的桥梁。随着前陆盆地油气勘探由中浅层向深层拓展，早期以远源油气藏为主，近期近源或源内油气藏的占比越来越高。而深层或近源储层往往较致密，裂缝是影响前陆盆地深层致密油气运聚成藏的重要因素，应力应变作用与裂缝发育规律是突破当前深层油气勘探的重要研究方向（贾承造等，2015）。

裂缝的形成与断层关系密切，一般情况下，正断层的上盘张裂缝发育（宋国奇等，2009）。前陆冲断带逆断层及相关褶皱裂缝发育情况较复杂，一般在上下盘近断层附近、上盘褶皱两翼发育裂缝、次级断层，褶皱的核部有时会形成张裂缝。

断层转换褶皱中主要发育四类裂缝，第一类为区域裂缝，形成最早，受区域构造应力控制，在地层中均匀分布，多被限制在岩层内部，穿层裂缝少，主要为高角度缝，以一组或两组共轭裂缝形式出现，主要形成于褶皱形成之前。第二类为顺层剪切裂缝，由于顺层剪切作用，位于C区（图2-7）的岩层间及岩层内部会形成一组与岩层面低角度相交的裂缝，这类裂缝的规模相对较大。第三类是次级断层及伴生裂缝，在断弯褶皱形成过程

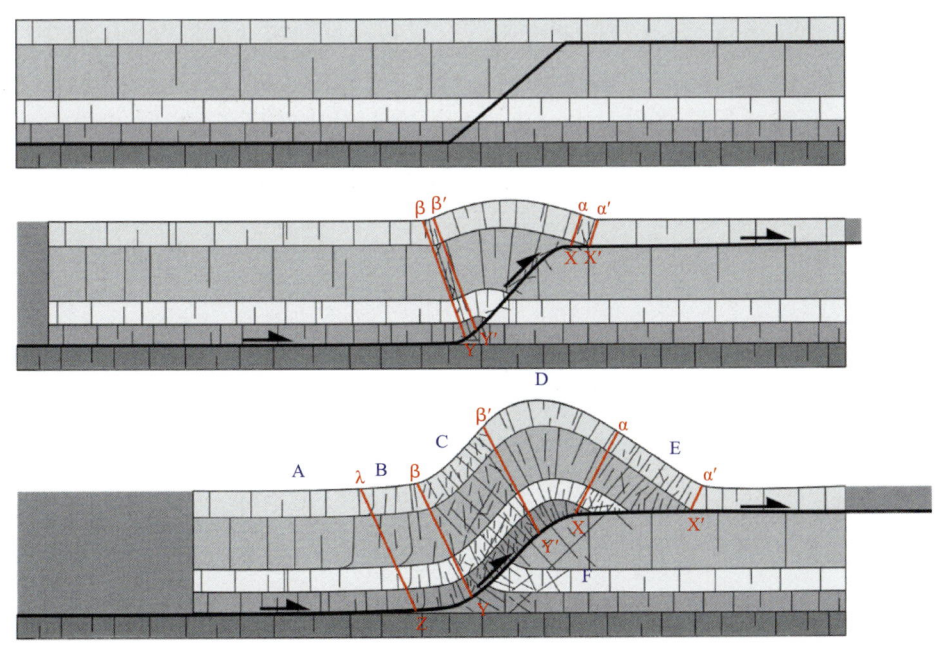

图2-7 断层转折褶皱裂缝、次级断层形成演化模式图

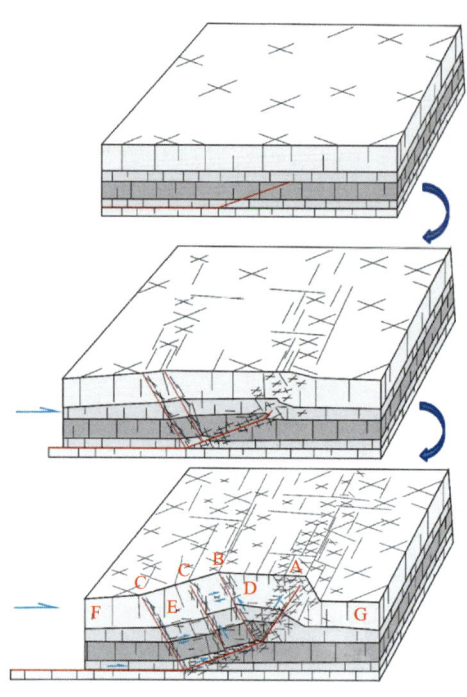

图 2-8 断层传播褶皱裂缝、次级断层形成演化模式图

中,由于断坡下转折端活动轴面的存在,在褶皱后翼(B区和C区)会形成次级调节断层及其伴生裂缝,调节断层与断坡近垂直,穿过多套岩层,与岩层大角度相交;在褶皱前翼(E区),由于断层上转折端活动轴面的存在,前翼地层中也形成了与岩层面大角度相交的裂缝。此外,在断层面附近会形成一到两组与断层面斜交的断层伴生裂缝。第四类是褶皱核部的张裂缝,在褶皱形成后期,褶皱两翼越发陡峭,翼间角变小,褶皱核部(D区)层曲率持续增加,形成与地层垂直的张裂缝,形成时间最晚。断层转换褶皱可划分为六个不同的裂缝发育区(图2-7),裂缝发育程度依次为:C区>E区>F区>B区>D区>A区。因此,逆断层的上盘褶皱背斜的两翼次级断层、裂缝最发育。

与断层转折褶皱裂缝发育模式相比,断层传播褶皱无断层上转折端活动轴面,因而褶皱前翼变形更加强烈。在断层传播褶皱中主要是发育4期5组裂缝:早期区域挤压形成第一期共轭两组裂缝,裂缝在地层中均匀分布;褶皱形成过程中,褶皱后翼断层下转折端活动轴面形成的次级断层、断层伴生裂缝及顺层剪切作用形成的低角度裂缝属于第二期形成的两类裂缝;褶皱核部地层变形程度增加曲率增大,形成与褶皱走向平行、与岩层面垂直的张裂缝,属于第三期裂缝;最后一期裂缝的形成是由于区域差异挤压,形成走向与褶皱走向垂直的裂缝。对比断层传播褶皱中7个裂缝发育区,其裂缝发育程度:前翼断层A>后翼断层B>再后翼断层C>冲起构造D>后翼断块E>上盘平缓地层F>原状地层G(图2-8)。

综上所述,逆断层上盘背斜两翼地层倾角大、曲率大,发育次级断层和裂缝。对于深层致密储层或源内自生自储油气藏而言,次级断层和裂缝是改善储层和油气富集的关键,如柴西英雄岭构造带深层中带和北带裂缝发育、油气富集高产;而对于背斜圈闭而言,前翼和后翼次级穿层断层的形成不利于油气的保存。圈闭的有效性除断层因素之外,还要考虑断层与盖层组合的封闭性。

第二节 断层与成藏要素组合对油气运聚的控制作用

中西部前陆盆地大多具有形成油气藏的石油地质条件,如丰富的煤系气源、有效的油源断层、众多的有效圈闭、优越的盖层等。但是勘探实践表明,有些圈闭富集油气,而有些圈闭没有形成工业油气流，究其原因，对于前陆盆地这类构造频繁活动的盆地，断层在油气运移中的输导作用和聚集保存中的封闭作用十分重要，断层的封闭性除与断层本身有关外，还取决于断层与其他成藏要素的组合关系。

一、断层与盖层组合

中西部前陆盆地主要发育四套储盖组合（宋岩等，2008），由于晚期构造挤压阶段强烈的构造变形导致大量逆断层形成，断层与盖层之间的组合关系对近源油气保存（组合Ⅰ和Ⅱ中）和远源油气成藏（组合Ⅲ和Ⅳ）显得特别重要。前陆冲断带盖层自身的封闭能力、断层活动期在盖层段的变形特征及阻烃能力，以及断层—盖层的组合关系控制了中西前陆冲断带，尤其是叠加型前陆冲断带油气的聚集和保存。

1. 断层—膏盐岩盖层组合

库车前陆盆地构造样式分为明显的三层结构，即盐上断层传播褶皱构造、盐层塑性流动构造和盐下断块叠瓦堆垛构造，盐层及其上、下构造变形截然不同。盐下一系列的叠瓦冲断构造圈闭位于三叠系—侏罗系烃源岩生气中心之上，多条逆断层直接沟通烃源岩与主力富集层位（图2-9），油源断裂系统与白垩系巴什基奇克组砂岩的组合构成大北—克拉苏构造带盐下构造的主要输导体系，天然气高效运移。油源断裂系统与膏盐岩盖层组合决定了盐下构造各级断背斜（断块）的油气分布特征：圈闭具有早期油、晚期气两期充注特征，但随着后期构造挤压抬升，山前单斜带断层切穿膏盐岩盖层，古油藏往往被破坏；冲断带主体大北—克拉苏构造带晚期天然气藏保存相对完好（如大北1气田、克拉2气田），向南部断片逐渐以晚期气充注成藏为主（如大北3气藏、克深2气藏等）。断层的横向展布、侧向封堵和盖层的空间组合关系决定了库车前陆盆地油气主要富集在库姆格列木群及吉迪克组膏盐岩盖层之下（图2-10），大宛齐油藏调整的原因取决于岩盐脆塑性转换过程（卓勤功等，2013）。克拉3和克拉5盐下圈闭失利的原因是膏盐岩盖层处于脆性阶段、背斜顶部存在断层，导致油气散失。膏盐岩脆塑转换控藏具体参见第四章相关内容，在此不详述。

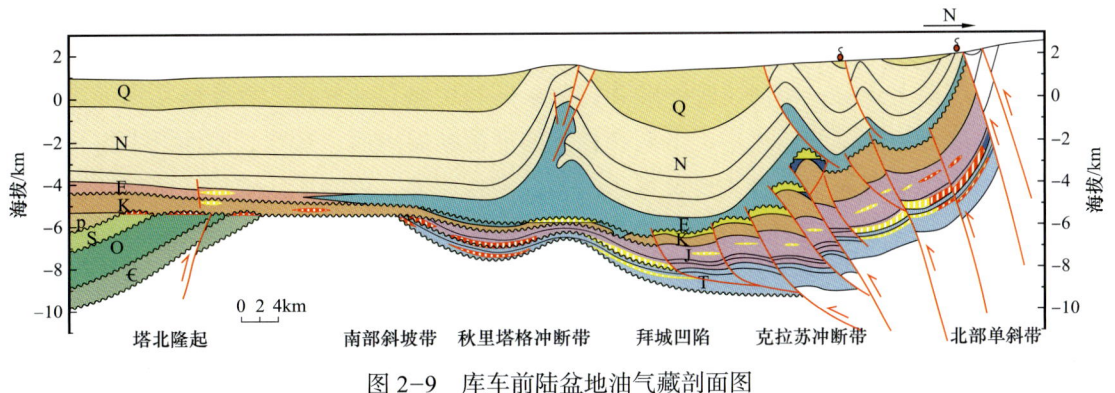

图2-9 库车前陆盆地油气藏剖面图

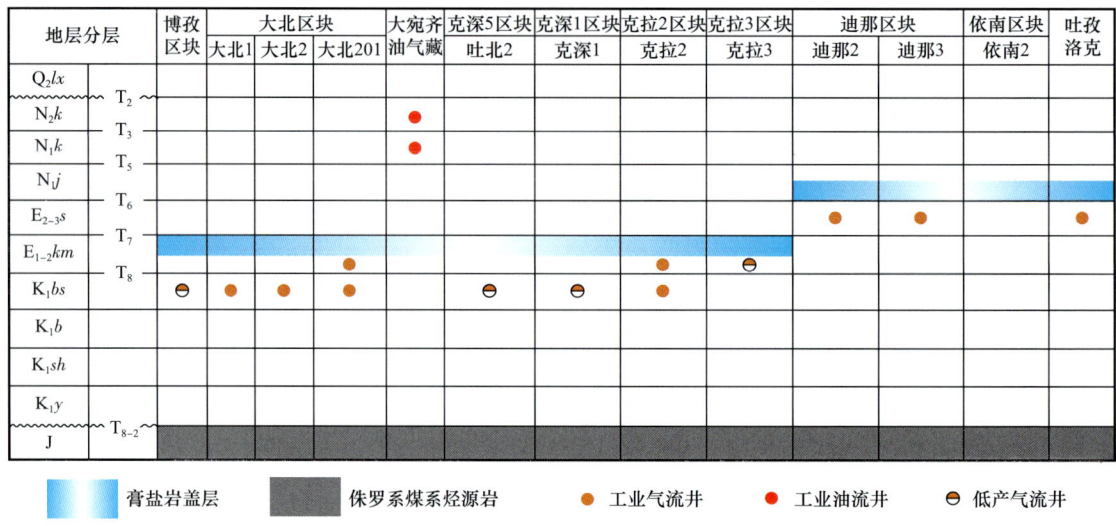

图 2-10 库车前陆盆地盖层与油气分布关系

2. 断层—泥岩盖层组合

与库车前陆冲断带类似,准南前陆冲断带主力烃源岩也在深层,即二叠系湖相泥岩和侏罗系煤系地层,下白垩统湖相泥质岩为次要烃源岩,且主要在冲断带中段发育。构造圈闭亦位于生烃中心之上,但滑脱层(盖层)不同,断裂体系不同,因此,断盖组合和油气分布存在明显差异。

准南前陆盆地自下而上发育三套区域滑脱层,即二叠系底部泥岩、白垩系呼图壁河组泥岩和古近系安集海河组泥岩,构造分层滑脱变形,由此形成下、中、上三个成藏组合(李学义等,2003)。除山前断阶带发育基底卷入式断裂外,冲断带主体断裂被限制在上、下两套滑脱层之间,3 套滑脱层形成 3 套断裂体系(图 1-13),来自深部主力烃源岩的油气主要沿中、下组合 2 套相连断层呈"之"字形运移,一旦上、下断层在白垩系滑脱层内不相连,油气运移中止,所以越向上油气运移效率越低,故中上组合往往形成大构造、小油气藏,大型油气藏应在深部下组合。受断盖组合的控制,油气主要聚集在侏罗系煤系地层、白垩系吐谷鲁群泥岩和古近系安集海河组泥岩盖层之下(图 2-11),其中山前断阶带齐古油气藏主要聚集在侏罗系之下,原因是其上部分地层被剥蚀,下盘高成熟天然气通过齐古北大断层向上运移;玛河、呼图壁和霍尔果斯等中组合油气藏主要聚集在古近系安集海河组泥岩之下,煤型气通过中、下两套相连的油源断层沟通、运移,原油沿中组合油源断层运移;吐谷鲁背斜中组合主要聚集了白垩系湖相原油,可能该区中、下两套油源断裂不相连。甘河、莫索湾和彩南等油藏主要聚集在侏罗系之下,下组合油源断层沟通油气源。高探 1 和呼探 1 下组合油气藏聚集在白垩系吐谷鲁群泥岩之下,下组合油源断层沟通了油气源。

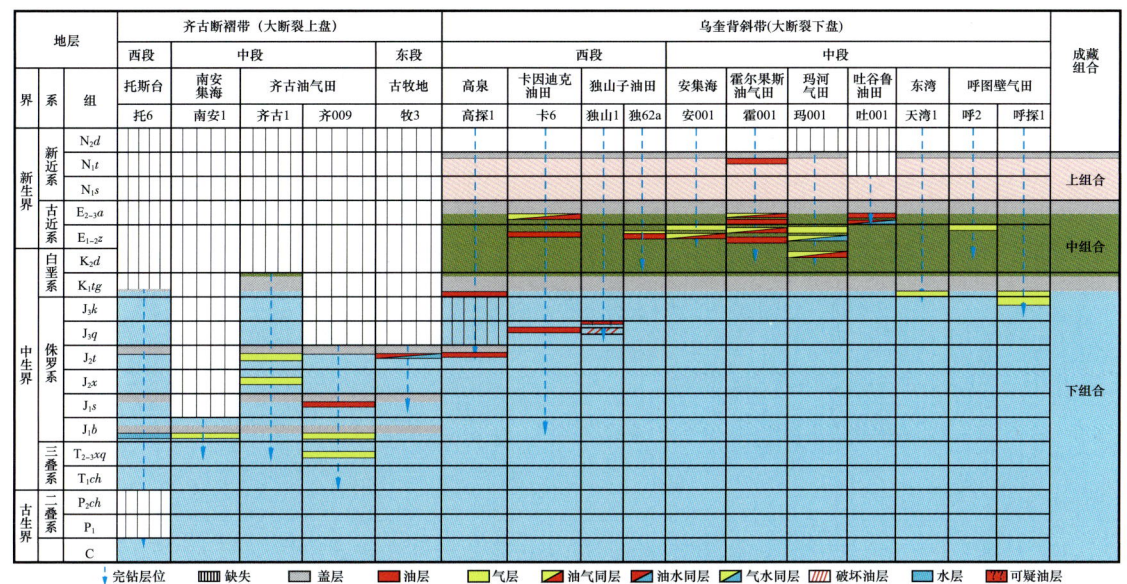

图 2-11 准南前陆盆地盖层与油气分布关系

3. 断层与盖层组合控藏实例分析

阿尔金山前带基岩顶面发育含膏泥岩、泥岩两种类型的区域盖层（图 2-12）。其中，路乐河组（E_{1-2}）盖层以含膏泥岩为主，发育在路乐河组（E_{1-2}）下部，主要分布在尖顶山、东坪、牛中、牛东等地区，累计厚度超过 80m，从山前向低凹区含膏泥岩增厚。该套盖层

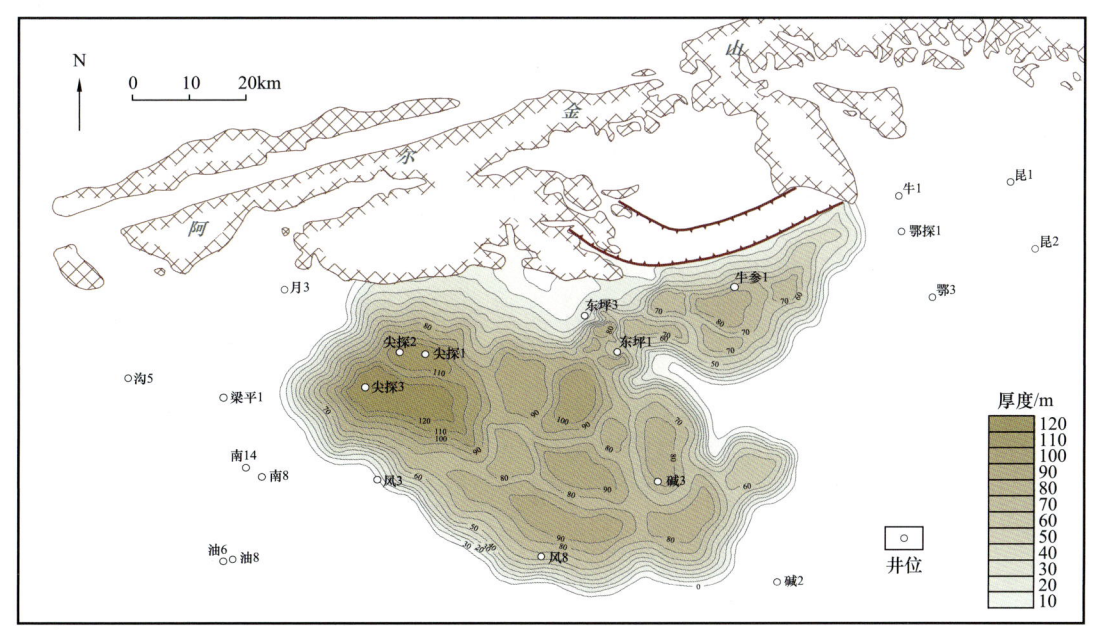

图 2-12 阿尔金山前带东段 E_{1-2} 含膏泥岩盖层厚度图

位于基岩顶面，对基岩风化壳储层形成良好封盖作用，为基岩油气规模成藏提供良好盖层条件；泥岩盖层在区域上主要发育于 J、E_3^1、E_3^2，从钻井资料来看，在整个山前带大范围分布于尖顶山、东坪、牛中和冷北地区，对下伏砂岩层形成良好封盖作用（图 2-13）。

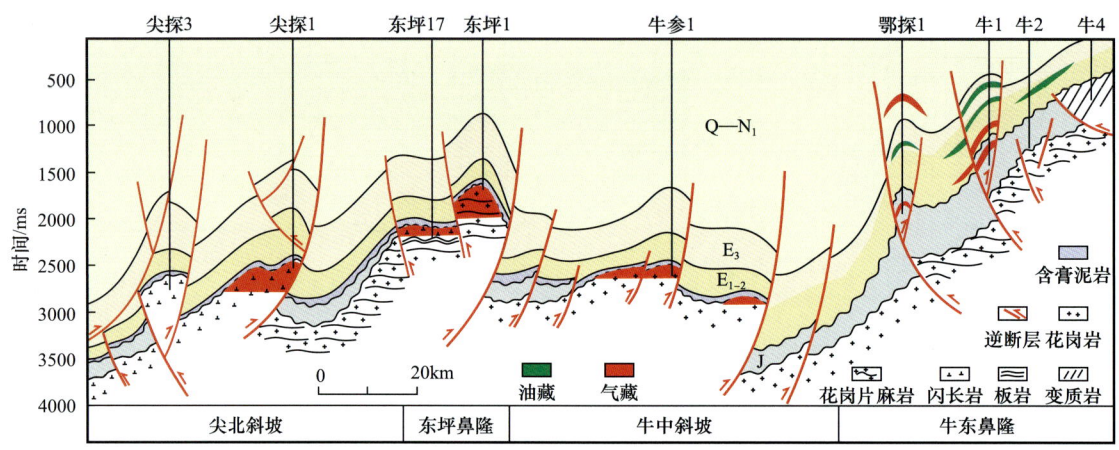

图 2-13 阿尔金山前带 2 类盖层和 2 类油气成藏剖面图

根据盖层展布将阿尔金山前带分为 2 类断盖组合和 2 类成藏模式，一类是含膏泥岩盖层发育区（大于 40m），下覆基岩油气保存条件好，基岩风化壳为主要含油气层系，如尖顶山和东坪地区；另一类是含膏泥岩盖层缺乏区即泥岩盖层分布区，油气沿断层向基岩以上地层逸散，形成多层系的构造、岩性、地层复合油气藏，如牛东—鄂探 1 斜坡区。

二、断层与扇体、不整合面组合

准噶尔盆地西北缘前陆冲断带是古生代晚期—中生代早期发展起来的大型冲断推覆构造，晚期构造活动相对稳定，油气成藏早，故而盖层保存条件不是油气成藏主控因素。推覆体下盘与扇体、断层和地层不整合面有关的油气藏是该区油气藏的主要类型，扇体、断层—不整合面网状输导组合控制了西北缘油气富集与油气分布。

准噶尔盆地西北缘推覆体下盘扇体发育。平面上，大的扇体主要分布于八区及百口泉地区的断层转折端。受扇三角洲相带的控制，上倾部位存在着扇三角洲平原（扇根）致密遮挡带，油气主要富集于物性较好的扇三角洲前缘相带（扇中）。扇三角洲前缘，由于水动力条件较强，砂砾岩中泥质杂基含量普遍较低，因此该微相砂砾岩物性明显好于其他沉积微相。纵向上，风城组（P_1f）—夏子街组（P_2x）—下乌尔禾组（P_2w）扇体逐渐向老山迁移，因此扇三角洲前缘相带位置在平面上也发生相应迁移（图 2-14）。

断层作用（活动）对准西北缘冲断带油气分布与成藏起到十分重要的控制作用，油源断层贯通不同的油气系统，油气分布层系广，断层控制构造圈闭并作为油气运移的重要通道（图 2-15）。如克百断裂带，主要烃源岩风成组（P_1f）形成的油气沿克拉玛依、百口泉、乌夏断裂及其分支断裂等垂向运聚，主要储盖组合有：石炭系，二叠系佳木河组（P_1j）、风成组（P_1f）；二叠系夏子街组（P_2x）、乌尔禾组（P_2w）；三叠系；侏罗系八道湾组（J_1b）、头屯河组（J_2t）等。同时，断层对油气起遮挡作用，形成断层遮挡和断块油气藏。断层作用下储集体裂缝非常发育，改善地层的储集性能，裂缝的发育程度主要受断层的发育程度、储集岩所处断层带的位置、储集岩的岩相及岩相组合、地层的厚度和是否受表生作用影响等的控制：靠近断裂带特别是深大断裂带裂缝发育，岩相越粗特别是砂砾岩、砂岩与泥岩岩相组合的地层砂砾岩裂缝最发育，构造变形较强部位裂缝较发育，扇顶和扇中部位较扇缘裂缝发育。

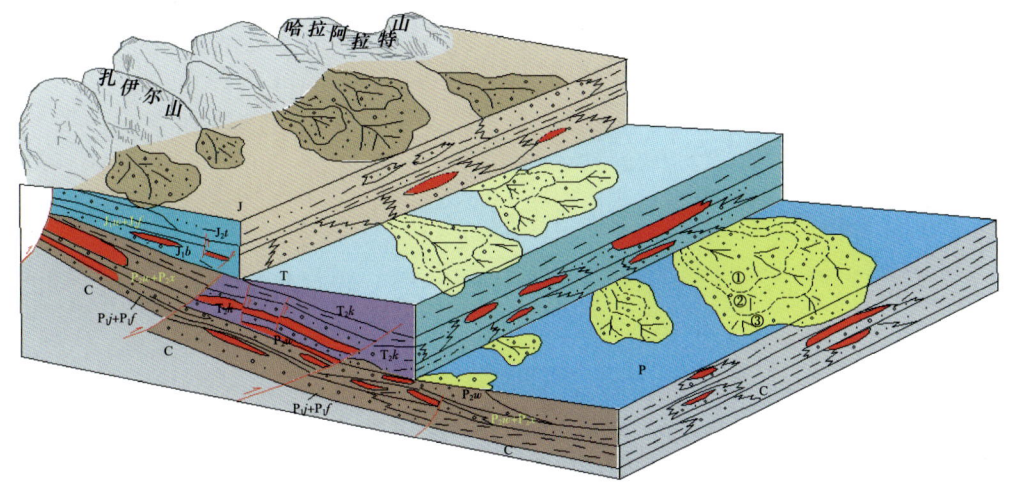

图 2-14 准西北缘前陆断层—扇体成藏模式图

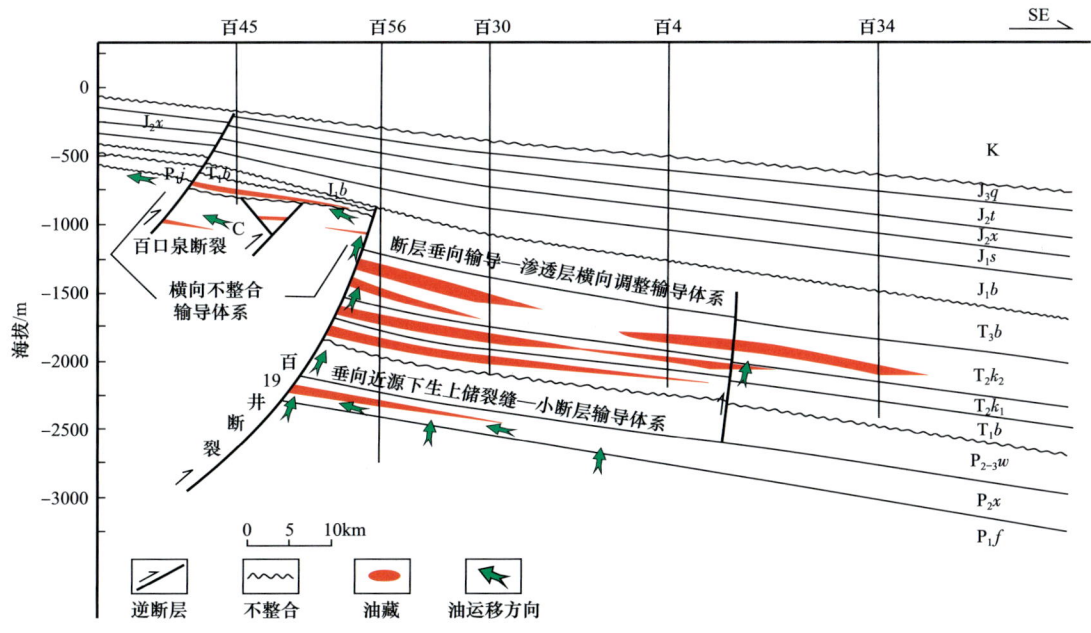

图 2-15 断层对油气的双重作用（输导与遮挡）

西北缘地区广泛发育多个不整合面：二叠系内部、上二叠统与三叠系之间、三叠系与侏罗系之间、侏罗系与白垩系之间，尤其二叠系内部发育的两个不整合面（佳木合组与风城组、上二叠统不整合面）与油藏关系密切。断层的垂向输导作用与不整合面的侧向输导作用构成了西北缘油气输导的网状输导体系（图2-16），是控制西北缘油气分布的重要因素，决定了现今油气主要在不整合面—断层组合发育区富集。对已发现的油气藏进行统计，油气藏个数与距不整合面距离成规律分布，距不整合面越近，油气藏个数越多（表2-1）。从本地区油气藏类型看，主要为断块、岩性油气藏。油气主要是下部佳木河组和风城组烃源岩通过沟通扇中部位的逆掩断层、扇体叠加复合与生油岩侧接而侧向或垂直运移，以及通过不整合面的侧向运移而成藏。

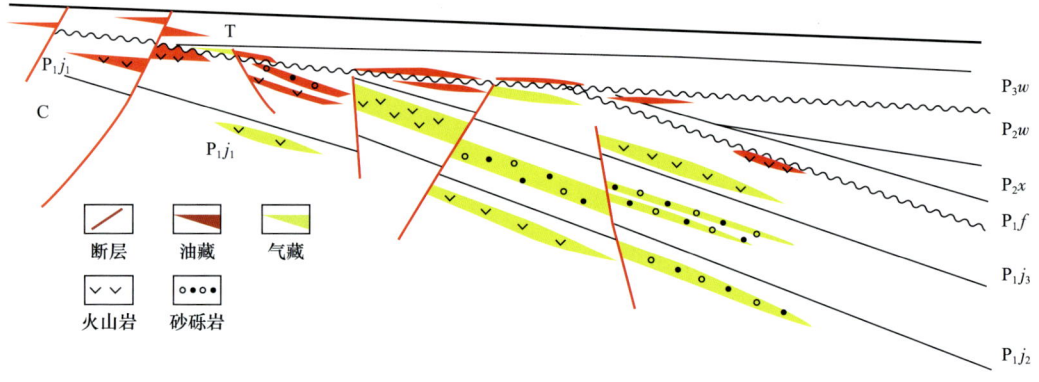

图2-16　准西北缘断层—不整合面网状输导体系示意图

表2-1　含油气、水层数与其距不整合面距离的关系

距不整合面距离/m	0～100	100～200	200～300	300～400
含油气层数	51	17	8	5
水层数	21	12	6	6

三、断层与构造圈闭组合

柴西冲断带是喜马拉雅晚期形成的新生型逆冲推覆构造，主力烃源岩为古近系盐湖相烃源岩，油气成藏时间较晚。

从柴西构造圈闭形成时间和油气成藏的匹配关系来看，晚期成藏的有效性与构造圈闭形成的时间有很大的关系，晚期高效成藏的时间（N_2^1末期以来）决定了柴西地区N_2^1末之前形成的构造是油气富集的有利部位。通过统计柴西油气构造的储量及相关参数统计分析表明，早期构造或具有早期构造背景的构造，其油气成藏的效率明显增高，油气的充满度也较高，而晚期构造的储量及圈闭充满度较低。通过构造恢复可以发现，现今的油气藏分布与早期构造及相关斜坡带的分布吻合甚好（图2-17），显示关键成藏期之前的构造背

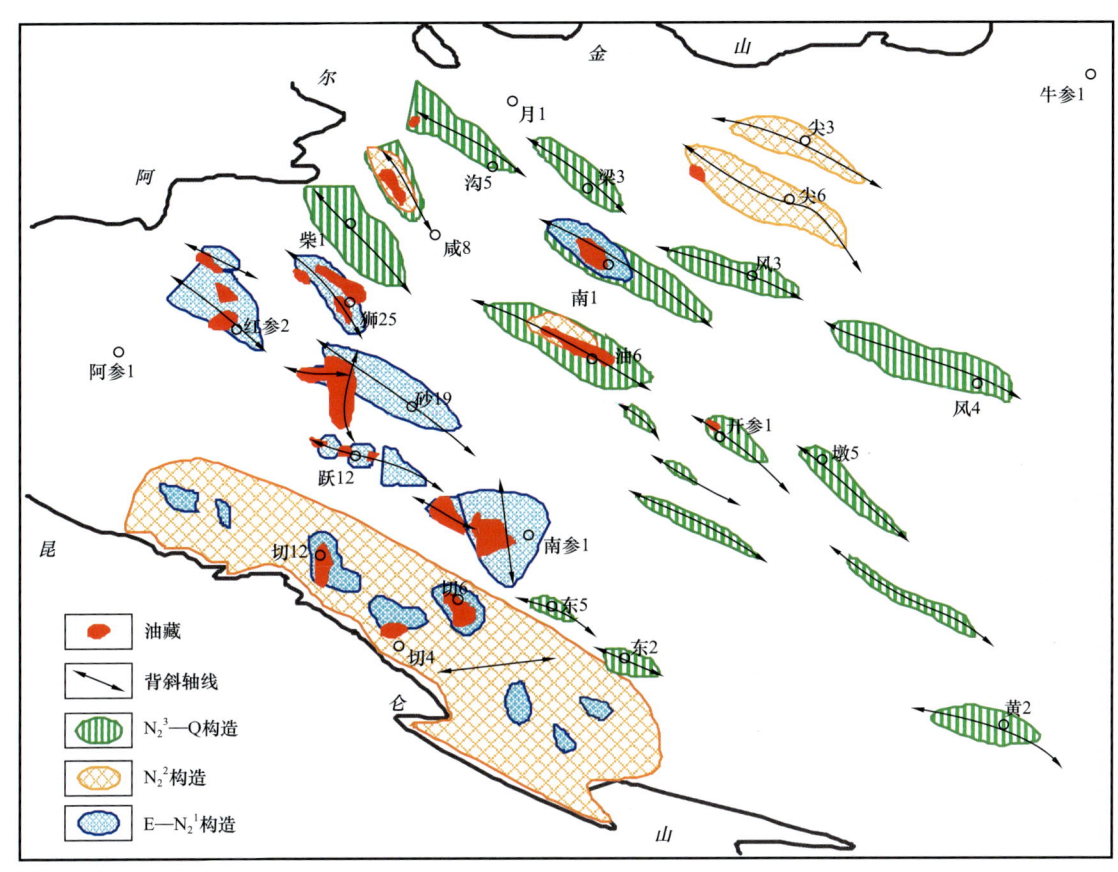

图 2-17 柴西地区主要构造形成时间与油气分布示意图

景、构造锥形对柴西地区油气分布的重要控制作用。

此外，从断层控藏作用的大小来看，柴西北的断层控藏作用明显强于柴西南地区，油气聚集层位由柴西南到柴西北逐渐变新，油气成藏受晚期断层控制越来越明显（图 2-18a）。垂直阿尔金断裂带方向，各个二级断层 2 期活动均较强，但狮子沟组—第四系从西往东活动强度越来越大，表现在剥蚀层位越来越深，断层调整和破坏早期油藏的能力越来越强，油气聚集的层位逐渐变新（图 2-18b）。之间组合部位往往是油气富集的有利部位。从二级断层与三级断层的组合模式来看，剖面上常呈"背倾"或"对倾"组合，之间形成背斜或鼻状构造带（如尕斯地区），所形成的构造上倾高部位油气相对富集，且由于两期成藏的有效性，这种构造的侧翼及深层也具有一定的勘探潜力。有利构造部位是否发育突破至地表或近地表断裂，决定其勘探潜力的大小，如油砂山、狮子沟构造均发育此类断裂，大大降低了其油气富集程度。

柴西地区油气勘探方向应以围绕发育早期构造背景及其相关斜坡带的构造—岩性油气勘探及深层勘探为主，以发育早期构造、晚期成藏为主的"继承型"油气成藏模式为主（图 2-19），油气保存条件相对较好，两期成藏与两期构造形成的匹配关系决定了中构造层（主要是古近系）勘探潜力巨大。

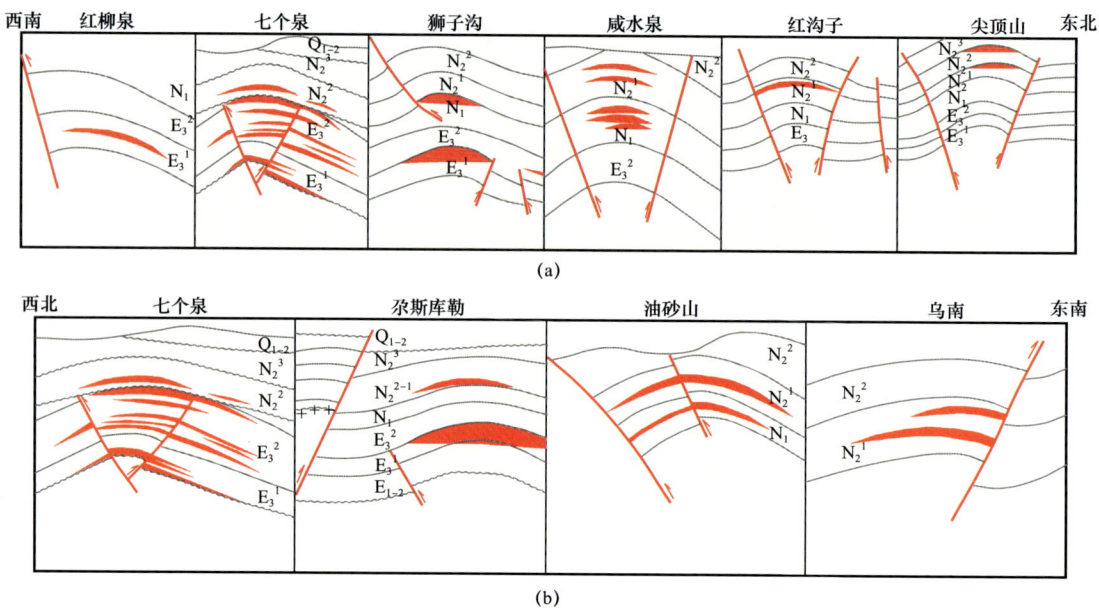

图 2-18 柴西地区断层发育与油气聚集层位关系图

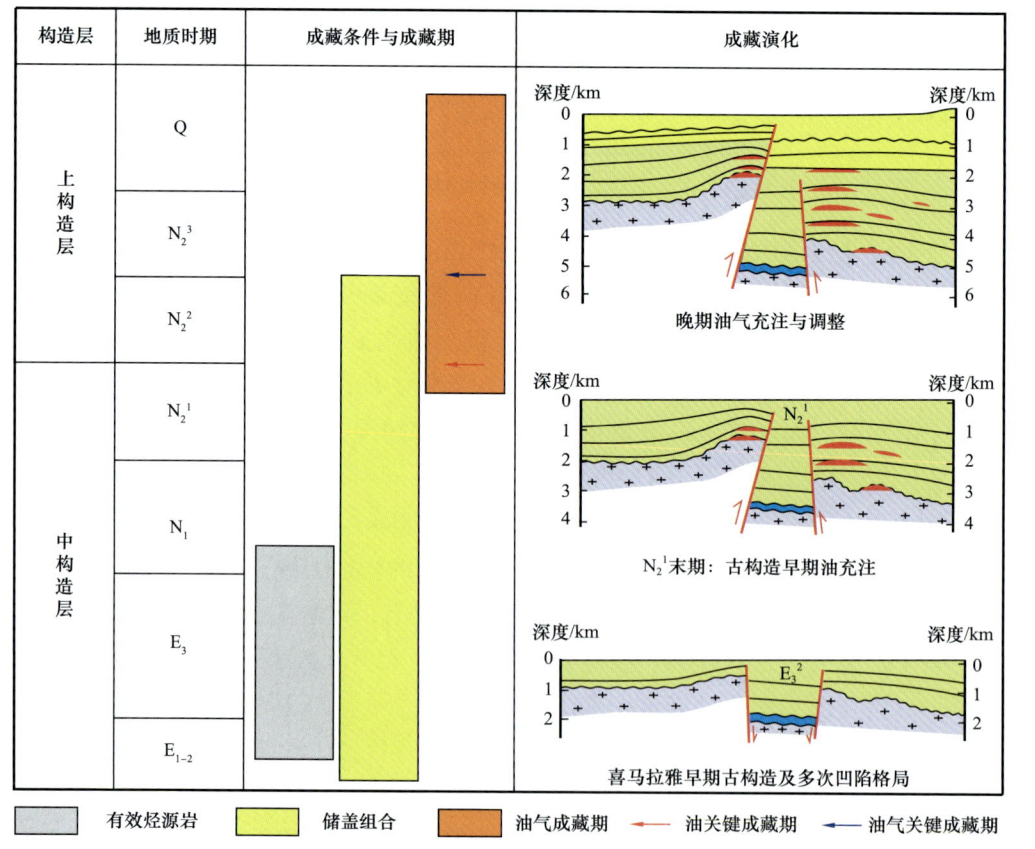

图 2-19 柴西地区近源断层——早期构造控藏模式（尕斯地区）

因此，柴西地区晚期成藏主要受控于晚期构造活动，成藏时间及期次明显受新构造运动期次控制，有效生烃凹陷控制了柴西地区油气主要在凹陷附近及斜坡带富集，成藏期与构造形成的时空匹配关系决定了柴西地区具有早期构造背景的部位是油气的主要富集区，基本集中了区内80%以上的储量规模。

第三章　前陆盆地流体超压发育机理与油气运聚

从墨西哥湾盆地异常压力现象发现至今，全球有 180 个盆地存在异常压力。流体常压、压力过渡带和流体超压的压力系数分别为 0.96~1.06、1.06~1.38 和大于 1.38，对应压力梯度分别为 0.41~0.46MPa/km、0.46~0.6MPa/km、大于 0.6MPa/km（马启富等，2000）。

前陆盆地普遍发育流体超压，流体超压的发育机理包括烃源岩生烃增压、快速沉积欠压实、构造挤压和超压传递，构造挤压增压为前陆盆地特色。流体超压与油气运聚密切相关，其中，生储盖流体超压结构类型控制油气富集层；源储过剩压力差越大，油气层越富集；流体超压与致密砂体储层裂缝耦合使天然气呈达西渗流成藏。

第一节　国内外前陆盆地流体超压分布特征

在国内外的油气勘探活动中，大部分的含油气盆地都发现有流体异常压力的存在，前陆盆地是流体异常高压出现概率较高的盆地类型之一。

一、国外前陆盆地流体超压

前陆盆地流体异常压力以异常高压为主，在众多层位上发现有流体超压，尤多见于中—新生界，流体超压可同时出现于烃源岩、储层和盖层，也可只出现在烃源岩、储层或者盖层单一地层中（图 3-1）。

美国落基山油气区前陆盆地白垩系—古近系、孟加拉盆地古近系—新近系、马来西亚和文莱境内的文莱—巴兰三角洲盆地新近系、哈萨克斯坦南里海盆地古近系—新近系、加拿大阿拉斯加盆地白垩系、意大利波河河谷盆地三叠系等均出现了流体超压，并且与油气密切相关。

美国落基山油气区粉河盆地和绿河盆地均属于超压盆地，粉河盆地发育五个含油气层系，其中白垩系是该盆地的主要产油气层，也是异常高压出现的含油气层系，超压主要出现于埋深为 2700~3500m 的地层。白垩系发育页岩和砂岩源储叠置的成藏条件，页岩既是烃源岩又是盖层，砂岩总体表现为一套致密层，以岩性圈闭发育于页岩层系内。白垩系气藏生储盖层均具有异常压力，最高压力梯度达 0.76psi/ft（正常压力梯度为 0.433 psi/ft），形成由页岩层系构成的压力封存箱体，超压气藏主要是由于页岩生气充注到致密砂岩而形成，如阿默斯德洛、基蒂等白垩系气藏。绿河盆地与粉河盆地有相似之处，流体超压出现

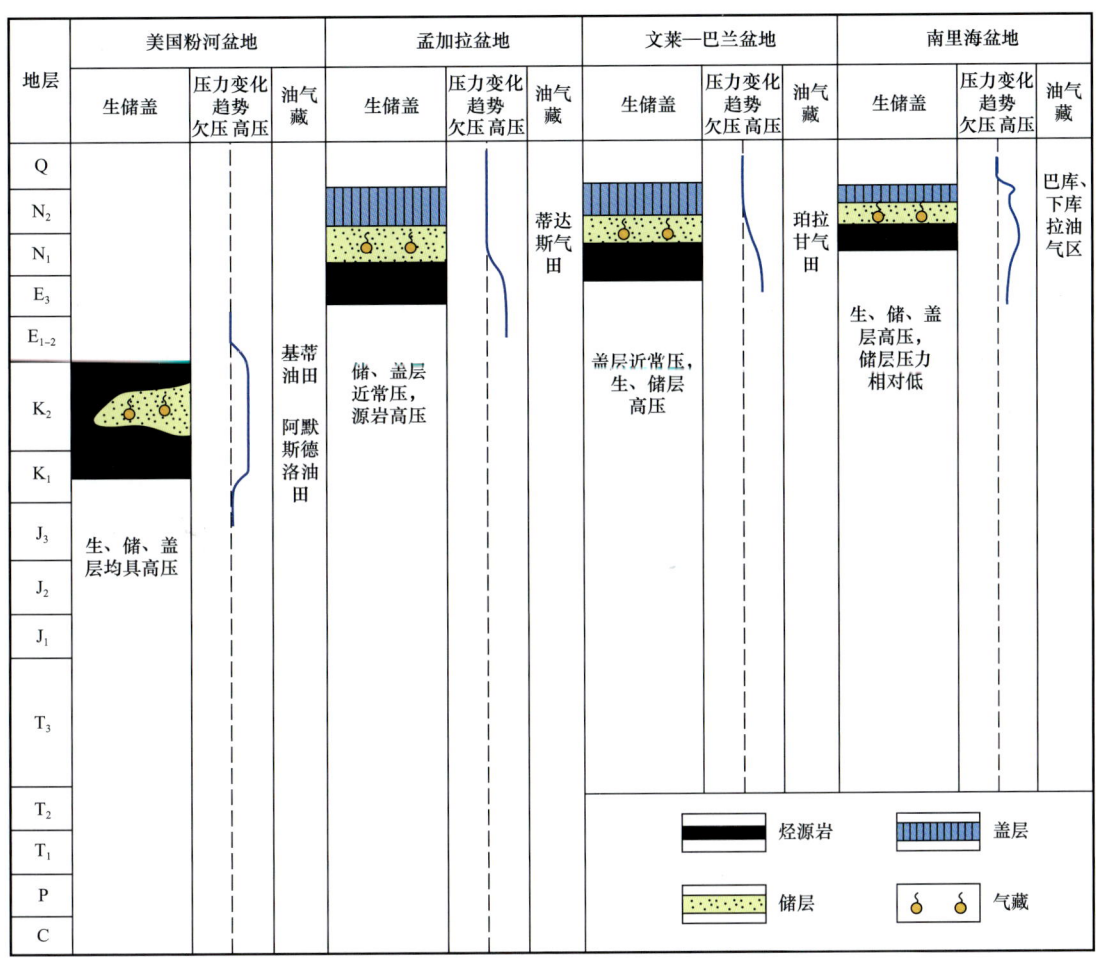

图 3-1 国外典型前陆盆地流体异常高压与气藏的关系

在埋深为 2800～6100m 的白垩系中,压力梯度为 0.80psi/ft,白垩系是页岩或含煤层系与砂岩储层互层的沉积层系,在上白垩统梅萨韦尔德组(Mesaverde)和刘易斯组(Lewos)发现超压气藏,梅萨韦尔德组气藏压力梯度为 0.74～0.95psi/ft,超压分布于生储盖组合。

孟加拉盆地的流体超压主要分布于始新统—中新统下部泥岩,超压顶面深度约为 4000m,压力系数为 1.80～2.10。异常超压段是一套欠压实泥岩,同时也是一套烃源岩,始新统和渐新统在露头区样品有机碳含量为 1.0%～4.0%；中新统下部泥岩有机碳含量为 0.2%～0.6%,干酪根类型为Ⅲ类腐殖型,热演化程度 R_o 为 0.6%～1.2%,以生气为主,在盆地中已发现与之有关的凝析气藏。储层为中新统中上部三角洲砂岩,孔隙度可达 17%～24%,盖层是中新统上部一套前三角洲沉积泥质岩。根据盆地勘探成果,气藏多为常压,即储盖层没有超压现象,如蒂塔斯气田、盖拉舍蒂拉气田、霍比甘杰气田等均为正常压力气藏。由此可见,该盆地的异常高压层出现于欠压实的烃源岩层,烃源岩正处于腐殖型凝析气生气高峰期,生烃是超压的另一个原因,超压烃源岩为烃类的有效排出提供了充足的动力条件，并可持续供烃，在烃源层之上的常规储层中聚集成藏。

文莱—巴兰盆地的流体超压也主要出现于烃源岩，但也见于储层中。烃源岩主要为早—中中新世的海相页岩，储层为中中新世—上新世的海退三角洲砂岩，盖层是上新世—更新世厚度达1000m以上的海相黏土，构成了良好的生储盖组合。在该盆地油气勘探过程中发现，从浅部向深部由常压气藏到超压气藏的变化，即一般在浅部的油气田基本是正常压力，而到了一定的深度，就出现了异常高压油气藏。如珀拉甘气田，油气主要储集于上—中中新统超压低位海岸平原相砂体中，砂岩平均孔隙度为12%，渗透率为10~2000mD，往下渗透率变低，气层埋深为2900~3600m，由上至下压力系数由1.30增加到2.26。很明显，气层及其以下地层均处于超压环境，具有烃源岩压力向上部储层传递的特点，由下往上异常高压消失，这主要是由于烃源岩高压灶天然气的排出，充注到相对低渗的储层而产生的压力传导作用所致。

哈萨克斯坦南里海盆地的流体超压主要出现在欠压实的泥岩和砂泥岩互层，异常高压段内油气一般聚集于压力相对低的层段。根据下拉库油气区钻井压力梯度变化分析，异常高压带在剖面上的分布规律是上上新统泥岩为超压层，压力梯度为0.71~1.00psi/ft，可作为下伏油气层的盖层；中上新统产层的上部，储层中流体压力比上部盖层压力要低，压力梯度一般不超过0.71~0.80psi/ft；再往下在生产层中部，泥质岩增多，泥岩中的流体压力梯度随深度增加而增大，压力梯度达到1.02psi/ft。从压力变化趋势可见，气藏压力组成具有顶部厚泥岩盖层压力高，而储层压力相对低的变化特点，异常高压泥岩构成良好的盖层。

二、国内前陆盆地流体超压

中国前陆盆地广泛发育异常压力，多为异常高压和超压，并且与油气藏的关系密切。如四川盆地川西、塔里木盆地库车和塔西南、准噶尔盆地南缘、柴达木盆地北缘和吐哈等前陆盆地均见有异常压力（表3-1）。

川西前陆盆地普遍存在异常高压，在上三叠统和侏罗系均发育有异常高压，深度为1500~5000m，压力系数为1.20~2.30。上三叠统异常高压在不同的构造单元中具有一定的差异性，坳陷区具有高的异常压力，斜坡区和冲断带异常压力变低，如川西坳陷北部压力系数为1.60~2.20，而坳陷南部和冲断带为1.20~1.40；侏罗系异常高压相对于三叠系要低，压力系数为1.30~1.50，纵向上，从侏罗系遂宁组到上三叠统须家河组异常高压的压力系数逐渐升高。川西前陆盆地上三叠统和侏罗系均为主要产气层，上三叠统须家河组是煤系烃源岩，上三叠统气藏主要为自生自储类型，侏罗系气藏为次生气藏。可见，川西前陆盆地异常高压同时出现于生储盖层中，上三叠统气藏压力系统和侏罗系次生气藏压力系统存在一定的关联性，由下往上异常压力逐步递减（图3-2）。

表 3-1 中国前陆盆地异常高压分布

前陆盆地/冲断带	异常压力地层	沉积环境	异常压力顶面深度/m	压力系数	流体压力相	油气田（藏）
川西	三叠系、侏罗系	河流、湖泊、三角洲	600~1600	1.13~2.30	气	新场气田、孝泉气田、八角场气田、平落坝气田等
库车	古近系—新近系、白垩系—侏罗系	湖泊、海洋、河流、三角洲	1500~3000	1.60~2.20	气	克拉2气田、迪那2气田、大北气田等
塔西南	古近系—新近系、白垩系	湖泊、海洋、河流	3700~4000	1.17~1.97	凝析气	柯克亚气田
准南	古近系—新近系、白垩系、侏罗系	湖泊、河流、三角洲	800~4500	1.30~2.30	气、油、水	呼图壁气田、玛河气田、霍尔果斯气藏、独山子气藏等
柴北缘	古近系—新近系、侏罗系	浅湖、辫状河	1500~2500	1.14~1.90	气	南八仙气田、冷湖七号油气藏
吐哈	侏罗系	河流、湖泊	2000~3000	0.80~1.50	气、油	小草湖气藏、柯柯亚油气田

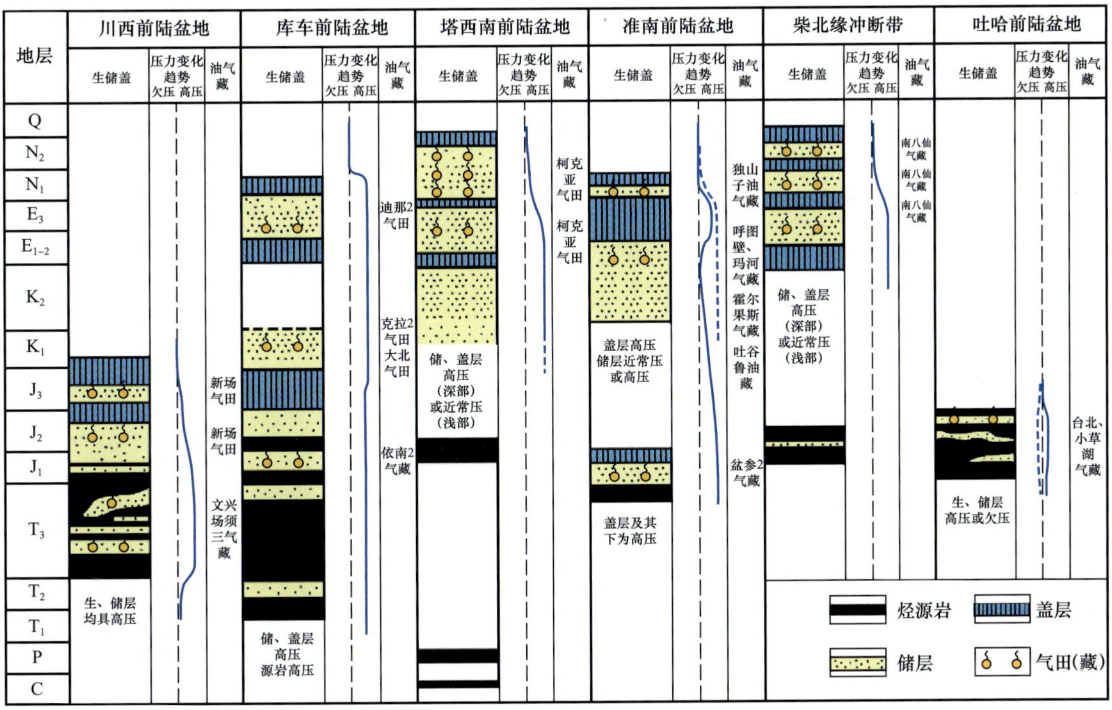

图 3-2 中国中西部前陆盆地异常高压与气田（藏）层位的关系

库车前陆盆地和塔西南前陆盆地均发育有异常高压。库车前陆盆地异常高压主要出现于古近系—新近系和白垩系，也见于三叠系和侏罗系，压力系数为1.60~2.20，总体表现为北部冲断带流体超压，南部斜坡带近常压。库车含油气层系发育在古近系—新近系、白垩系和侏罗系，古近系超压主要分布于北部的克拉苏构造带、依奇克里克构造带和秋里塔格构造带东段，最高压力系数为 1.90～2.10，如迪那 1 号和迪那 2 号构造，压力系数达 2.00 以上，是新近系压力系数最大的圈闭；白垩系超压主要发育于秋里塔格构造带和克拉苏构造带，压力系数相对低于古近系，为 1.50～1.90；侏罗系和三叠系在依南 2 构造压力系数为 1.60～1.80。众所周知，库车前陆盆地具有优越的储盖组合，天然气主要储集于新近系吉迪克组和古近系库姆格列木群膏盐岩区域盖层之下，这两套膏盐岩地层同样具有超压，如大北地区库姆格列木群膏盐层压力系数为 2.20，两套超压盖层分别对吉迪克组—苏维依组和古近系—巴什基奇克组气藏构成强封闭。从压力分布可以看出，库车前陆盆地超压贯穿于生储盖层，古近系—新近系超压较高，两套膏盐岩盖层之上为常压系统，自膏盐岩盖层向下突然性地进入高压系统。

塔西南前陆盆地异常高压发现于柯克亚构造，异常高压层位为古近系—新近系和白垩系，从柯克亚气田柯深 1 井和柯深 101 井的压力系数可以看出，在深度 3700m 左右开始出现高压，压力系数为 1.30～1.95，最高压力系数在古近系卡拉塔尔组（E_2k）和白垩系，压力系数分别为 2.00 和 1.96，压力分布具有从上往下增大的趋势。库车前陆盆地和塔西南前陆盆地压力结构的差异，主要是保存条件不同造成。前者得益于气藏之上发育膏盐岩区域盖层，膏盐岩可塑性强，断层对它的影响比较小，天然气和流体压力被优质区域盖层保存下来，表现出气藏内部的高压；而后者主要发育泥质岩盖层，构造作用对其影响明显，断层、裂缝均可导致封闭性减弱，深部气源通过断层运移到浅部，天然气在有利储层聚集成藏，气藏压力有所减小。

准南前陆盆地在冲断带 3 排构造带钻探中均发现了异常高压，异常压力多在塔西河（N_1t）、安集海河组（$E_{2-3}a$）等泥岩发育的层位开始出现，其中以 $E_{2-3}a$ 最为普遍，大部分地区 $E_{2-3}a$ 和呼图壁河组（K_1h）下部或清水河组（K_1q）上部泥岩的压力系数相对其他层位高，局部地区其他层位发育较厚泥岩时，也会表现出异常高的压力系数，表明准南地区安集海河组和吐谷鲁群区域性盖层发育有稳定的强超压。侏罗系上部和紫泥泉子组储层普遍发育超压和强超压，两者分属不同的压力系统，但压力系数相对高值区基本都在高泉—独山子—安集海—霍尔果斯—吐谷鲁背斜一线，侏罗系上部储层在该带相对高值区的压力系数普遍在 2.0 以上，其中高泉—独山子背斜压力系数为最高区域，达到了 2.2～2.3；紫泥泉子组储层在该带相对高值区的压力系数普遍在 1.6 以上，其中安集海—霍尔果斯构造压力系数为最高区域，达到了 2.2～2.4。第一排构造带齐古构造下侏罗统三工河组、八道湾组及中—上三叠统小泉沟组发育异常高压，压力系数为 1.27～1.40。此外，在北部斜坡带马桥凸起莫索湾构造（盆参 2）侏罗系也出现了异常高压，高压分布于 3500～5500m，主要在侏罗系中下部，压力系数可达 2.10。目前在冲断带和斜坡带均发现了与异常高压相关的气藏，气藏分布于古近系紫泥泉子组、白垩系东沟组及侏罗系，主要为侏罗系煤系烃源岩，异常高压出现于生储盖层，安集海河组泥岩区域盖层具有较高的异常压力。

柴达木盆地北缘南八仙构造和冷湖七号构造古近系—新近系中也发育有异常高压，南八仙构造流体超压出现于古近系，在 2700m 以下，压力系数为 1.27～1.78；冷湖七号构造高压出现于新近系，从 1500m 开始进入高压，压力系数为 1.35～1.89。南八仙气田发育多个油气藏，由上往下发育有浅层新近系气藏和深层古近系气藏，浅层气藏基本上近常压系统，而深层气藏属于超压系统，异常高压有从浅部往深部增大的趋势；冷湖七号构造冷七1 井在 1708～1715.8m 获日产 4207m³ 的天然气；冷七 2 井 4057.8～4070.8m 也获得少量油气，气藏所处的层段也正是异常高压出现的层段，压力变化也有气藏之上近常压到气藏的超高压变化趋势。

吐哈前陆盆地北部冲断带主要发育侏罗系自生自储气藏类型，储层致密，异常压力不普遍，可见个别构造具有低压和高压。小草湖洼陷红台油气藏发育有欠压系统，压力系数为 0.82～0.98，山前冲断带前缘柯柯亚地区下侏罗统气藏普遍存在异常高压，压力系数 1.30～1.50，而其上的中侏罗统油气藏属于正常压力系统，上、下油气藏之间为一套泥岩封隔层。吐哈盆地异常高压不明显，但代表了异常压力的一种类型，异常压力出现于自生自储油气藏类型中。

第二节　中西部前陆盆地流体超压发育机理

前陆盆地不同区带及生、储、盖层均发育流体超压。通过泥岩综合压实曲线结合沉积和构造演化背景，综合判识欠压实增压；通过密度与声波速度图版、垂向有效应力与声波速度图版、构造应力和生烃作用增压的数值模拟技术，结合实际地质条件，来综合判识构造挤压增压、超压传递增压和生烃增压，从而形成地质—测井和数值模拟结合的超压成因综合判识方法。

一、准南前陆盆地流体超压发育机理

通过高探 1 井测井和录井识别泥岩，并读取高探 1 井泥岩层段的声波时差、密度、中子孔隙度、电阻率等数值，编制其随埋深变化的关系图（图 3-3），发现泥岩在 2850m 以上基本为正常压实，而该深度以下，泥岩的中子孔隙度和声波时差测井曲线均表现出正异常，且泥岩的密度和电阻率测井曲线均表现出负异常，d_c 指数法计算压力（图 3-4）也表明，该深度以下地层开始产生异常高压，因此，高探 1 井在 2850m 以下泥岩中表现出异常高孔隙度的欠压实特征。高泉背斜自新生代特别是塔西河组沉积期以来，其沉积速度明显增大，塔西河期、独山子期和第四纪其沉积速率分别约为 200m/Ma、340m/Ma 和 1500m/Ma，推断该欠压实增压自塔西河组沉积期便开始形成，一直持续至今。

通过正常压力段（即正常压实段）泥岩的声波速度与垂向有效应力计算，建立正常压力段的声波速度与垂向有效应力的关系曲线（图 3-5），依据储层实测地层压力计算出其垂向有效应力，并读取其邻近泥岩的平均声波时差计算其声波速度，将其投入声波速度与垂向有效应力的关系图版中，可用来判断该储层超压的形成机理（Tingay et al.，2009；张凤奇等，2013），从图 3-5 可看出，高探 1 井清水河组超高压储层点的声波速度与垂向有

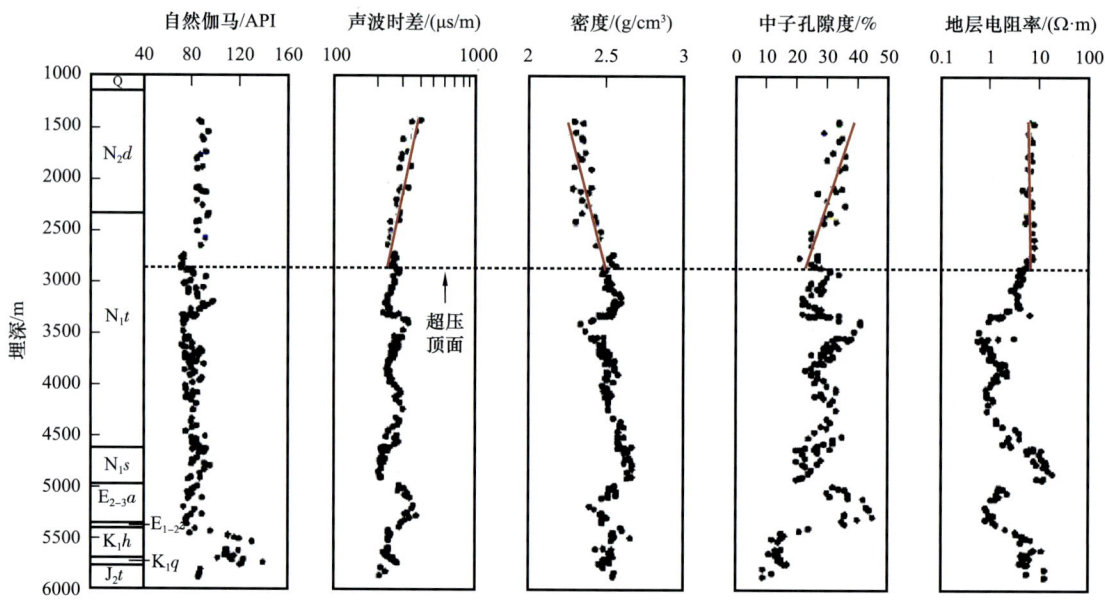

图 3-3 高探 1 井泥岩的综合压实曲线

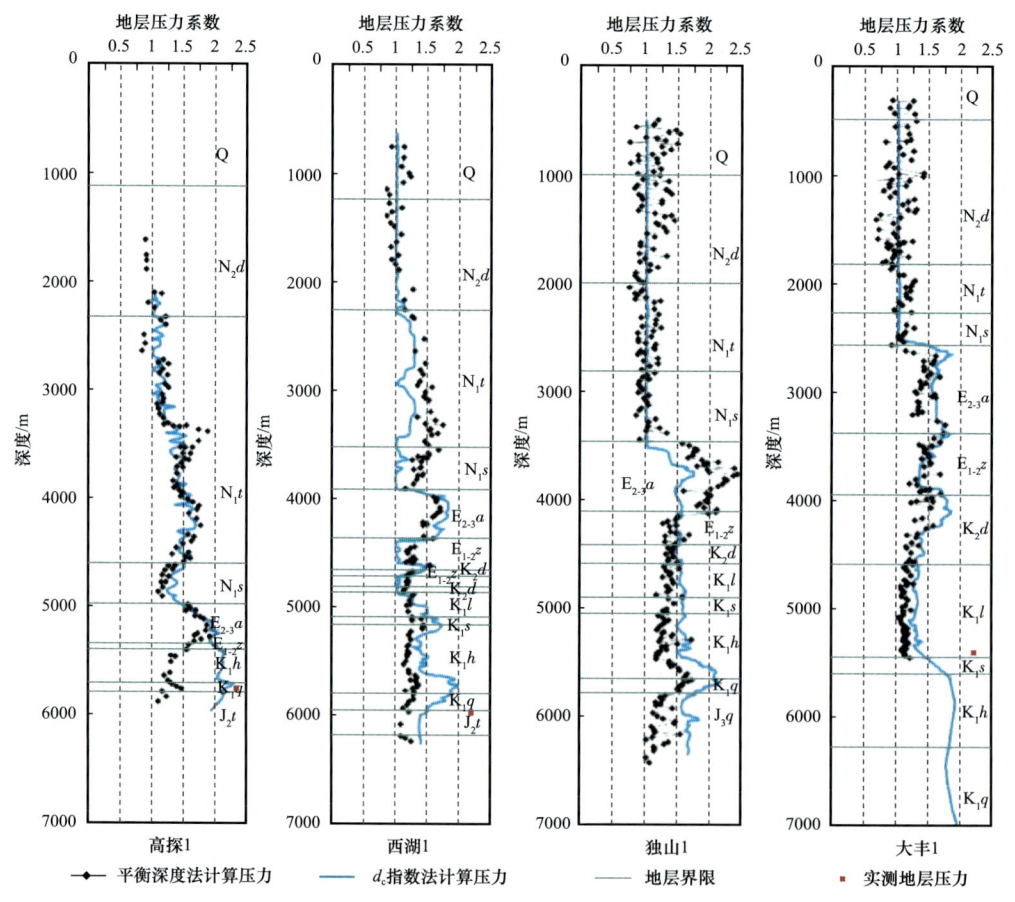

图 3-4 淮南地区四口深井地层压力剖面对比图

效应力明显偏离了正常压力点声波速度与垂向有效应力的关系曲线，依据超压识别图版（张凤奇等，2013，2020），识别出构造应力和超压传递对该储层超压的形成也具有较大贡献，其形成的地质证据为：（1）研究区在喜马拉雅时期特别是喜马拉雅晚期经历了来自北天山的由南向北的强烈构造挤压作用（汪新伟等，2005；郭召杰等，2011），通过与高探1井距离较近的独山1井齐古组（6417.90m）6个样品的声发射实验，测得独山1井齐古组水平最大主应力值为254.51MPa，远高于其上覆载荷155.60MPa，

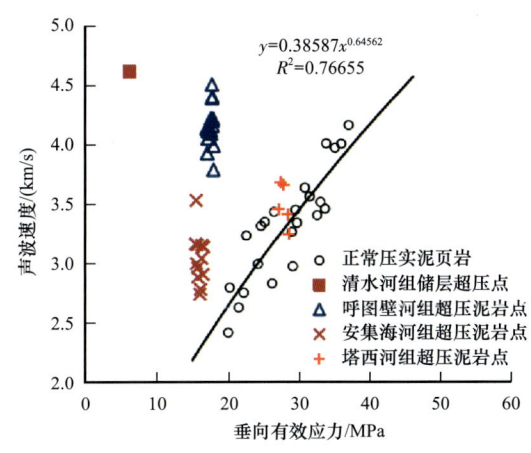

图3-5　高探1井垂向有效应力与声波速度关系图

两者差值高达98.91MPa，前已述及高泉背斜下组合白垩系和侏罗系在塔西河组沉积期已基本形成欠压实作用，因此，在强烈构造挤压之前该井白垩系和侏罗系已形成较好的封闭条件，该封闭条件下强烈的水平构造应力很容易产生流体增压，由于该增压作用是水平构造应力引起的，并非为上覆载荷所引起，构造应力增压引起地层超压幅度的增强可引起垂向有效应力的降低，从而达到卸荷作用。另外，图3-5中白垩系呼图壁河组、清水河组和侏罗系头屯河组超压泥岩的声波速度与垂向有效应力均明显偏离了正常压力点的声波速度与垂向有效应力关系曲线，也可为构造应力增压提供证据，由于该地区的主要烃源岩层为中—下侏罗统西山窑组、三工河组、八道湾组及二叠系。因此，上述储层和盖层中生烃增压幅度不会太大，该泥岩中卸荷增压应主要为构造应力所致。（2）高探1井白垩系和侏罗系背斜的形成使得背斜两翼储层砂体发生倾斜，同一渗透性地层在不同的埋深与具有不同过剩压力的地层接触，超压流体在过剩压力差的驱动下沿渗透性地层由深部侧向上向浅部流动，直至达到压力平衡为止（Luo et al.，2007）。另外，高探1井白垩系和侏罗系储层均发育有断裂，其主要断裂均与其下覆的侏罗系泥岩、煤层和二叠系湖相泥岩等烃源岩层沟通，烃源岩层除了发育上覆泥岩层形成的欠压实和构造应力增压外，还有生烃增压作用，与上覆泥岩层相比，其超压幅度更大，具超压强度更高的深部流体（油、气、水）会沿着断裂向上部白垩系和侏罗系传递，引起其超压强度增强，同时形成油气的充注、聚集。因此，侧向和垂向的超压传递作用可引起高泉背斜白垩系和侏罗系储层的流体增压。依据前人有关四棵树凹陷东部构造演化及其变形的研究成果（郭召杰等，2006；方世虎等，2007），研究区强烈构造挤压发生的时期应在喜马拉雅晚期的独山子沉积末期，因此，推断该构造挤压增压和超压传递增压的形成时期应为独山子组沉积末期，并且是在欠压实增压后才形成。依据前人提出的卸荷增压计算方法（Tingay et al.，2009；张凤奇等，2013），计算出高探1井塔西河组泥岩超压基本为欠压实的贡献，欠压实对安集海河组泥岩超压的贡献主要在65%～90%之间，欠压实对呼图壁河组泥岩超压的贡献主要在60%左右，可见，

随着埋深的增大，欠压实增压对泥岩超压的贡献在不断降低；同时，计算出高探 1 井清水河组储层中构造挤压和超压传递的共同增压大小为 45.35MPa，其对现今储层超压的贡献为 59.68%，而欠压实增压为 30.64MPa，对现今储层超压的贡献为 40.32%。

上述计算中，高探 1 井清水河组储层中构造挤压和超压传递对现今储层超压的共同贡献为 59.68%，为了区分两者的各自贡献，需要通过构造挤压和生烃增压等作用的超压数值模拟，并结合实际地质条件来进行定量评价。评价超压传递时需要考虑沿断裂的垂向和砂体内的侧向两个方向的最大超压源，一般侧向上的最大超压源为该背斜的邻近凹陷，沿断裂的垂向最大超压源为该背斜油源断裂沟通的深部烃源岩层，背斜中储层的超压传递增压为两个最大超压源同时传递的结果。为了方便评价，可借用侧向超压传递的思路来进行评价（Gao et al.，2017），认为储层中的超压主要为邻近泥岩层的超压所传递，深部凹陷中超压强度更高的泥岩和背斜顶部超压强度相对低的泥岩同时向邻近储层进行超压传递，由于深部传递的超压相对浅部背斜顶部更大，这时超压会沿着砂体由深部向浅部传递，直至达到超压平衡，该超压传递过程中背斜顶部储层中超压会增大，其超压传递的大小等于平衡的超压值减去背斜顶部邻近泥岩的超压值。利用该思路，运用"前陆盆地地层压力模拟及源储配置定量评价软件"，考虑构造挤压、生烃增压等特殊增压作用，数值模拟了高探 1 井及其邻近凹陷处呼图壁河组泥岩的超压演化。模拟时高探 1 井所施加的构造应力条件为：最大构造应力（$\sigma_{T\max}$）$N_1 t$ 之前为 0，$N_1 t$ 时期为 180MPa，$N_2 d$ 时期为 270MPa，Q 时期为 380MPa；邻近凹陷所施加的构造应力条件为：最大构造应力（$\sigma_{T\max}$）$N_1 t$ 之前为 0，$N_1 t$ 时期为 180MPa，$N_2 d$ 时期为 300MPa，Q 时期为 400MPa。另外，根据前人研究认为该地区呼图壁河组泥岩可作为烃源岩层（陈建平等，2016），将其 TOC 含量均设为 1.3%，HI 均设定为 300mg/g，均以Ⅰ、Ⅱ型干酪根为主。两个位置处呼图壁河组泥岩层超压演化结果如图 3-6 和图 3-7 所示。

超压传递求取时参考图 3-8，需要获得平衡点处的埋深，利用

$$Z = \frac{\bar{z} - z_{\text{crest}}}{R} \tag{3-1}$$

式中　Z——平衡点处比例系数；

　　　$\bar{z}$——平衡点处的埋深，m；

　　　z_{crest}——圈闭顶点的埋深，m；

　　　R——圈闭的闭合高度，m。

该方法求取的为侧向的超压传递值，对比侧向的凹陷处和深部油源的过剩压力，发现断裂沟通的深部超压值更大，取深部烃源岩层（P）的超压与高探 1 井呼图壁河组泥岩超压，利用式（3-1）来进行计算，利用储层的实测地层压力和数值模拟获得的沉积和构造挤压的共同增压，来求取现今高探 1 井清水河组储层的超压传递增压，进而求出 Z 值，其 Z 值为 0.32。这样就可利用数值模拟获得高探 1 井及其邻近凹陷呼图壁河组泥岩的过剩压力演化（图 3-9），从而求出高探 1 井清水河组储层的超压传递增压的演化（图 3-10）。

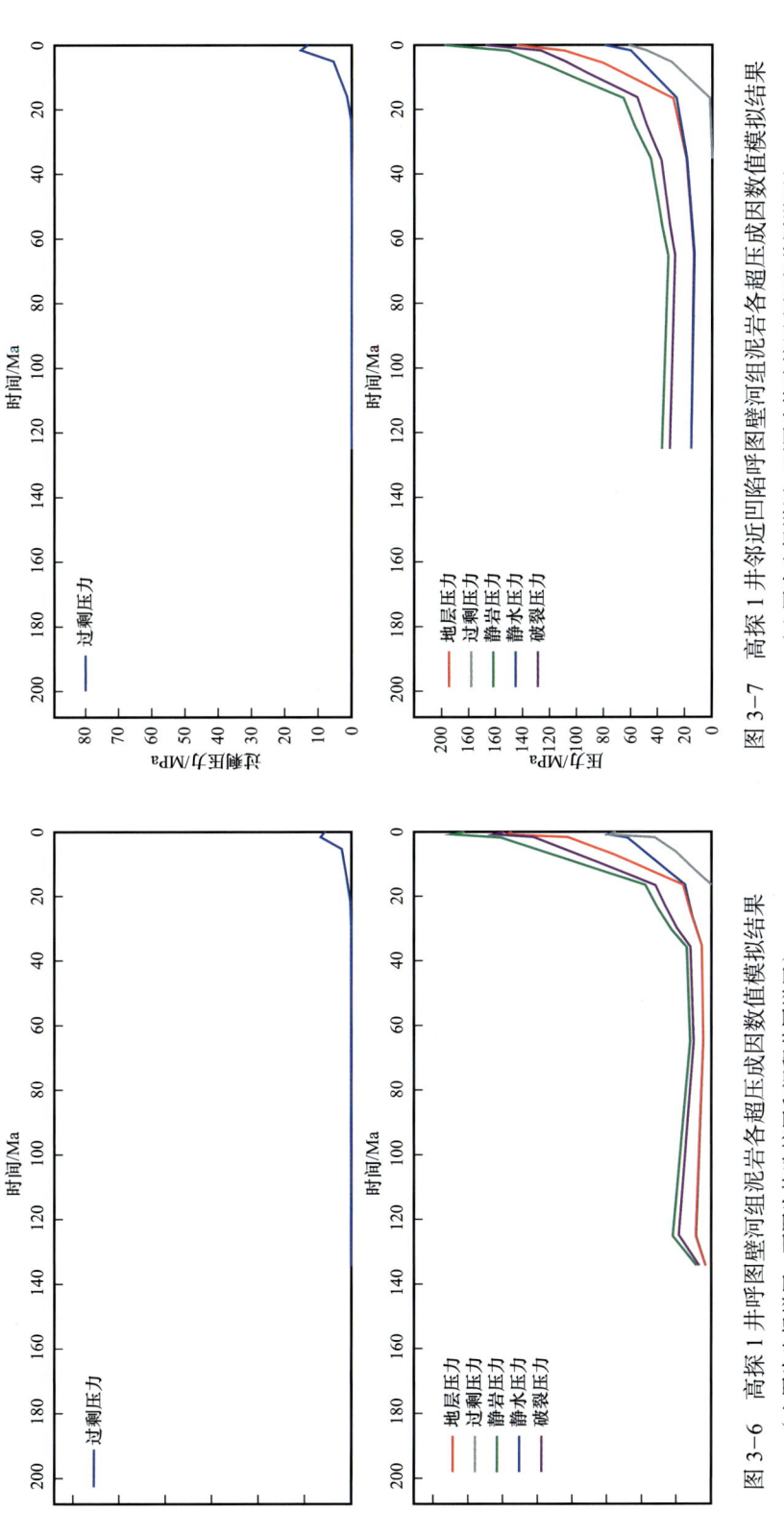

图 3-6 高探 1 井呼图壁河组泥岩各超压成因数值模拟结果
（上图为生烃增压；下图为构造挤压和沉积共同增压）

图 3-7 高探 1 井邻近凹陷呼图壁河组泥岩各超压成因数值模拟结果
（上图为生烃增压；下图为构造挤压和沉积共同增压）

高探 1 井清水河组储层的超压传递增压在 N_1t 开始形成，并逐渐增大，Q 沉积末期达到最大，持续至今。这样就求出高探 1 井超压传递增压占清水河组储层现今超压的贡献为 19.15%，从而求出高探 1 井构造挤压增压占清水河组储层现今超压的贡献为 40.53%。因此，高探 1 井清水河组流体超压成因机理及占比分别为：欠压实增压占 40.32%、构造挤压增压占 40.53%、超压传递增压占 19.15%，同时可得到高探 1 井清水河组各超压成因机理对超压贡献的演化趋势（图 3-11）。

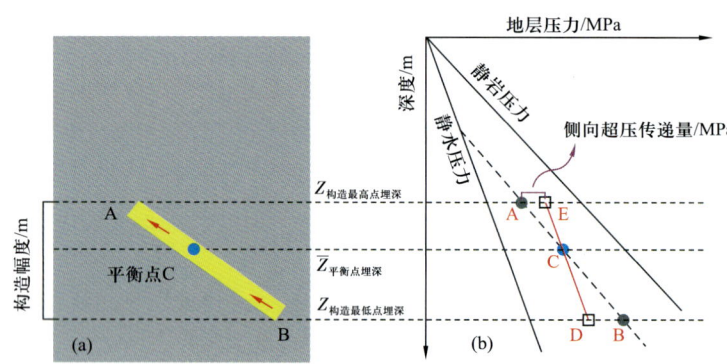

图 3-8　侧向超压传递增压求取示意

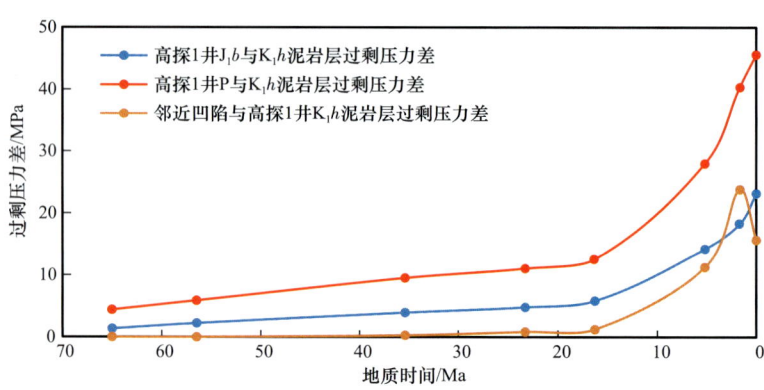

图 3-9　高探 1 及其邻近凹陷呼图壁河组泥岩过剩压力演化

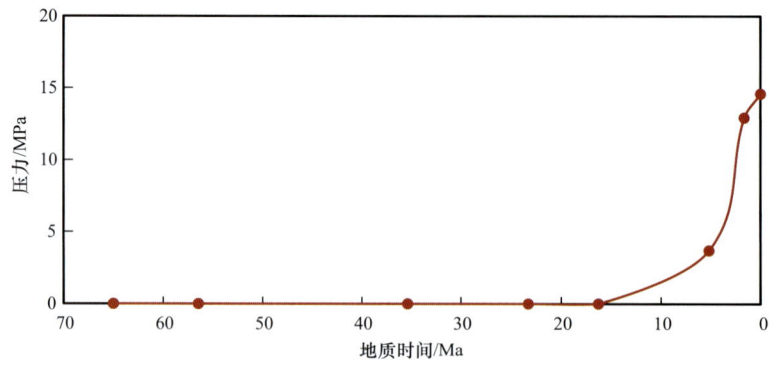

图 3-10　高探 1 井清水河组储层超压传递演化

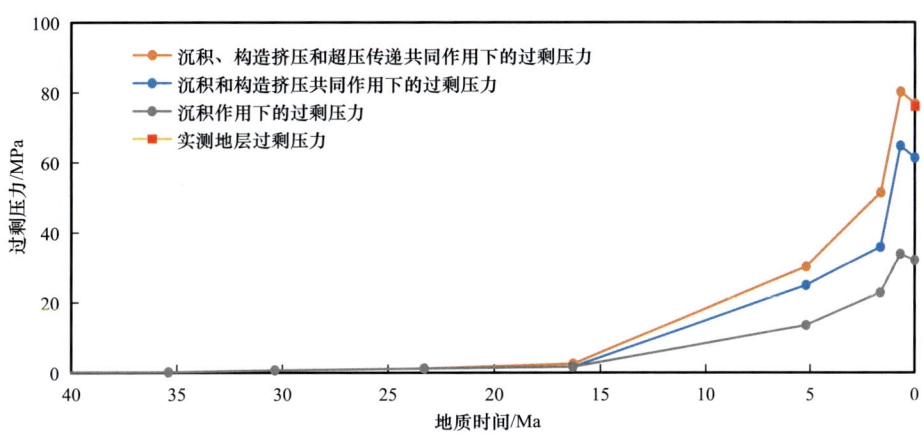

图 3-11 高探 1 井清水河组储层不同超压成因的演化图

二、库车前陆盆地北部构造带流体超压发育机理

选取了测井资料相对较全的依深 4 井和吐西 1 井，通过测井和录井识别泥岩，并读取其泥岩层段的声波时差、密度、中子孔隙度、电阻率等数值，编制其随埋深变化的关系图，来判识欠压实增压的存在与否（图 3-12 和图 3-13），发现依深 4 井、吐西 1 井泥岩分别在克孜勒努尔组约 1250m、580m 以上基本为正常压实，而该深度以下，泥岩的中子孔隙度和声波时差测井曲线均表现出正异常，且泥岩的密度和电阻率测井曲线均表现出负异常，该深度以下的泥岩中表现出异常高孔隙度的欠压实特征。

通过正常压力段（即正常压实段）泥岩的声波速度与垂向有效应力计算，建立正常压力段的声波速度与垂向有效应力的关系曲线（图 3-14 至图 3-16）。可以看出，不同构造部位侏罗系和三叠系储层点的声波速度与垂向有效应力，有的向左偏离正常压力点声波速

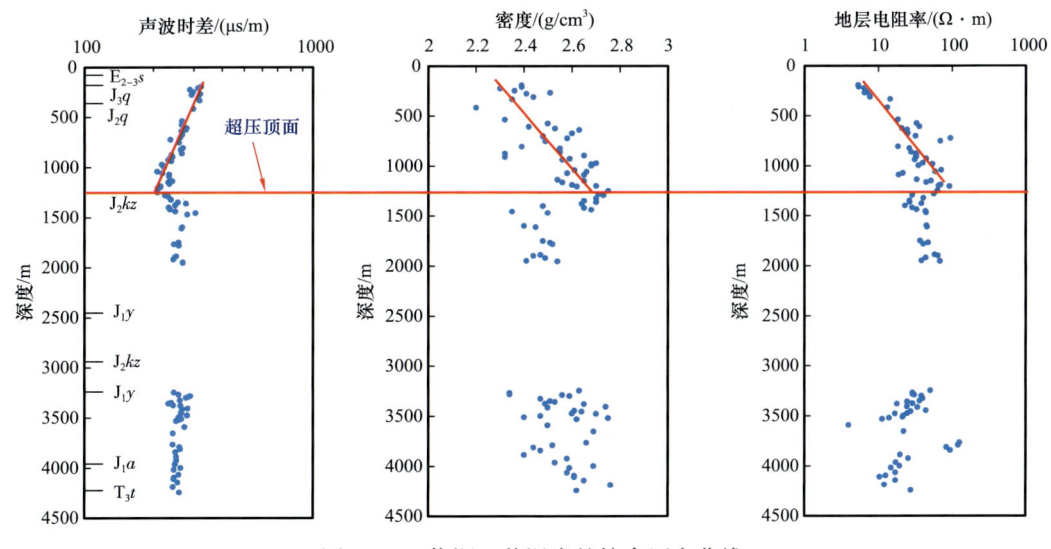

图 3-12 依深 4 井泥岩的综合压实曲线

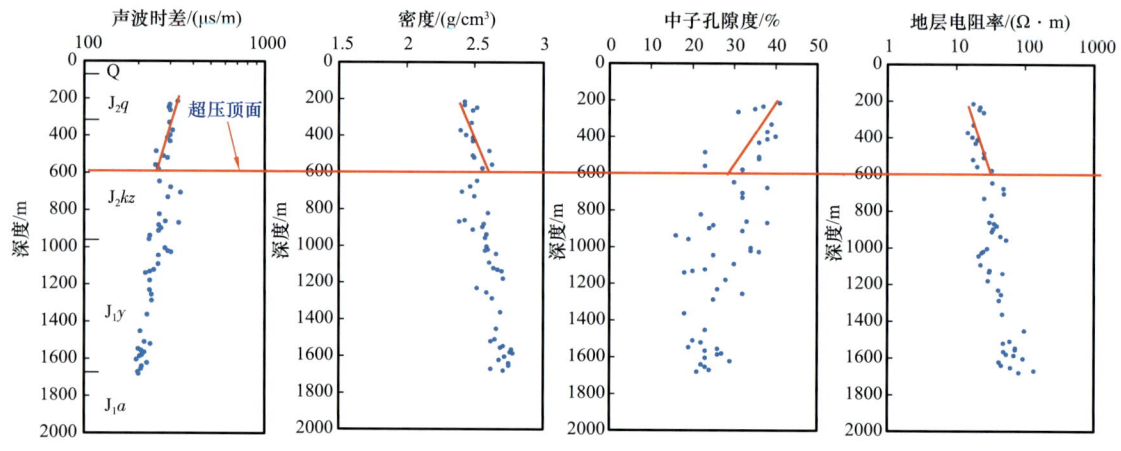

图 3-13 吐西 1 井泥岩的综合压实曲线

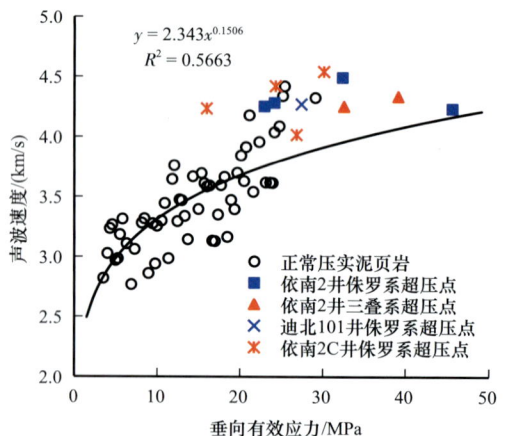

图 3-14 依南 2 井构造垂向有效应力与声波速度关系图

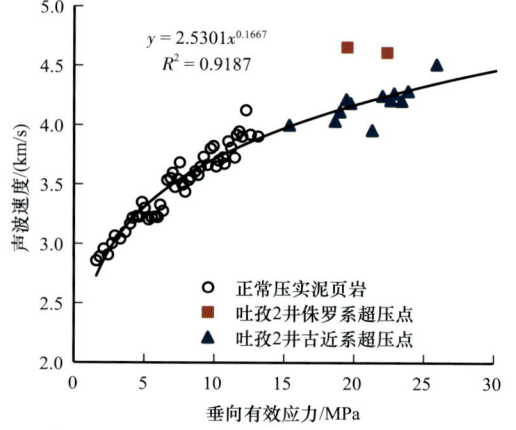

图 3-15 吐孜 2 井构造垂向有效应力与声波速度关系图

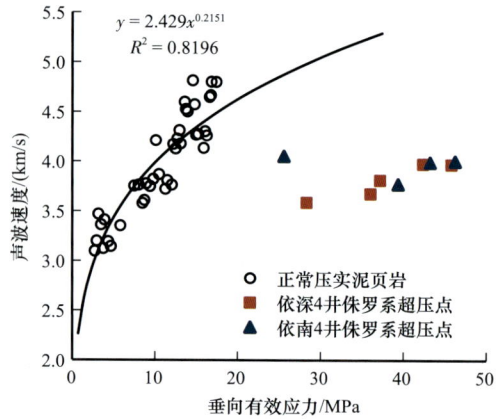

图 3-16 依深 4 井构造垂向有效应力与声波速度关系图

度与垂向有效应力的关系曲线，有的向右偏离正常压力点声波速度与垂向有效应力的关系曲线。考虑库车东部在喜马拉雅晚期遭受过不同程度的构造挤压和构造抬升，且依深 4 构造带抬升幅度较依南 2 和吐孜 2 构造带要大，可综合判识出，依南 2—吐孜 2 侏罗系强超压（压力系数为 1.70~1.95）的形成，除了上述分析的欠压实增压引起之外，还应有构造挤压增压和超压传递增压的作用，且构造抬升引起的超压释放作用相对较小；依深 4 构造带侏罗系中等幅度超压（压力系数为 1.30~1.47），其形成主要为先期欠压实和构造挤压增压、之后构造抬升引起的超压释放所致；吐东 2、克孜 1 背斜侏罗系阿合组和克孜勒努尔组流体异常高压（压力系数为 1.23~1.34）与依深 4 构造带侏罗系超压的形成过程类似，均为先期欠压实和构造挤压增压、后期构造抬升引起的超压释放所致。

三、川西北复杂构造区流体超压发育机理

利用龙探 1 和双探 1 两口井的钻井、测井和实测压力等数据，来分析川西北复杂构造区二叠系栖霞组和茅口组等主要勘探层系超压的形成机理。通过两口井泥岩的综合压实作用研究，发现更靠近山前的双探 1 井在侏罗系沙溪庙组及以下地层声波时差、电阻率、密度和中子孔隙度均偏离正常压实趋势，声波时差和中子孔隙度表现出正异常，电阻率、密度表现出负异常（图 3-17）。但该井目的层栖霞组和茅口组泥岩的声波时差、电阻率、密度均微弱偏离正常压实趋势线，且中子孔隙度基本没有偏离正常压实趋势线。栖霞组和茅口组储层为碳酸盐岩，该类储层普遍较为致密，基本没有欠压实的发生，泥岩的声波时差和电阻率的微弱异常可能是由于地层超压后有效应力的降低所导致。远离山前的龙探 1 井在二叠系飞仙关组及以下地层声波时差、电阻率、密度和中子孔隙度同样均偏离正常压实趋势，声波时差和中子孔隙度表现出正异常，电阻率、密度表现出负异常（图 3-18）。飞仙关组及以下地层中子孔隙度和密度趋于稳定，且密度较大（2.79g/cm³ 左右）、中子孔隙度较小（10% 左右），表明这些地层泥岩压实程度较高。飞仙关组及以下地层基本为碳酸盐岩储层，该类储层普遍较为致密，基本没有欠压实的发生，与栖霞组和茅口组类似，泥岩声波时差和电阻率的异常可能是由于地层强超压后有效应力的降低所导致（Hermanrud et al.，1998；何生等，2009）。

通过两口井的垂向有效应力与声波速度的关系图来看，龙探 1 井栖霞组超压点的垂向有效应力和声波速度关系点明显偏离正常压实的关系点，且位于其左侧（图 3-19）。双探 1 井茅口组超压点的垂向有效应力和声波速度关系点基本位于正常压实关系点附近，栖霞组超压点明显偏离了正常压实的关系点，且位于其右侧（图 3-20）。由于该地区喜马拉雅晚期经历了强烈的构造挤压作用，另外较多地层也发育有断裂，而碳酸盐岩储层一般在埋藏的早中期已变得较为致密，说明大面积的超压传递作用很难发生，所以认为川西北地区茅口组和栖霞组超压的形成机制主要为喜马拉雅晚期的构造挤压作用所致，也可能有烃类的裂解成气作用的贡献，构造挤压应为最主要成因，其次为烃类的裂解成气作用。双探 1 井靠近山前，断裂较为发育，使得该井茅口组和栖霞组超压的形成过程中发生了沿断裂的超压释放作用，其中栖霞组超压的释放作用要大于茅口组，从而双探 1 井茅口组超压点的垂向有效应力和声波速度关系点基本位于正常压实关系点附近，而双探 1 井栖霞组超压点明显偏离了正常压实的关系点且位于其右侧。

综合以上，川西北地区栖霞组和茅口组超压主要为构造挤压增压，其次为烃类的裂解成气作用，有些地区由于断裂的沟通作用，使得储层中超压得以部分释放。

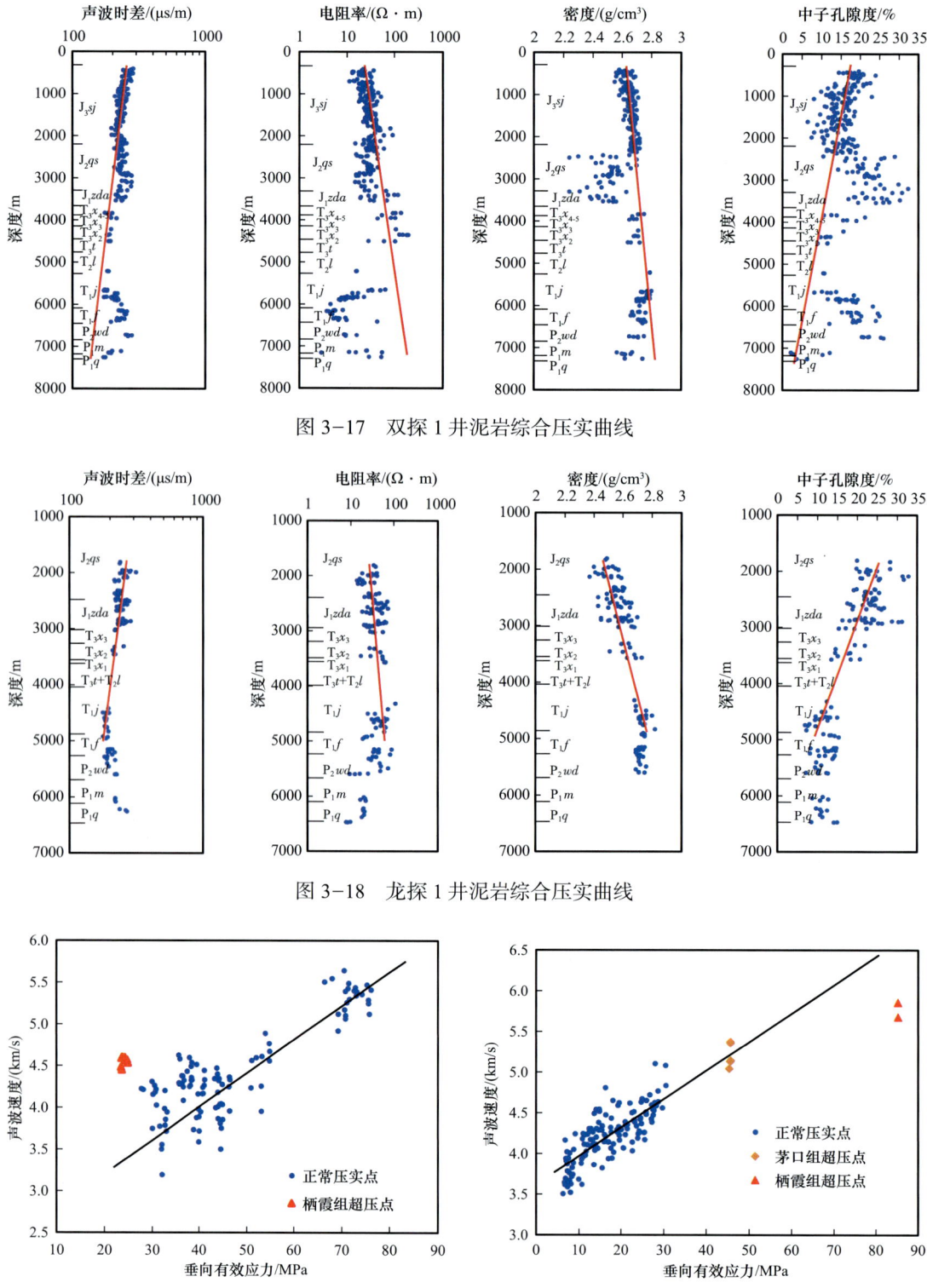

图 3-17 双探 1 井泥岩综合压实曲线

图 3-18 龙探 1 井泥岩综合压实曲线

图 3-19 龙探 1 井垂向有效应力与声波速度的关系图

图 3-20 双探 1 井垂向有效应力与声波速度的关系图

第三节 前陆盆地流体超压控藏机制

前陆盆地烃源岩、储层、盖层均不同程度地发育超压，其形成和演化对油气成藏具有重要影响。烃源岩中超压的形成可为油气的排运提供动力；储层中超压的形成可抑制孔隙度的降低，提高裂缝性致密砂岩储层渗透率；源储间形成的过剩压力差可作为油气充注进入储层的运聚动力，提高储层含气饱和度。

一、生储盖流体超压结构类型与油气富集层

根据异常高压在生储盖组合中发育的差异，可以前陆盆地及复杂构造区流体超压结构归纳为3种不同类型，即箱型、顶封型和压力传递型，不同类型的超压结构油气富集层不同。

1. 箱型

箱型、流体超压结构近似于流体封存箱，主要发育于前陆盆地源储叠置区，烃源岩兼具盖层特性，断裂不发育，保存条件比较好，有利于压力的保存，往往形成于岩性或者岩性—构造圈闭中，具有独立的压力系统，异常高压成因主要是欠压实沉积和生烃增压，储层一般为低渗储层，储层中的超压来自烃源岩油气的充注，超压越高含气饱和度越高。美国粉河盆地白垩系异常高压气藏较为典型，中国川西前陆盆地坳陷区、斜坡隆起区是这类气藏多发地，如老关庙、黎雅庙、丰谷镇、文兴场、八角场等上三叠统须家河组气藏，压力系数最高可达2.30，吐哈前陆盆地山前冲断带下侏罗统高压气藏也属于这种类型。

箱型超压结构中超压—超高压区为油气富集区。川西前陆盆地上三叠统须家河组致密砂岩气发育典型的箱型流体超压结构，如中坝构造—双鱼石构造—射箭河构造以东的区域发现的九龙山、剑阁、元坝、老关庙、魏城等气藏，构成梓潼凹陷—九龙山致密岩性气藏聚集带，上部侏罗系自流井组泥岩和下部雷口坡组白云岩为超压—超高压区域顶底板，中间须家河组烃源岩、储层互层叠置，源储一体，近源聚集，层内多套泥质岩既为烃源岩又为直接盖层。主要产气层为须二段，地层流体压力为超压，压力系数多为 1.40~2.34；储层极致密，孔隙度分布在 2%~10% 之间，气水分布不受构造高低控制，无明显气水界面，不同井产量差异大，为 $3.84 \times 10^4 \sim 102 \times 10^4 \text{m}^3/\text{d}$。该区在白垩纪早中期的生烃增压形成了超压流体，热演化最高的区域地层流体压力最高。该区烃源岩处于高成熟—过成熟的大量生气阶段（图3-21至图3-23）。其中，九龙山—元坝地区烃源岩热演化程度高，剑阁、柘坝场等构造烃源岩 R_o 超过 2.0%，元坝构造烃源岩 R_o 超过 2.2%，达到高成熟至过成熟生干气阶段，地层流体压力为超压，压力系数为 1.78~2.20。环绕梓潼凹陷—九龙山向外烃源岩 R_o 逐渐降低，九龙山北部的热演化程度较低，地层流体压力系数也较低，为 1.60~1.68。

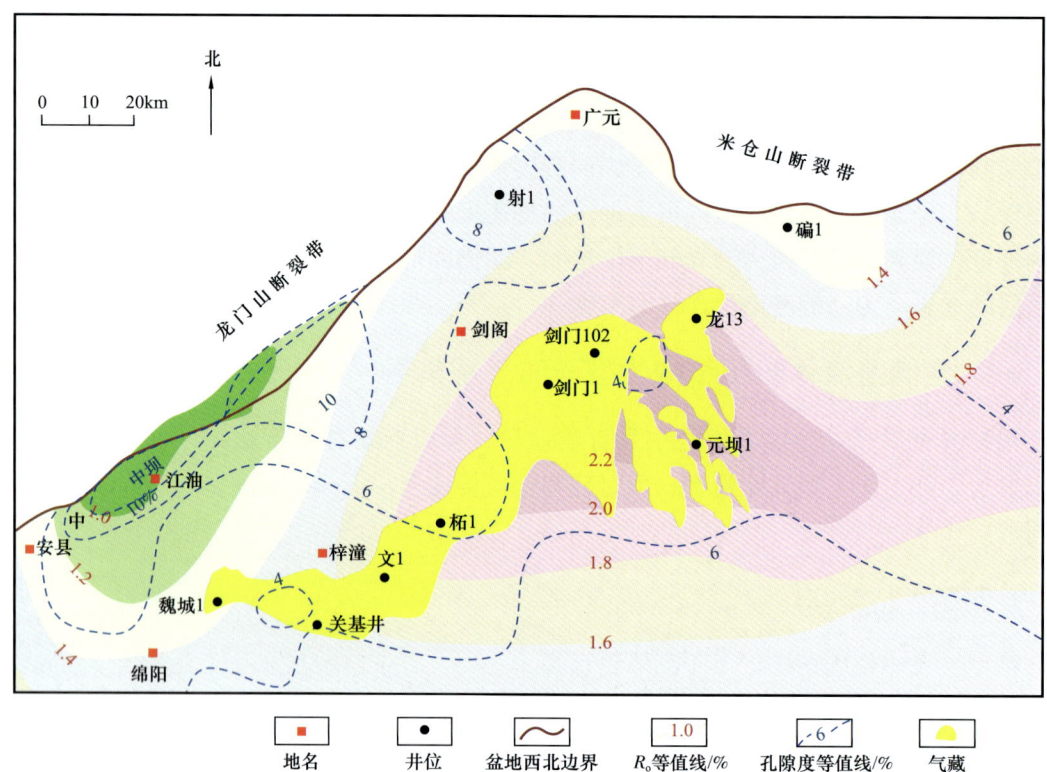

图 3-21 川西北地区须家河组热演化程度、孔隙度与气藏叠合图

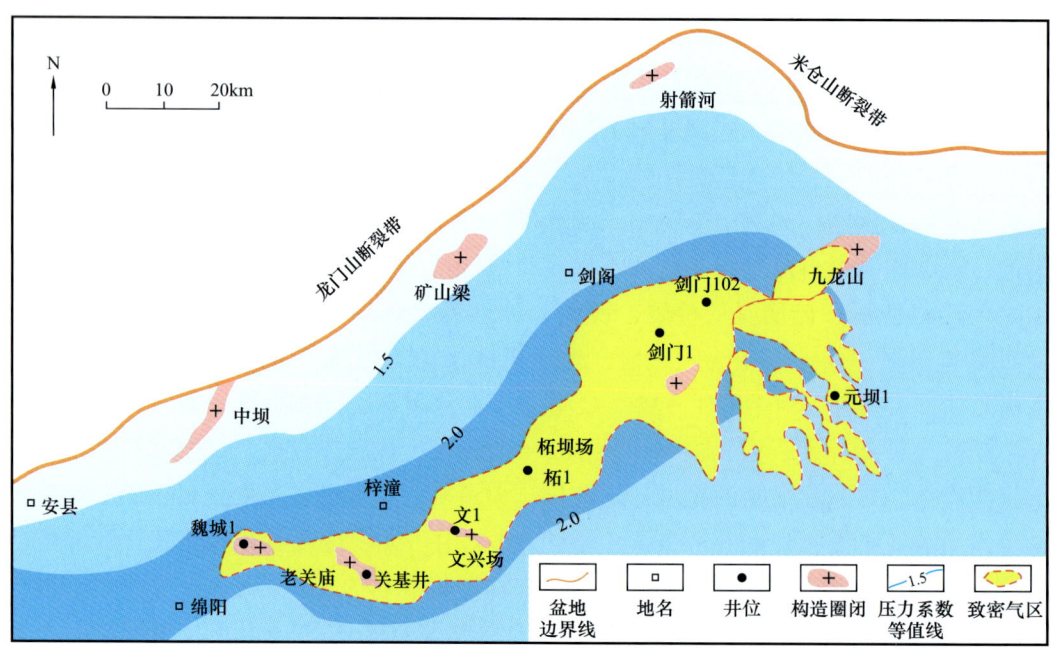

图 3-22 川西北地区须家河组地层压力与气藏叠合图

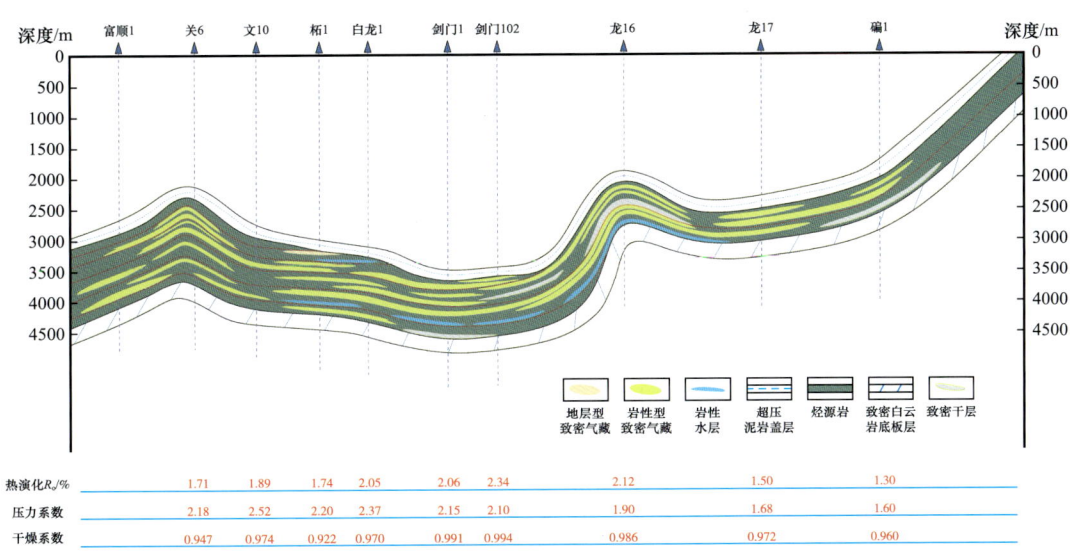

图 3-23 老关庙—剑阁—九龙山须家河组致密气藏超压与油气聚集分析图

断层的发育将一定程度上破坏这种超压结构,地层流体超压自下而上降低,甚至为常压;同时,下部岩性气藏亦可能被破坏,或气藏规模变小,这种情况下以构造气藏为主。

斜坡隆起区广安气田为典型的构造背景下的致密岩性气藏和构造气藏,天然气聚集成藏受构造、断裂和岩性控制,雁列式压扭性断层使天然气向上运移或散失,下部须二段为水层,在上部须四段储层和须五段泥岩组合、须六段上部储层和须六段上部泥岩组合形成气藏,地层流体压力系数下部为 1.40～1.52、上部为 1.08(图 3-24)。

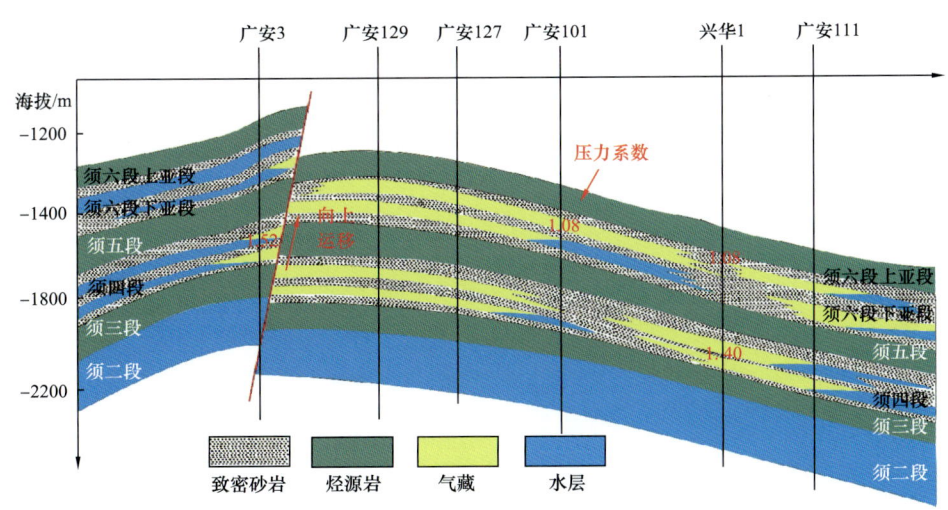

图 3-24 广安气田须家河组致密气藏流体超压与油气聚集分析图

库车前陆盆地北部构造带油气成藏机理类似于川西前陆盆地须家河组,三叠系—侏罗系烃源岩和储层相互叠置,晚期构造挤压使吐格尔明背斜核部抬升剥蚀,储层流体压力呈常压，由背斜核部向周缘延伸，地层流体压力逐渐增大。埋深小于 1500m，为低压区和低产区，地层压力系数为 0.8～1.0，依奇克里克油矿单井日产油约 1t；埋深大于 3500m，为超压区和高产区，地层流体压力系数大于 1.20，迪西 1 气藏阿合组和吐东 2 气藏克孜勒努尔组单井日产气 $10 \times 10^4 \sim 40 \times 10^4 m^3$。

2. 顶封型

异常高压油气藏具有优质的封盖层，封盖层主要是厚度大的泥岩或者膏盐岩。泥岩和膏盐岩盖层由于欠压实作用、构造挤压作用出现高的异常压力，这类高压盖层除了本身具有很好的岩性封闭作用外，还增加了压力的封闭性，盖层物性封闭和压力封闭的叠加作用用，大大提高了盖层的封盖效果。有几套盖层就会有几个含油气层，优质盖层之下即为主力含油气层系。气藏压力状况取决于气源充注强度和盖层破坏程度，强的气源充注条件和盖层没有被断层破坏导致气藏异常高压，否则气藏表现出近常压。压力系数具有从盖层到储层由高变低的趋势，储层异常高压与气源充注强度和构造挤压有关。原苏联南里海新近系气藏表现出这种特点，中国塔里木库车前陆盆地、准噶尔南缘前陆盆地常见这类异常高压气藏，如克拉 2 气田、迪那 2 气田，玛河气田、呼图壁气田、霍尔果斯油气藏等。

顶封型超压结构中稳定分布的高压区域盖层之下为主要油气富集层。库车前陆冲断带古近系和新近系膏盐岩盖层及下伏储层发育超压，之上为常压系统，为典型的顶封型超压（图 3-25 和图 3-26），天然气主要聚集于膏盐岩层之下。

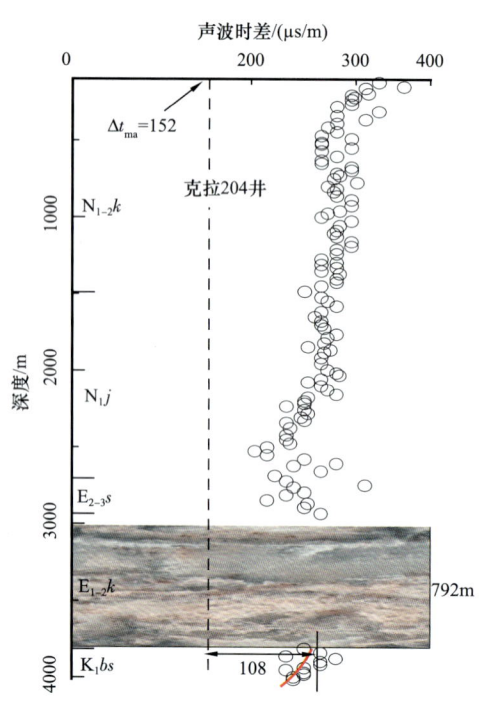

图 3-25　克拉 204 井声波时差随埋深变化图

准南前陆冲断带发育多套超压泥岩盖层，如古近系安集海河组泥岩层、白垩系吐谷鲁群泥岩层，下伏砂岩储层亦发育超压（图 3-27），形成上部常压、中部和深部超压三个含油气层系，其中，深部超压系统中白垩系吐谷鲁群泥岩埋藏深、厚度大、塑性强、压力高，穿盖层断层欠发育，因此，深层近源储盖组合油气最富集。

3. 压力传递型

异常高压变化表现为由下而上异常高压变小，可能是由于早期深层异常高压油气藏受到断裂的破坏发生泄压而形成，多见于前陆冲断带，一般伴生有次生油气藏，如中国塔西

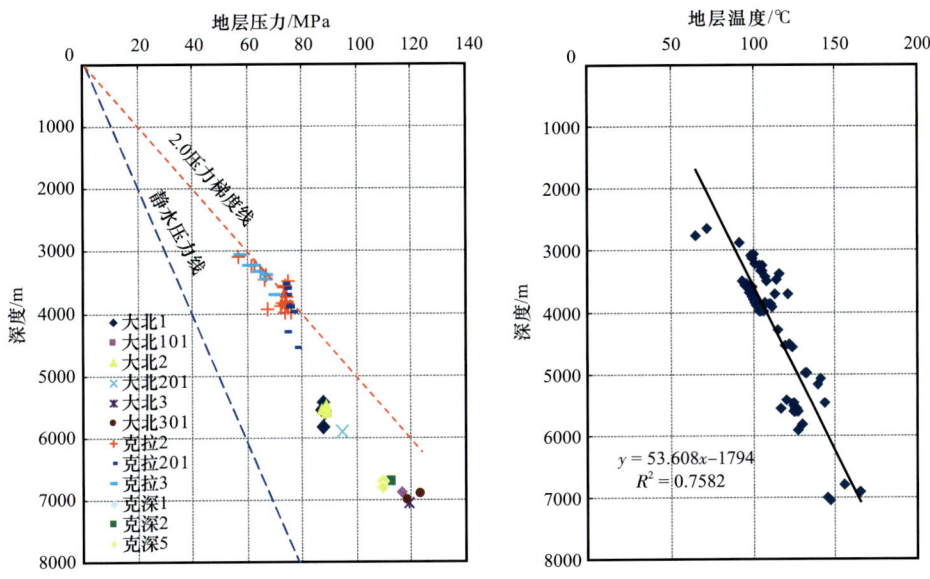

图 3-26 克拉苏构造带气层压力结构图

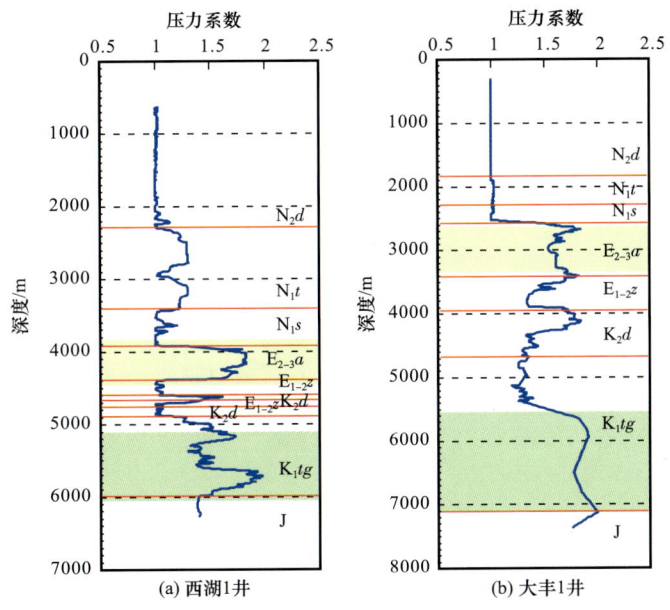

图 3-27 准南前陆冲断带西湖 1 井和大丰 1 井地层压力结构图

南前陆盆地柯克亚气田、柴北缘复杂构造区南八仙气田和川西前陆冲断带南段上三叠统—侏罗系气藏;也可能是由于高压源岩之上保存条件变差或岩性变化引起的压力传导而形成,一般发育于前陆盆地坳陷和斜坡隆起区,如孟加拉盆地和文莱—巴兰盆地古近系—新近系高压气藏、柴西英雄岭构造带古近系高压油藏。

压力传递型超压结构中流体超压来自深层,因此超压区深层油气富集,常压区沿断裂带形成次生构造油气藏。柴西英雄岭构造带主力烃源岩主要发育于古近系,而且古近系烃

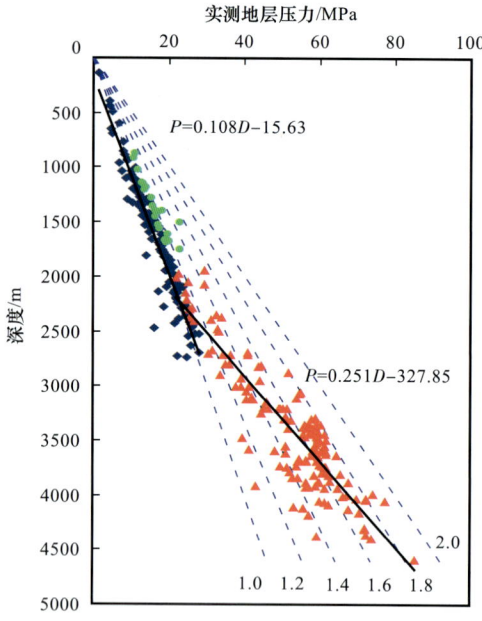

图 3-28 柴西英雄岭构造带地层压力结构图

源岩自上而下有机质丰度逐渐增大，在深层咸化沉积序列初期烃源岩丰度最高，因此，受生烃增压的影响，地层流体压力自浅部向深层逐渐增大，在 2000m 左右开始出现超压，常压与超压之间没有明显的压力突变层，即大型封隔层（图 3-28），2000m 以浅出现的超压是通过断裂流体上传所致。

在柴西英雄岭构造带深层流体压力结构中，小型断层和薄层膏盐岩不能破坏和封隔流体压力系统（图 3-29）。英西深层超压系统源储盖一体，源储自封闭，油气近源聚集，裂缝、溶孔发育区油气富集（图 3-30）。

大型断裂沟通使深层油气向浅部运移，降低深层地层流体超压、增大浅层流体压力，甚至深层为常压，如Ⅺ号断层和油砂山断层（图 3-31）。

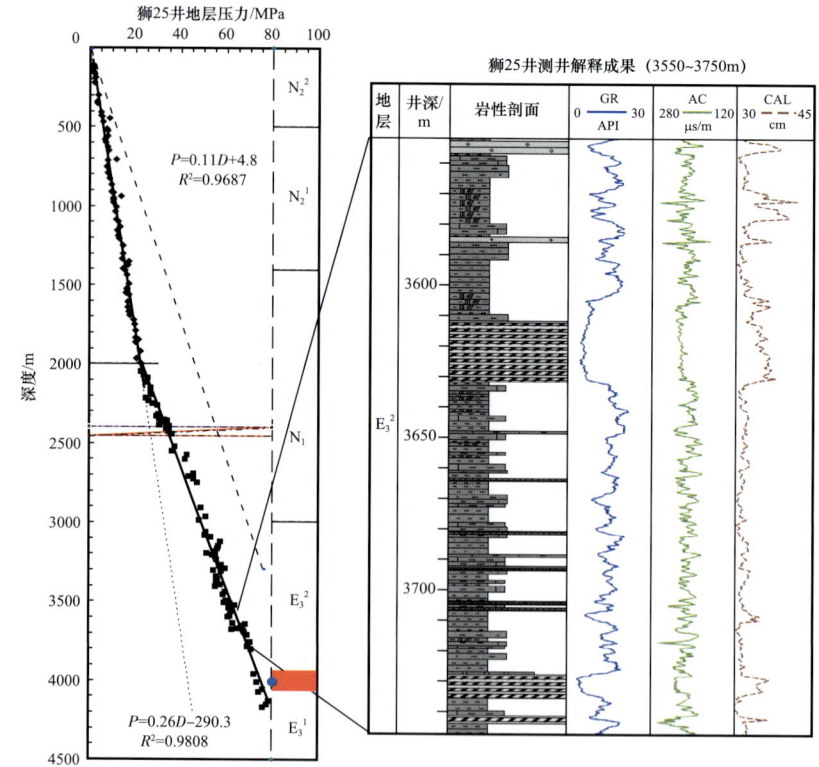

图 3-29 狮 25 井地层压力与断层、膏盐岩层空间关系图

画红线段为断层断点位置，红色区域代表油层所在位置，蓝点为实测地层流体压力值，黑色点为声波时差等效深度法计算地层流体压力值；膏盐岩层具有低自然伽马、低声波时差和高井径测井特征

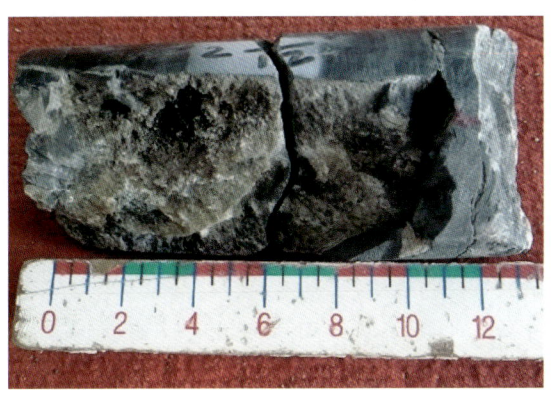

图 3-30　狮 53-1 井（左）和狮 3-1 井（右）E_3^2 裂缝和溶蚀孔油浸痕迹

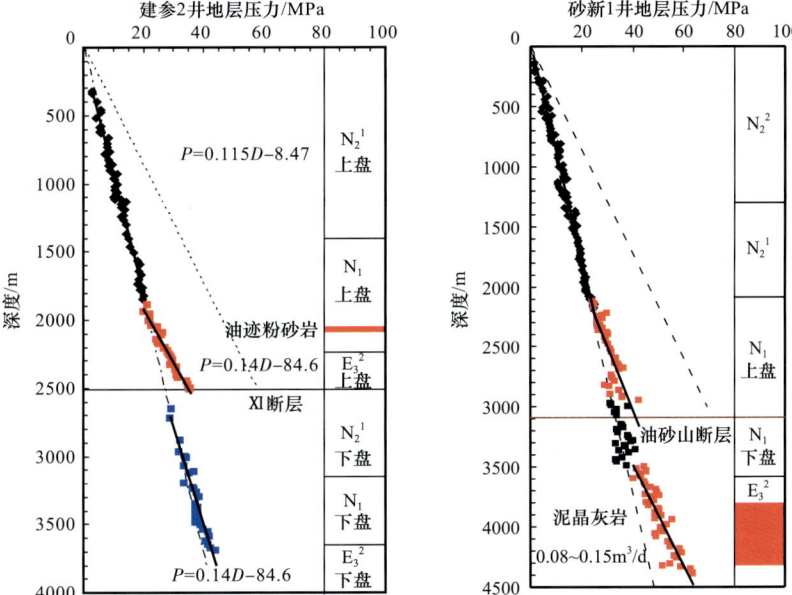

图 3-31　建参 2 井和砂新 1 井地层压力结构

红色区域为油层所在位置

二、源储过剩压力差与油气运聚原始动力

烃源岩和储层之间形成的过剩压力差可作为油气运移动力。采用"前陆盆地地层压力与源储配置评价软件"，定量计算准南前陆盆地典型井主要源储间的过剩压力差，探讨构造挤压和超压对储层孔隙度的影响，并定量评价储层的孔隙度演化和储层 RQI 的演化，将油气充注动力与储层孔隙度耦合构建"物性—动力"耦合运聚指数，并建立"物性—动力"耦合运聚指数与源储过剩压力差交会图，利用该交会图实现圈闭含油气性好坏的预测。

1. 源储过剩压力恢复

源储过剩压力差的大小可用来表示前陆盆地不同源储配置关系的油气充注动力的强弱。用烃源岩层形成的过剩压力减去同一时期储层内形成的过剩压力，即可得到源储过剩压力差值，该值可视为油气沿断裂自源灶向储层运移的直接动力。结果表明，古近纪及以前普遍形成了低幅度的过剩压力差，一般小于10MPa（图3-32至图3-34）；新近纪开始，由于构造挤压和烃源岩生烃的作用，烃源岩、储层中过剩压力均快速增大，而烃源岩中独特的生烃增压和相对储层更易形成构造挤压增压和不均衡压实增压等条件，使得源储间过剩压力差也随之快速增大，普遍在新近纪末期或第四纪达到最大。区域上，乌奎背斜带下组合源储压差大于齐古断阶带的源储压差，如乌奎背斜带中段多数地区源储间过剩压力差大于20MPa，大丰1井区可达40~50MPa；冲断带中段源储过剩压差大于西段，如西湖1井、四棵树凹陷西部地区和第一排构造带源储过剩压力差较小，西湖1井为10MPa左右，四棵树凹陷西部地区和第一排构造带普遍小于8MPa；在新近纪末期或第四纪以来，由于断裂的沟通作用，部分地区由于超压传递作用引起储层中超压的快速增大，使得源储间的过剩压力差随之变小。

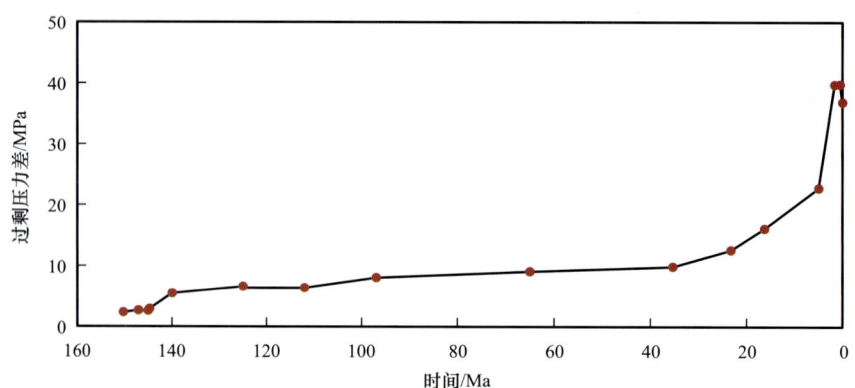

图3-32　大丰1井八道湾组与喀拉扎组源储过剩压力差演化图

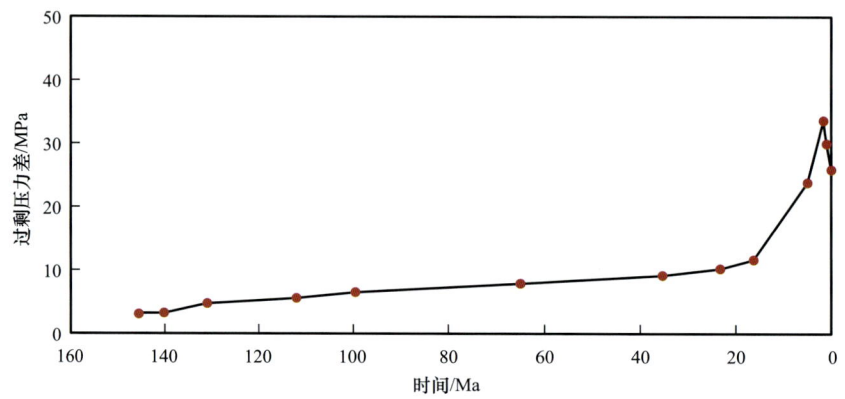

图3-33　独山1井八道湾组与齐古组源储过剩压力差演化图

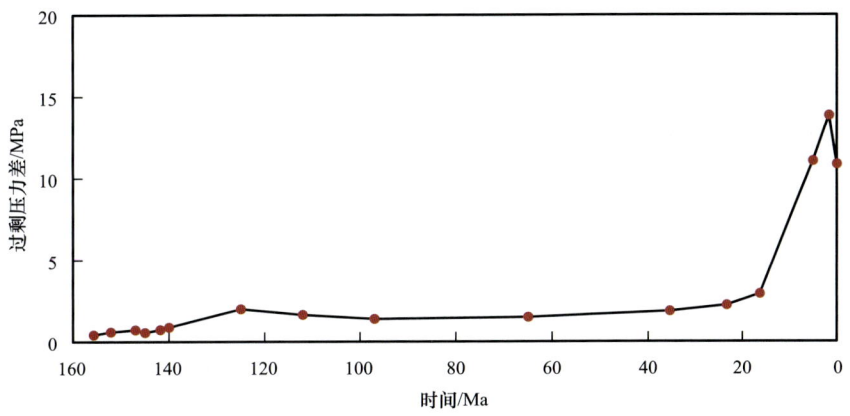

图 3-34　西湖 1 井八道湾组与齐古组源储过剩压力差演化图

天山南北前陆盆地对比，准南前陆冲断带中段乌奎背斜带油气充注动力普遍较强，与库车前陆冲断带中段克拉 2、克深 2、迪那 2 等气田的油气充注动力基本相当（图 3-35）。

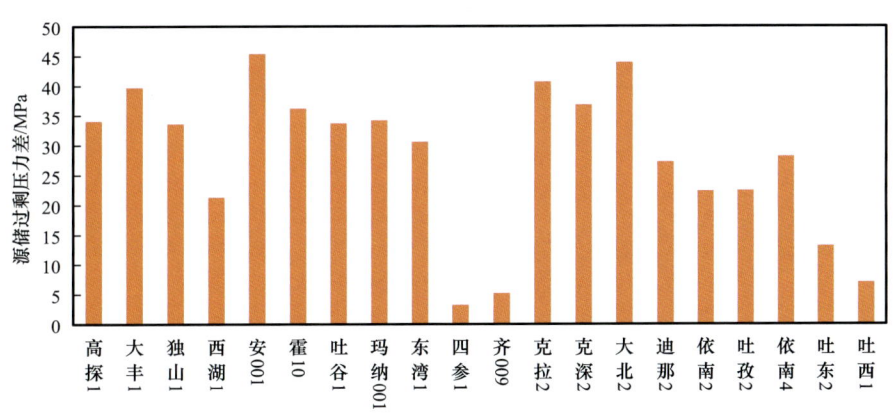

图 3-35　天山南北前陆盆地典型井源储过剩压力差直方图

2. 储层质量的演化特征

储层孔隙度受到多种因素的影响，除了胶结、溶蚀等成岩作用，还有构造挤压、超压和上覆沉积物的压实作用。本次主要通过考虑构造挤压、超压和上覆载荷共同作用的数值模拟而获得储层孔隙度的演化，没有考虑胶结和溶蚀等成岩作用的影响。通过数值模拟发现，构造挤压、超压和压实共同作用对储层孔隙度的发育和保持起着重要的影响。

在 20Ma 左右，准南前陆盆地西湖和独山子背斜齐古组储层孔隙度均已降至 10%~15% 之间（图 3-36 和图 3-37），大丰 1 背斜深层喀拉扎组储层孔隙度已降至 10% 以下（图 3-38）；强烈构造挤压之后（新近纪以来特别是新近纪末期以来），伴随着快速埋深，在构造挤压和埋深共同减孔及超压抑制孔隙度降低的双重影响下，储层孔隙度普遍有较快的降低，呼图壁背斜、西湖背斜和独山子背斜侏罗系储层孔隙度降低普遍为 3.5%~6.5%；第四纪伴随着构造抬升或缓慢沉降储层孔隙度不变或微弱降低。准南前陆盆地大部分地区侏罗系（J_3q）储层孔隙度较库车前陆盆地白垩系（K_1bs）低，这里独山 1 和西湖 1 井相对大丰 1 井较大，第一排构造带侏罗系储层孔隙度普遍要好于远离山前的第二排、第三排构造带（图 3-39）。

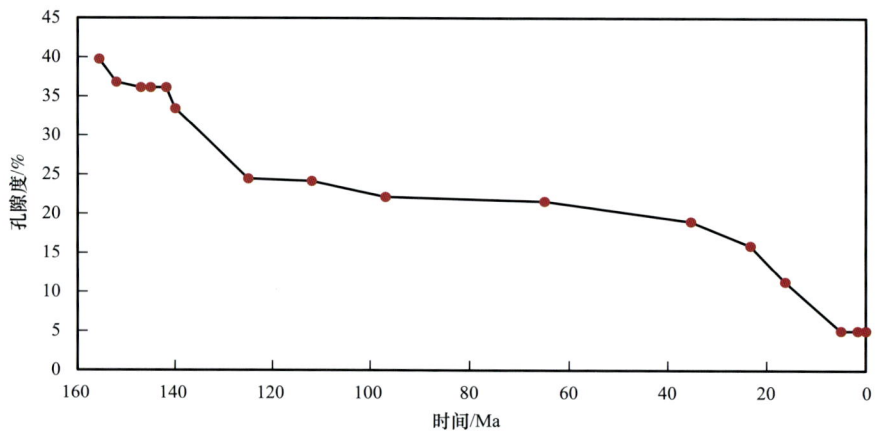

图 3-36　西湖 1 井齐古组储层孔隙度的演化图

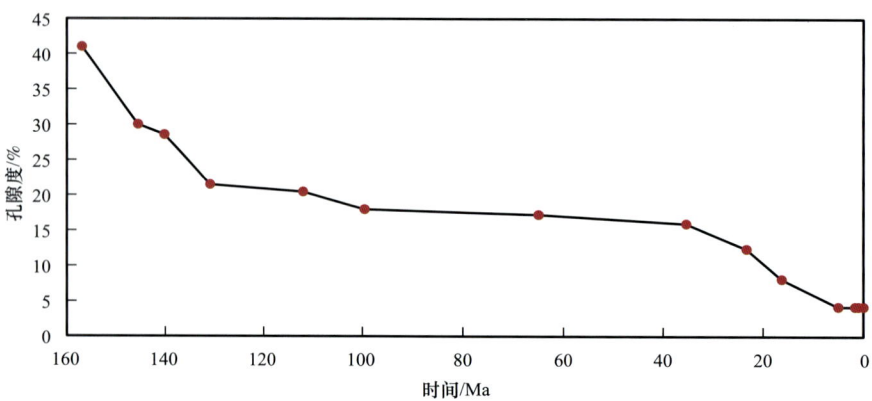

图 3-37　独山 1 井齐古组储层孔隙度的演化图

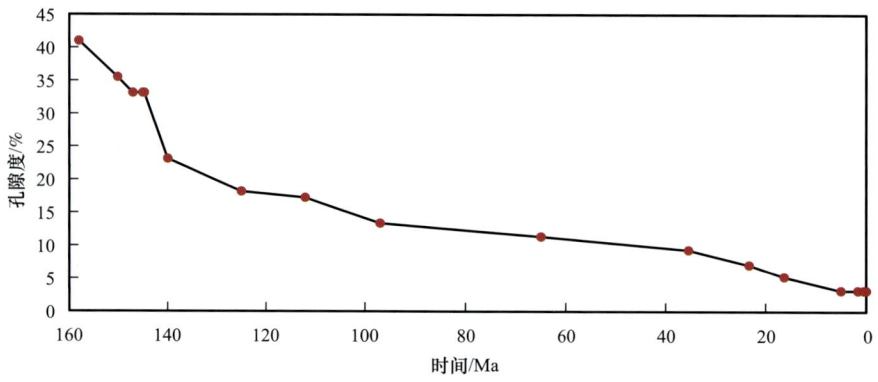

图 3-38　大丰 1 井喀拉扎组储层孔隙度的演化图

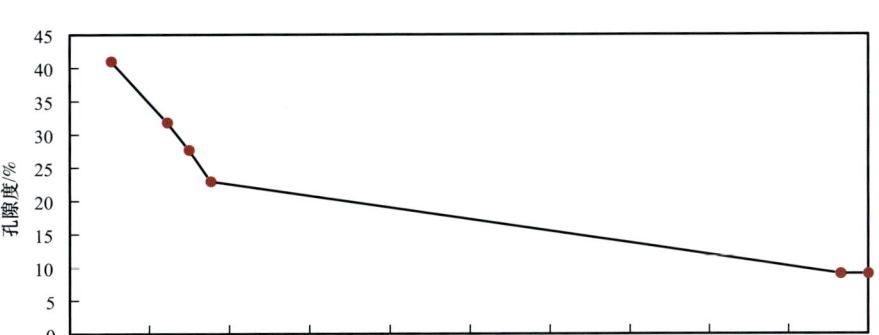

图 3-39 齐 009 井齐古组储层孔隙度的演化图

3. 油气充注动力与储层质量的耦合

前陆冲断带主力勘探层系与烃源岩之间普遍通过断裂来沟通，断裂作为油气运移的重要通道；烃源岩生成的油气沿开启断裂向上运移，并侧向充注到上覆储层之中；由于断裂的开启具有明显间歇性特征，在关键成藏时期油源断裂开启的瞬间，烃源岩和上覆储层中普遍已存在幅度较大的过剩压力差，这时烃源岩中油气（或混合流体）会沿断裂瞬时向上部储层垂向充注（图3-40）。由于中国中西部前陆盆地冲断带主力勘探层系埋深普遍较大，储层物性普遍较差，多为低渗透致密砂岩储层，这类储层中油气的聚集与油气的充注动力关系较为密切。而对于前陆盆地冲断带深层，有些高油气充注动力且相对低孔隙度，或相对低油气充注动力且相对高孔隙度圈闭内也形成了较好的油气聚集。因此，为了更好地反映储层物性、油气充注动力两个方面对油气运聚成藏的影响，构建物性—动力耦合运聚指数，来综合表征两者对圈闭含油性的影响。

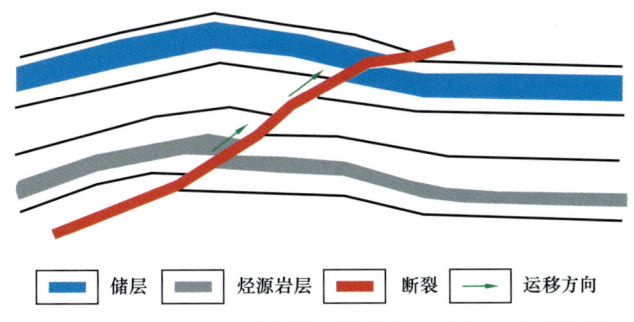

图 3-40 前陆盆地冲断带源储分离型油气运移示意图

由于油气充注动力和储层自身的物性条件与圈闭含油性往往呈现正比关系，所以，定义物性—动力耦合运聚指数为储层孔隙度与源储过剩压力差的乘积。该指数越大越有利于油气运聚成藏。

利用主力烃源岩层与重点储层间的过剩压力差和储层孔隙度来计算物性—动力耦合运聚指数，见图3-41，图中可看到库车前陆盆地天然气富集的克拉2、克深2、迪那2和大北2气田的物性—动力耦合运聚指数均大于150MPa·%，其值普遍大于准南前陆盆地各地区的该指数值，充分说明该指数一定程度上能较好反映出圈闭的含油气性。为此，可根据圈闭物性—动力耦合运聚指数的大小来区分圈闭的含油气性好坏。

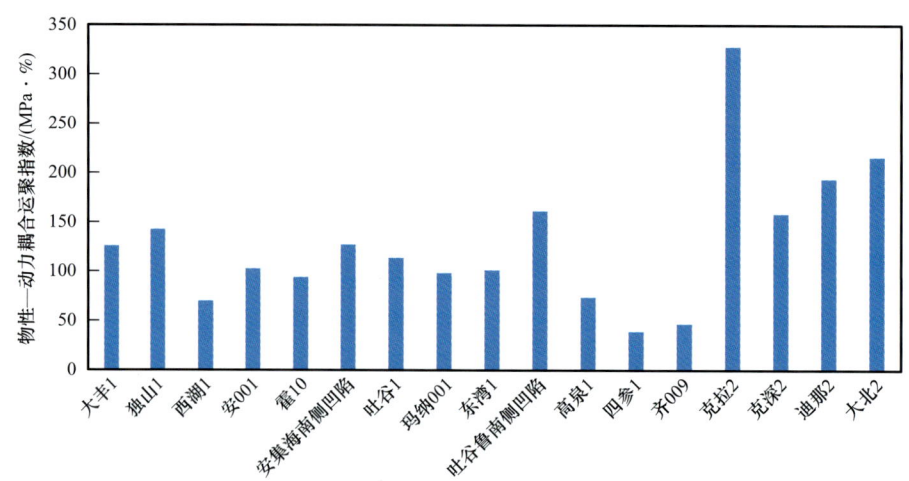

图3-41　天山南北前陆盆地冲断带物性—动力耦合运聚指数分布图

以圈闭物性—动力耦合运聚指数150MPa·%、100MPa·%、50MPa·%为界线值，将圈闭含油气性定义为好、良好、中等、差四个级别（图3-42）。运用物性—动力耦合运聚指数与源储过剩压力差做交会图，利用两个参数来更为有效地预测圈闭的含油气性，图中边界线分别代表孔隙度为15%、10%、5%的等值线，也就是说当储层孔隙度大于一定值时，相对较小的源储过剩压力差也可充注成藏，有些源储过剩压力差为0而仅依靠浮力也能形成油气藏。通过数值模拟获得源储过剩压力差和储层孔隙度，进一步计算出物性—动力耦合运聚指数，然后将圈闭的物性—动力耦合运聚指数与源储过剩压力差投到该图版

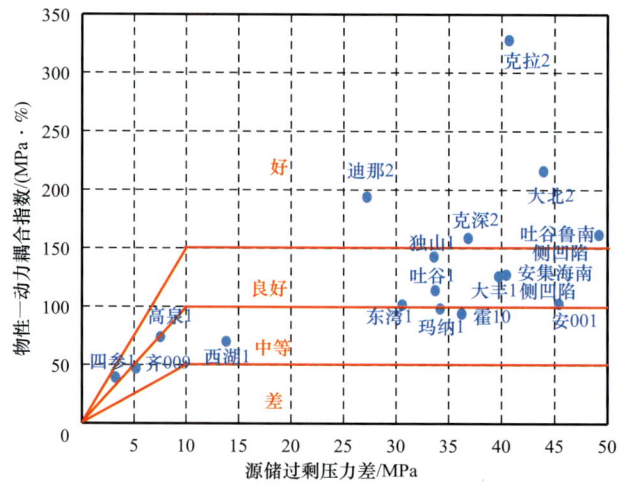

图3-42　前陆冲断带物性—动力耦合预测圈闭含油气性的图版

上,即可实现圈闭含油气性的预测。从准南油气充注动力与储层质量耦合关系来看,虽然不如库车前陆盆地,但也处于中等到良好级别,具备有效充注成藏的动力条件。

三、储层流体超压—裂缝耦合与深层天然气渗流机理

储层中超压的形成可改善储层孔渗条件。以库车前陆冲断带盐下深层砂岩储层为例,以裂缝在高流体压力条件下的变化为突破口,剖析深部储层裂缝与流体超压耦合条件下天然气的渗流特征。微米CT扫描实验表明,流体超压使闭合裂缝重新开启、已有裂缝开度和长度增大,甚至产生新的裂缝,将致密储层的死孔隙形成有效连通,油气呈达西流充注成藏。

1. 渗流实验设备与设计

开展裂缝发育储层与流体耦合条件下的渗流特征分析,实验设备必须能够表征带有流体压力的储层,而如何有效表征带超压流体在储层中的运移一直是油气成藏研究的难题。夹持器是将岩心加压并进行表征的重要选择,但是目前常规夹持器都无法实现实时观测,也就是说夹持器内部岩心中流体的运移规律是怎样的并不能进行直接观测,只能进行间接测定,例如通过测定进出口流体的流量,通过岩石体积法推算岩心含油气饱和度与渗透率的变化;也可以将电极内置于岩心夹持器中,流体通过岩心时必将引起电阻的变化,通过电阻分析推算岩心物性与含油气性。

微米三维X射线显微镜,也就是微米CT,采用独有的X光光学透镜显微成像技术,是具有超高分辨率的无损伤立体重构显微成像设备,微米CT的优势使其在致密储层孔隙和连通性的表征方面发挥了重要作用。利用微米CT表征带有压力的流体,必须借助微米CT配套夹持器,夹持器是微米CT实验技术研发的难点。微米CT配套夹持器研发中遇到的最大难题是模拟真实地质条件,需要夹持器承受更高流体压力,因此需要更大壁厚,但是更大壁厚会极大降低CT扫描分辨率,这是一个矛盾,也是一个国际难题。

针对上述科学问题,研究人员赴澳大利亚联邦科学与工业研究院(CSIRO)进行技术交流,与CSIRO刘可禹教授、雪佛龙公司原总工程师Sam就实验用微米CT配套夹持器的设计、制作等问题进行详细探讨与交流。

微米CT配套夹持器的设计理念主要遵从以下关键要求:一是材料适用于X射线微米CT设备,主要采用碳纤维制造;二是尺寸大小适合微米CT设备;三是流体充注过程可以加温加压。其中,温度与压力条件是模型设计的关键点,也是难点,这里做重点论述。

对于温度而言,由于目前国内外岩心充注模型的温度加热方式主要有两种:第一种采用岩心直接加热法,即通过岩心放置底座加热的方式将岩心加热。这种方法的缺点是岩心加热端常常温度很高,而另一端由于岩心本身导热性差,存在温差较大的现象,导致岩心的整体温度不均匀。第二种是恒温箱加热法,即将整个岩心充注装置置于恒温箱内。设置对应实验温度,通过空气热传导将模型设备内的岩心逐渐加热。这种方法同样存在缺陷,

即实际实验过程中由于岩心与模型之间存在围压夹持胶套,而且模型外材料的导热性会直接影响实验加温过程。同样地,仅靠空气热传导将模型内部的岩心加热过程非常缓慢,最重要的是不能精确控制加热温度,实际岩心的温度可能远没有恒温箱设置温度高。

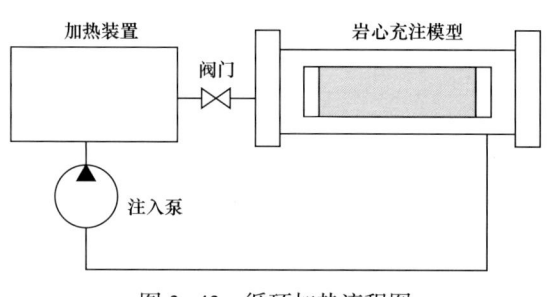

图 3-43 循环加热流程图

为了克服上述传统微观充注模型加温方式的缺陷,经过反复讨论,采取了围压充注流体循环加热的方式(图 3-43)。

本次设计采用了围压流体作为加热传导的介质。主要原因是:一是围压流体直接接触岩心胶套,是除岩心胶套以外距离岩心最近的流体,对围压流体加热应该是岩心温度上升最快的方式;二是传统的围压流体是不可以进行循环的,主要通过泵直接注入胶套与模型之间的空隙达到加压目的。本次设计修改了围压流体不能循环的方案,将流体通过加热装置加热后,再通过岩心装置底部围压流体注入口注入到岩心胶套与岩心装置之间空隙,同时在岩心装置顶部设置出口,围压流体经出口流出进入加热装置,最终达到循环加热目的。循环加热相比上述传统加热方式,温度更加精确。

除温度之外,压力是最重要的实验指标之一。研究区目前勘探深度达到 7000 多米,流体压力高达几十兆帕甚至几百兆帕,如何考虑碳纤维夹持器耐压与微米 CT 分辨率的匹配性,有效模拟高压条件下的油气渗流过程,也是本次模型设计的重要目的。

目前微观充注模型设备需要考虑的压力包括:孔隙压力、围压和轴压。孔隙压力即岩心充注实验过程中的流体回压压力,主要由回压泵提供。该压力代表了实验样品对应地层条件下的实际地层流体压力。围压代表了实验过程中岩心周围所承受的挤压压力,一般高于实际注入压力 3~5MPa,主要为防止注入流体沿岩心壁发生串流。传统的岩心充注模型设备常常没有轴压的设计,主要就是认为围压可以模拟实验岩心在地下承受的上覆压力,但实际上,围压只能模拟岩心左右周围所承受的压力,而实验岩心在地下上下两侧均要受到压力的限制。所以孔隙压力、围压、轴压的设计更加符合实际地质条件。

实验材料方面,针对实验需求,反复试验,采用 PEEK 和碳纤维复合材料,保证耐压能力同时,尽可能将碳纤维夹持器壁厚减小,提高分辨率。

完成本次模型设计的温度与压力关键指标后,就不同岩心尺寸的模型整体设计进行了详细讨论。设计了能够用于微米 CT 表征带有温压条件流体的碳纤维夹持器,最大温度为 180℃,最大压力为 30MPa。鉴于目前设备专利申请保密,暂时不公开设备设计相关图纸与照片。

2. 渗流实验方案与参数

国内外调研表明,高压气藏裂缝对于致密气藏产能具有重要贡献,储层敏感性与内压、外压存在相关性，在有效应力降低情况下，储层渗透率可能会增加，从而改善储层渗透性。目前国内外在裂缝对储层物性改造作用研究方面只限于静态表征和描述，流体超压与裂缝耦合条件下的渗透性缺乏研究。鉴于微米 CT 可以有效表征配套夹持器中温压条件下储层中流体运移，因此将研究区岩心样品置入碳纤维夹持器中，固定岩心外压（上覆压力），提高内压（流体压力），通过 CT 观测裂缝开度变化，进而计算流体压力与裂缝耦合条件下的渗透性。

扫描 CT 采用美国 Xradia 公司生产的新一代 Xradia 三维立体成像 X 射线显微镜 VersaXRM-510。具体技术指标为：

（1）160kV 高能量微聚焦 X 射线源，以及轴向运动台；

（2）2K×2K 高分辨 16 位 CCD 数字成像系统；

（3）高对比度、低分辨率 4× 探测器；

（4）高对比度、超高分辨率 20× 高能探测器。

碳纤维夹持器流体注入系统采用数字控制高压梯度泵、加热流体循环浴、电子控制背压调节器等，实现了一定温压的承受能力，泵体采用 Q5210-HC 型 Quizix 泵，压力分辨率高达 0.05psi。

在设计连接管线过程中，由于模型置于 CT 射线室内后，需要进行旋转扫描，管线的走路设计非常关键，最开始采用的是短管线设计理念，即尽量减少模型与 CT 之间的连接管线长度，减少管线之间的交叉。但是在实际安装之后发现，这种设计给模型的旋转带来很大的不便，特别是由于实验的压力参数非常多，底部有围压注入管线、流体注入管线，顶部有围压出口管线、轴压出口管线、孔隙压力管线，这些管线之间在旋转过程中难免交叉。

提出将孔隙压力出口管线采用固定钢管，同时采用多曲度"Z"形设计，有效避开轴压、围压出口管线。出口管线全部与 CT 设备内的模型和泵连接口相连，这样的设计解决了顶部管线旋转交叉造成的问题。

图 3-44 详细给出实验流程，流程分为两组充注系统：高压气体从气源到 2 号中间容器，经过夹持器到达出口为流体压力（内压）注入系统，模拟天然气通过岩心过程中渗流过程，其中气体压力可以通过气源压力进行调节。3 号围压流体循环加温系统为加热油釜，通过温度控制系统，通过 5 号液压泵体将一定温度的循环流体注入夹持器，通过夹持器外部胶套将岩心加热，再返回液压泵体，这一路充

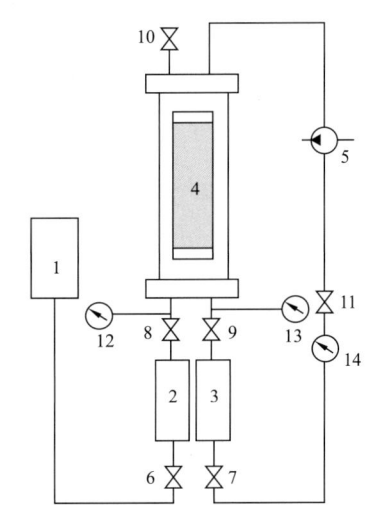

1—气源；2—中间容器；3—环压流体加温容器；4—夹持器；5—液压泵；6~11—阀门；12~14—压力表

图 3-44 实验流程

注系统为围压压力（外压）注入系统，模拟岩心上覆地层压力。

实验参数上，研究区普遍发育流体超压，其中大北地区压力系数为1.5～1.7，克深地区压力系数为1.9～2.2。选取部分井位样品进行上覆压力、流体压力及有效应力计算。上覆压力应为某深度储层上覆岩石与流体的总应力，因此需要通过岩石孔隙度、岩石密度与地层水密度计算混合密度进而求取；流体压力应为某深度储层上覆流体压力乘以压力系数。具体计算数值见表3-2。

表3-2　部分井位上覆压力、流体压力及有效应力计算

样品编号	深度/m	岩石密度/ g/cm^3	地层水密度/ g/cm^3	混合密度/ g/cm^3	流体压力系数	孔隙度/ %	上覆压力/ MPa	流体压力/ MPa	有效应力/ MPa
ks-1	7204.9	2.4	1.13	2.30	1.92	7.8	165.8	156.3	9.5
ks-2	7090.8	2.4	1.13	2.34	1.96	5.0	165.7	157.0	8.6
db-1	5754.2	2.4	1.13	2.28	1.60	9.3	131.3	88.8	42.5
db-2	5663.8	2.4	1.13	2.31	1.60	7.0	130.9	88.9	42.0
db-3	5706.5	2.4	1.13	2.29	1.60	8.5	130.8	88.9	41.9
db-4	5581.0	2.4	1.13	2.35	1.65	4.0	131.1	87.8	43.3
db-5	5557.0	2.4	1.13	2.35	1.65	4.0	130.5	87.5	43.0
db-6	5815.0	2.4	1.13	2.33	1.60	5.5	135.5	90.3	45.2
db-7	5754.0	2.4	1.13	2.34	1.63	5.0	134.4	89.6	44.8
db-8	5843.5	2.4	1.13	2.32	1.62	6.1	135.7	90.6	45.1

通过计算结果可知，研究区上覆压力与流体压力均达到100MPa左右，其中上覆压力分布范围为130～170MPa，流体压力分布范围为90～160MPa，大北地区有效应力在40MPa左右，克深部分井位有效应力为10MPa左右。岩心柱塞选择上，必须选择带有裂缝发育的岩心进行柱塞钻取，这对样品要求极其严格，大部分裂缝发育的岩心均很难钻取完整柱塞，大北地区未能获取岩心柱塞，克深地区获取两个带裂缝的岩心柱塞，柱塞直径均为2.54cm。

3. 流体超压对储层裂缝的影响

ks-1号样品地层条件下有效应力为9.5MPa，因此将上覆压力固定为14.5MPa，流体压力从0MPa开始增加至5MPa，当压力稳定时，对流体压力分别是0MPa、2MPa、5MPa时的岩心夹持器进行扫描，观测岩心裂缝变化。实验显示，流体压力从0MPa增加至5MPa时，随着有效应力从14.5MPa变小至9.5MPa，裂缝开度发生明显增加。流体压力是0MPa时，某一裂缝开度为213μm；流体压力为2MPa时，裂缝同一位置开度为

276μm，开度增加了约30%；流体压力为5MPa时，裂缝同一位置开度为439μm，相比2MPa时开度增加了约60%（图3-45）。

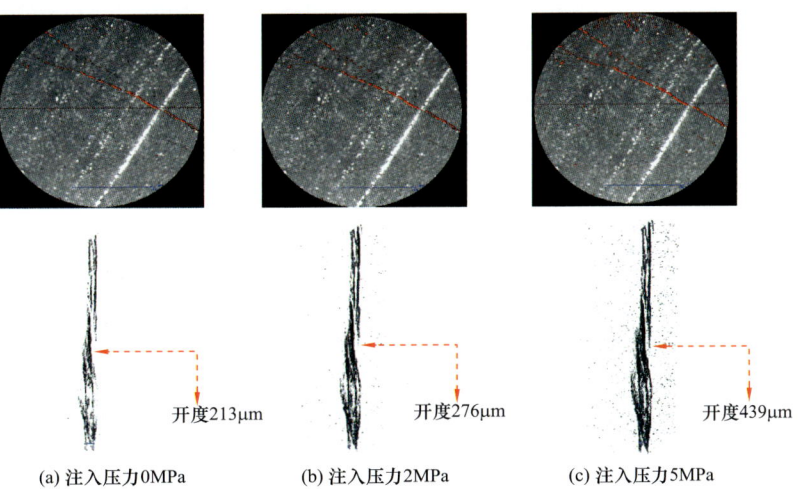

图3-45　ks-1号样品流体压力增加时裂缝开度变化

ks-2号样品有效应力为8.6MPa，因此将上覆压力固定为13.6MPa，流体压力从0MPa开始增加至5MPa，当压力稳定时，对流体压力分别是0MPa、2MPa、5MPa时的岩心夹持器进行扫描，观测岩心裂缝变化。实验显示，流体压力从0MPa增加至5MPa时，随着有效应力从13.6MPa变小至8.6MPa，裂缝开度发生明显增加。流体压力是0MPa时，某一裂缝开度为198μm；流体压力为2MPa时，裂缝同一位置开度为240μm，开度增加了约20%；流体压力为5MPa时，裂缝同一位置开度为358μm，相比2MPa时开度增加了约50%（图3-46）。

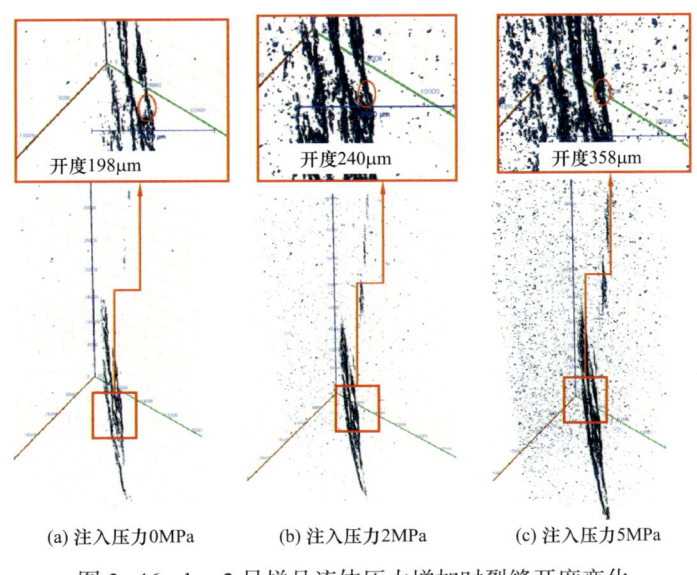

图3-46　ks-2号样品流体压力增加时裂缝开度变化

对 ks-1、ks-2 号样品裂缝开度变化进行了详细统计，其中 ks-1 号样品测定 3 条裂缝 10 个测点，不同测点数据见表 3-3。表中不同测点裂缝开度随着内压增加均有不同程度增加，3 个不同内压下的裂缝开度平均值分别为 215.7μm、280.9μm、470.8μm，可见内压增加 5MPa 时，裂缝开度可以增加一倍以上。ks-2 号样品测定 4 条裂缝 10 个测点。表中不同测点裂缝开度随着内压增加同样均有不同程度增加，3 个不同内压下的裂缝开度平均值分别为 132.2μm、159.4μm、242.5μm，内压增加 5MPa 时，裂缝开度可以增加一倍左右，相比 ks-1 号样品，ks-2 号样品裂缝开度本身较小。

表 3-3 ks-1、ks-2 号样品裂缝开度变化统计

样品编号	裂缝编号	测点编号	不同流体压力时裂缝开度 /μm		
			0MPa	2MPa	5MPa
ks-1	裂缝1	1	350.4	370.8	630.5
		2	268.1	322.2	526.5
		3	245.6	322.9	518.4
		4	213.2	276.2	439.9
	裂缝2	1	156.5	198.9	368.9
		2	266.8	340.8	540.9
		3	200.8	286.3	452.5
	裂缝3	1	155.1	208.9	400.4
		2	189.5	283.6	449.2
		3	110.5	198.2	380.5
	平均值		215.7	280.9	470.8
ks-2	裂缝1	1	210.5	252.4	360.2
		2	110.3	127.2	200.3
		3	150.2	188.2	290.2
		4	198.2	240.5	358.1
	裂缝2	1	100.3	120.5	190.2
		2	80.5	95.6	160.5
	裂缝3	1	120.5	140.5	210.5
		2	150.6	182.5	251.7
	裂缝4	1	80.4	100.6	172.3
		2	120.2	145.8	230.6
	平均值		132.2	159.4	242.5

4. 流体超压对裂缝性储层渗透率的影响

Kozeny-Carman 方程显示，储层渗透率与孔喉半径呈正相关性，同样可以计算裂缝开度增加对渗透率的影响，即

$$K_f = (\phi r^2)/(8\tau^2) \tag{3-2}$$

式中　K_f——基质渗透率，μm^2；

ϕ——孔隙度，%；

r——孔隙半径，μm；

τ——迂曲度。

将 ks-1、ks-2 号样品裂缝开度变化量代入式（4-2）进行计算即可得到裂缝开度变化与渗透率增加倍数关系，将流体压力增加、深度和上覆压力不变的关系换算成流体压力系数增加值，两者关系可以有效显示流体压力增加对裂缝性储层渗透率增加倍数的影响和控制作用。图 3-47 纵坐标为渗透率增加倍数，横坐标为流体压力系数，数据显示随着流体压力增加，流体压力系数逐渐增加，渗透率增加倍数也逐渐增加。流体压力系数从 1.0 增加至 1.7（大北地区主要压力系数分布值）时，渗透率增加倍数约为 100%，也就是说大北地区异常流体压力对裂缝性储层的渗透率增加倍数是 100%。流体压力系数增加至 2.0（克深地区主要压力系数分布值）时，渗透率增加倍数为 150%~180%，即克深地区异常流体压力对裂缝性储层的渗透率增加倍数是 150% 左右。

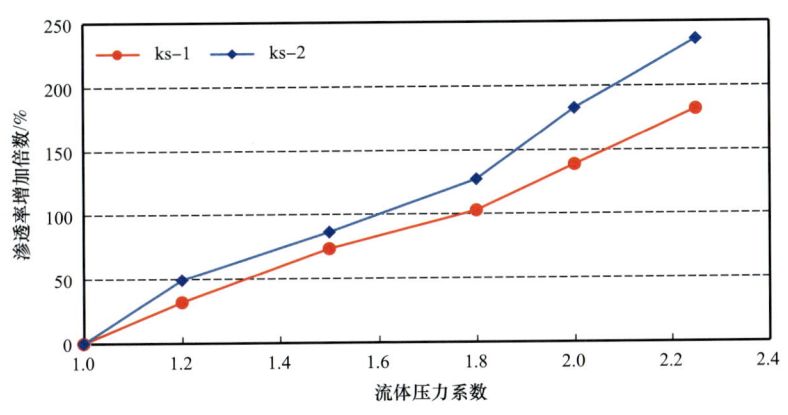

图 3-47　渗透率增加倍数与流体压力系数关系

尽管流体压力增加对不同级别裂缝渗透率增加倍数是较为一致的，但不同开度的裂缝渗透率增加量是完全不一样的。通过数学关系，建立了研究区不同裂缝开度条件下渗透率增量与流体压力系数关系（图 3-48），裂缝开度为 5μm 时，压力系数从 1.2 增加至 2.0，渗透率增加量为 0.8~2.8mD；裂缝开度为 50μm 时，压力系数从 1.2 增加至 2.0，渗透率增加量为 75.6~283.4mD；裂缝开度为 500μm 时，压力系数从 1.2 增加至 2.0，渗透率增加量为 5120.4~19199.4mD。这说明，裂缝开度越大，流体压力增加对渗透率增量越明

显。研究区四级裂缝开度可以划分为厘米、毫米、微米级别，因此研究区厘米、毫米级别开度的裂缝渗透率增量将是非常可观的，这种异常高压与裂缝控制下的裂缝开度增加带来的渗透率增加和增量对于天然气高效渗流、高产稳产起到至关重要的作用。

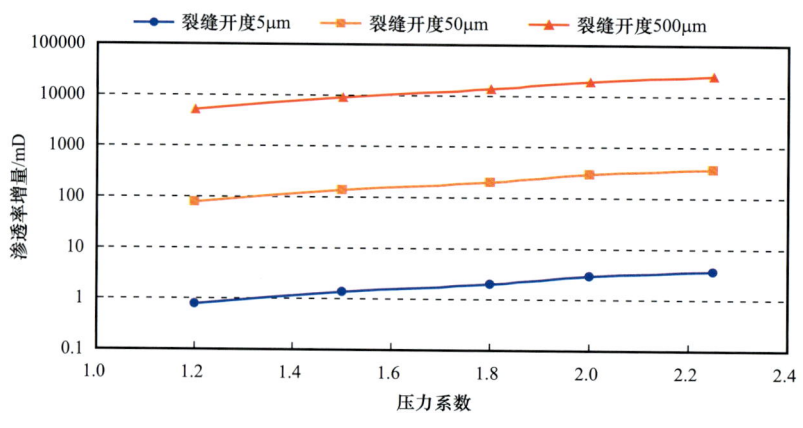

图3-48　不同裂缝开度条件下渗透率增量与流体压力系数关系

5. 流体超压作用下的裂缝性致密砂岩储层天然气渗流

挤压冲断使冲断带深层—超深层流体超压与裂缝耦合，从而导致致密储层天然气渗流以达西流为主。

常用Knudsen数来衡量流体渗流方式（表3-4），其中，Knudsen数小于0.001时为达西渗流，介于0.001~0.1之间为非达西渗流。Knudsen数计算公式中有两个参数，其一为分子平均自由程，受温度和压力影响，甲烷在温度140℃、不同压力下分子平均自由程见表3-5；其二为有效毛细管直径，与致密储层裂缝开度有关。当气藏埋深一定时，温度固定，随流体压力增大分子平均自由程减少，而裂缝开度对应的有效毛细管直径增大，Knudsen数减小。针对气藏流体压力为120MPa时，分子平均自由程取$0.07×10^{-9}$m，滑脱效应存在的最大孔喉直径为0.1μm，致密储层孔喉直径大于0.1μm时流体处于达西流区域（图3-49）。根据上述CT扫描实验，克深区致密砂岩储层5MPa流体压力下裂缝开度高达242.5~470.8μm，远大于0.1μm，因此，天然气在实际地层条件下以达西渗流为主，这可能是深层流体压力越高油气越富集高产的原因。

表3-4　流体渗流方式与Knudsen数界线划分表

Knudsen数	流动形式	渗流机理	Knudsen数计算原理
<0.001	连续流	达西渗流	$Kn=\lambda/r$　　（3-3） 式中　λ——分子平均自由程，μm； 　　　r——有效毛细管直径，μm
0.001~0.1	滑脱流	非达西渗流（受滑脱效应影响）	
0.1~10	过渡流	过渡扩散	
>10	自由分子流	Knudsen扩散	

表 3-5　甲烷在温度 413K（140℃）、不同压力下分子平均自由程

压力 / MPa	0.1	1	5	10	20	30	50	80	110	120
分子平均自由程 / 10^{-9}m	88.88	8.88	1.78	0.89	0.44	0.30	0.18	0.11	0.08	0.07

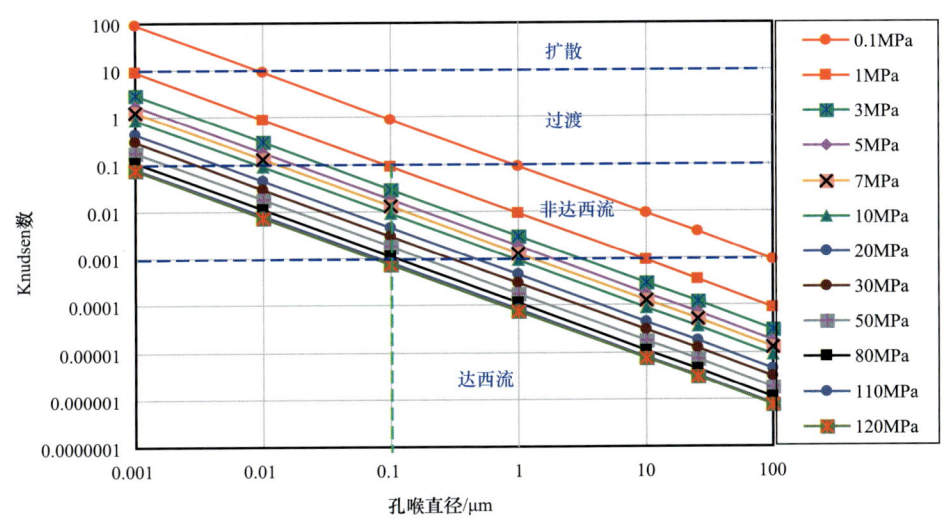

图 3-49　冲断带深层天然气渗流机理判识图

采用岩心柱样气体充注实验研究不同孔渗、裂缝样品气体渗流特征（图 3-50）。不同孔渗的岩心柱样品充气物理模拟实验表明，渗透率较低（迪那 201 井 0.0109mD、0.0255mD）的两个样品，实验进行一天，结果不过气，也不出水，说明较低渗透率的砂岩层气充注难、水的返排也难。

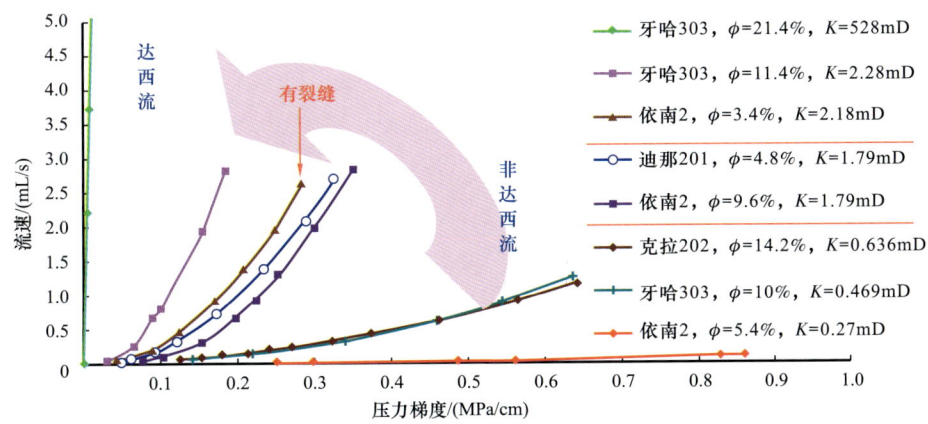

图 3-50　库车前陆盆地砂岩储层充注模拟实验结果—压力梯度与流速关系

其他样品的实验结果表明，气体充注有两种形式，即常规储层或裂缝性储层达西流、致密储层非达西流，储层物性的好坏直接影响气体的充注形式和含气性，特别是储层渗透率，常规储层不需要启动压力梯度就可以渗流，且随充注压力升高，气体流速呈直线大幅度增高，如牙哈303井（孔隙度为21.4%，渗透率为5.28mD），天然气渗流为达西流。致密砂岩储层气体充注需要一定的启动压力梯度，且渗透率越低启动压力梯度越高，非达西流特征越明显，即渗透率越低，天然气运移渗流所需的启动压力梯度越大，如依南2井（孔隙度为5.4%，渗透率为0.274mD）。致密储层发育微裂缝，如依南2井样品（孔隙度为3.4%，渗透度为2.18mD），启动压力梯度大大降低，类似达西流。

第四章 前陆盆地盖层脆塑转换机理与油气保存

斯伦贝谢公司对全球20家大型石油公司的失利井原因进行分析，结果表明，失利井中，45%涉及盖层完整性、30%涉及油气充注、15%涉及储层，还有10%为圈闭未落实（Rayeva，2014；Baur，2018）。但实际上就各大石油公司和机构研究投入方面，储层研究占比为69%，圈闭研究占比15%，油气充注研究为14%，盖层完整性评价仅占据2%。很显然，油气勘探与生产上的需求和研究重心没有很好的匹配，因此未来在盖层完整性的评价需要增加投入，特别是构造强烈挤压的前陆盆地。

前前陆期伸展构造环境下持续埋藏阶段，膏盐岩、厚层泥岩连续分布，均为优质区域盖层。前陆期构造挤压环境，当构造挤压应力差大于岩石抗压强度时两类常见盖层脆塑转换机理、挤压破裂方式不同，油气保存条件有差异。膏盐岩随埋藏深度变化而发生脆塑转换，浅层膏盐岩处于脆性变形域、深层膏盐岩处于塑性变形域，深层塑性膏盐岩盖层保存条件好；泥岩随地层产状变化而发生脆塑转换，倾角小的泥岩塑性强、倾角大的泥岩脆性强，挤压背斜陡翼易产生穿层断裂，泥岩盖层保存条件被破坏。

第一节 膏盐岩盖层脆塑转换机理与油气动态成藏

库车前陆盆地膏盐岩盖层具有物性和压力双重封闭机理，加之塑性流动，似乎是近于完美的盖层，但在膏盐岩区域盖层之上有油苗和油气藏发现、盐下也有圈闭落空。之所以如此，主要原因是构造挤压穿盖层断裂产生，破坏了膏盐岩盖层的完整性、连续性。前陆盆地构造挤压作用下，膏盐岩低温脆变、高温塑变，膏盐岩盖层脆塑转换动态控制盐下油气的聚集与保存。

一、持续埋藏阶段膏盐岩盖层的封盖能力

石盐等晶体与泥质混合沉积时孔隙度接近50%，随埋深增加岩盐的孔隙度快速降低、岩石密度快速增大，当埋深10m时，其孔隙度降低到10%；当埋深到45m时，岩盐的有效孔隙度为0（Lowenstein，1989；Talbot，1995）；埋深到200～300m时，岩盐不可压缩，并在此后的埋藏过程中保持2.2g/cm^{3}的密度不变。因此，膏盐岩在浅埋藏时就具备很强的物性封闭能力。

膏盐岩突破压力数据表明（表4-1），膏岩和岩盐岩石突破压力和中值压力均很大，理论上可封闭的气柱高度达577～2039m，在盖层分级中属于特级盖层。因此，膏盐岩盖

层在持续埋藏期封闭性很强，为优质区域盖层。

表 4-1 库车前陆盆地不同岩性盖层突破压力数据表

井号	井段 /m	层位	岩性	突破压力 /MPa	中值压力 /MPa	气柱高度 /m
克拉 202	4312	E	膏泥岩	14.04	22.87	1404
克拉 201	3576.5	E	膏岩	14.36	24.22	1436
牙哈 303	5937	E	膏岩	20.39	40.14	2039
羊塔克 1	5275.2	E	膏岩	17.83	21.95	1783
阿克苏盐厂	地面	E	岩盐	17.17	36.99	1717
阿克苏盐厂	地面	E	岩盐	5.77	20.90	577

库车前陆盆地发育两套厚层膏盐岩盖层，库车河以西为古近系库姆格列木群膏盐岩层，库车河以东为新近系吉迪克组膏盐岩层（图4-1）。

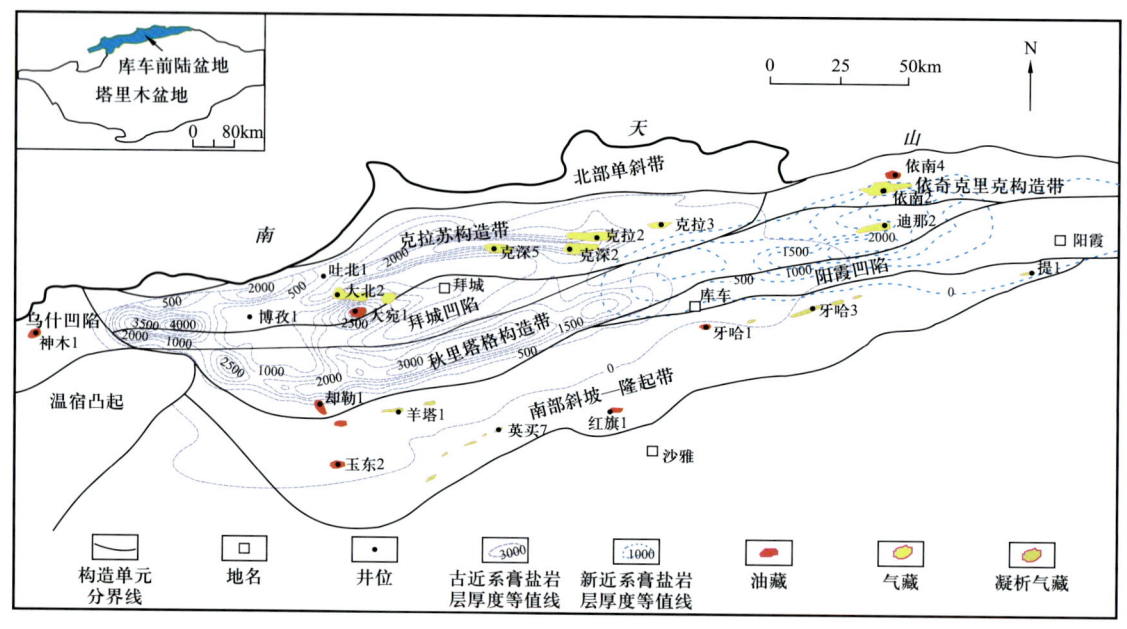

图 4-1 库车前陆盆地膏盐岩与油气展布图

古近系库姆格列木群膏盐岩层纵向上一般分为四个岩性段：泥岩段、膏盐岩段、白云岩段、膏泥岩段；新近系吉迪克组膏盐岩层从上至下也分为四个岩性段，即蓝灰色泥岩段、膏盐岩段、砂泥岩段、膏泥岩段。古近系膏盐岩层最厚区位于克深2井—吐北4井—大宛1井一线，厚度均在3000m以上，盐下主力储层为白垩系巴什基奇克砂岩。新近系吉迪克组主要为膏泥岩、膏岩沉积，厚度中心位于迪那地区，主力储层为新近系苏维依组砂岩。

在膏盐层内部常形成异常压力带，是分隔上部正常压力系统和下部异常压力系统的屏障。古近系膏盐岩盖层发育异常高压，地层压力系数为1.7～2.2，盐上构造层地层流体压力为常压，盐下构造层地层流体压力为高压，压力系数为1.6～2.0。以两套膏盐岩为主要盖层，形成库车前陆盆地两套主力储盖组合，膏盐岩盖层之下已发现了克拉2、大北1、克深2、博孜1、迪那1等大型气田，天然气资源相当丰富，且伴有少量凝析油。

二、构造挤压膏盐岩脆塑转换及变形特征

库车前陆盆地膏盐岩盖层之上砂岩层有大量油气显示，局部地表出露油苗，在大北地区的新近系和第四系中发现了大宛齐油田。盐下克拉2大气田发现之后，在以寻找第二个克拉2气田为指导思想的油气勘探过程中，类似构造圈闭克拉5、克拉3盐下失利。油气源对比和储层颗粒荧光分析表明，盐上油气来源于盐下深层三叠系—侏罗系烃源岩，克拉3盐下圈闭曾有油气聚集。由此表明，膏盐岩盖层发生了油气泄漏。

卓勤功等（2013，2014）研究提出膏岩、岩盐具有低温脆变、高温塑变特征，随埋深增加，膏盐岩由脆性、脆塑性过渡到塑性，相应地，构造挤压作用下，膏盐岩层变形随埋藏增大由脆性破裂到塑性流动。库车前陆盆地岩盐脆性向脆塑性转换临界埋深为600m左右，脆塑性向塑性转换临界埋深为3000m左右（图4-2）。

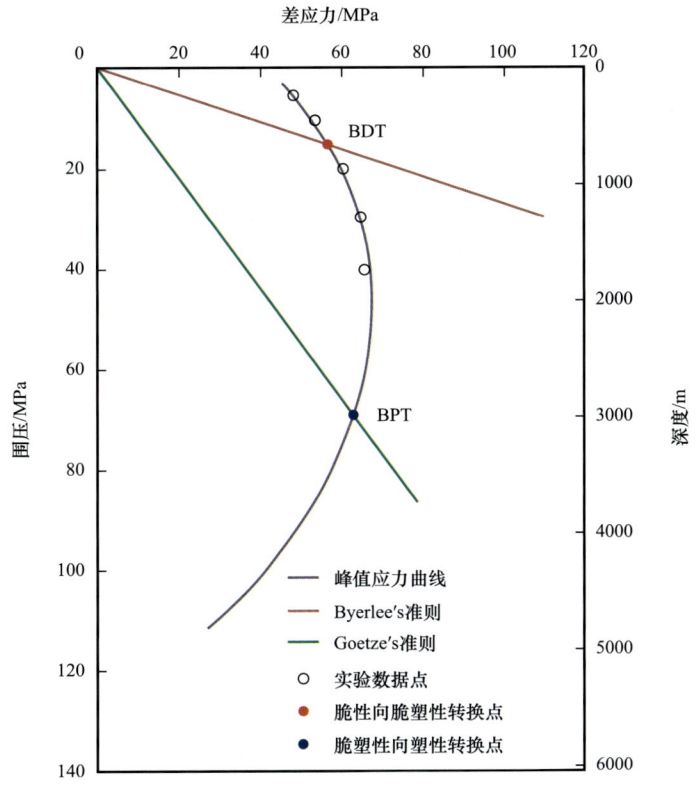

图4-2 纯岩盐脆—塑性转换临界条件

纯净膏岩脆性向脆塑性转换临界围压为46MPa，相当于埋深2000m，脆塑性向塑性转换临界围压为90MPa，相当于埋深4000m（图4-3）。另外，膏岩脆性强，抗破坏能力大，不易达到塑性变形阶段，快速强挤压应力状态下多为弹性变形，脆塑转换曲线具有随埋深增大抗压强度增强、之后降低的趋势，岩盐和膏岩脆塑过渡域分别为600～3000m、2000～4000m，塑性变形域分别为大于3000m、大于4000m，因此，膏盐岩盖层最佳封闭阶段对应于埋深3000m以深，在挤压变形过程中盐层塑性流动释放构造应力，盖层不易破裂，已有断层也因盐层的流动变形而弥合，是良好的盖层；600～3000m为脆塑过渡段，快速强烈挤压时，特别是剪切应力作用下，盖层可产生穿盐断裂。

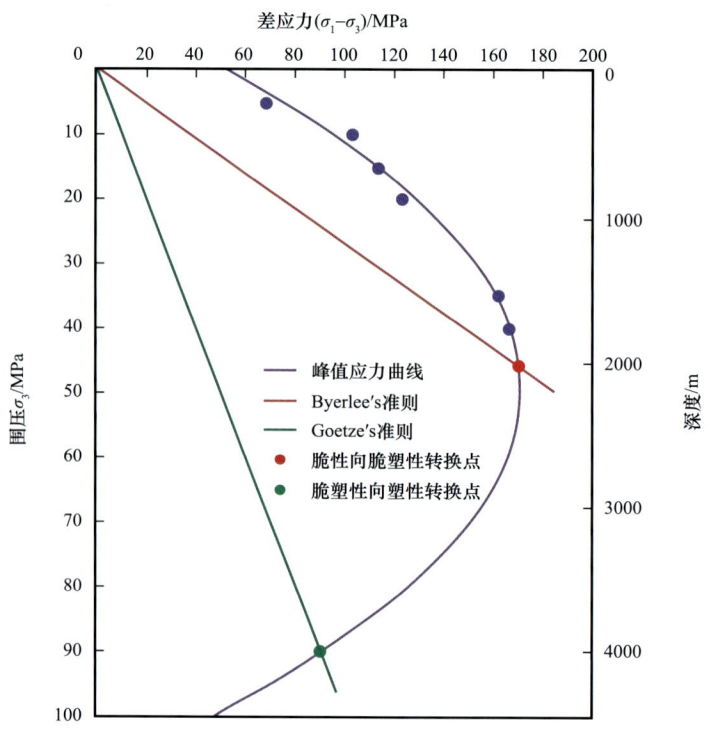

图4-3 纯膏岩脆—塑性转换临界条件

三、实例分析

由山前带到前渊坳陷带，膏盐岩埋深由浅变深，由脆性向塑性变化，且前陆盆地晚期构造强烈挤压，构造应力由大变小。因此，山前第一排构造带膏盐岩埋藏浅，处于脆性变形域，膏盐岩盖层产生断裂，断裂断穿膏盐岩盖层，油气沿断裂泄漏，完整背斜能够保存油气。第二排构造带膏盐岩早期埋藏浅、晚期埋藏变深，膏盐岩由脆性变为塑性，构造挤压先形成断裂、后弥合，早期聚集的油气散失、晚期聚集高—过成熟天然气成藏。冲断前峰带膏盐岩埋藏深，呈塑性，挤压顺层塑性流变，不易产生穿层断裂，膏盐岩顶封侧挡，断块、断背斜均可成藏。

克拉2大气田位于库车前陆冲断带克拉苏区带，早期埋藏浅，呈脆性，晚期埋藏深，为塑性，早期充注的油气散失，只聚集了晚期高—过成熟天然气。证据如下：

证据一，克拉201井储层岩石样品定量颗粒荧光分析表明（图4-4），在储层埋深3980m以上，QGF-E值大于50pm，QGF值几乎均大于4，且呈先增大后降低的变化趋势，具有古油藏特征。在埋深3980m以下，上述两参数迅速降低表现为水层特征。现今克拉2气田气水界面埋深大约在3940m，因此，克拉2气田存在古原油充注，3980m是克拉2古油藏的古油水界面，古油柱高度超过300m。受后期挤压构造影响，早期充注的古油藏被破坏，天然气充注到储层中，形成气藏。

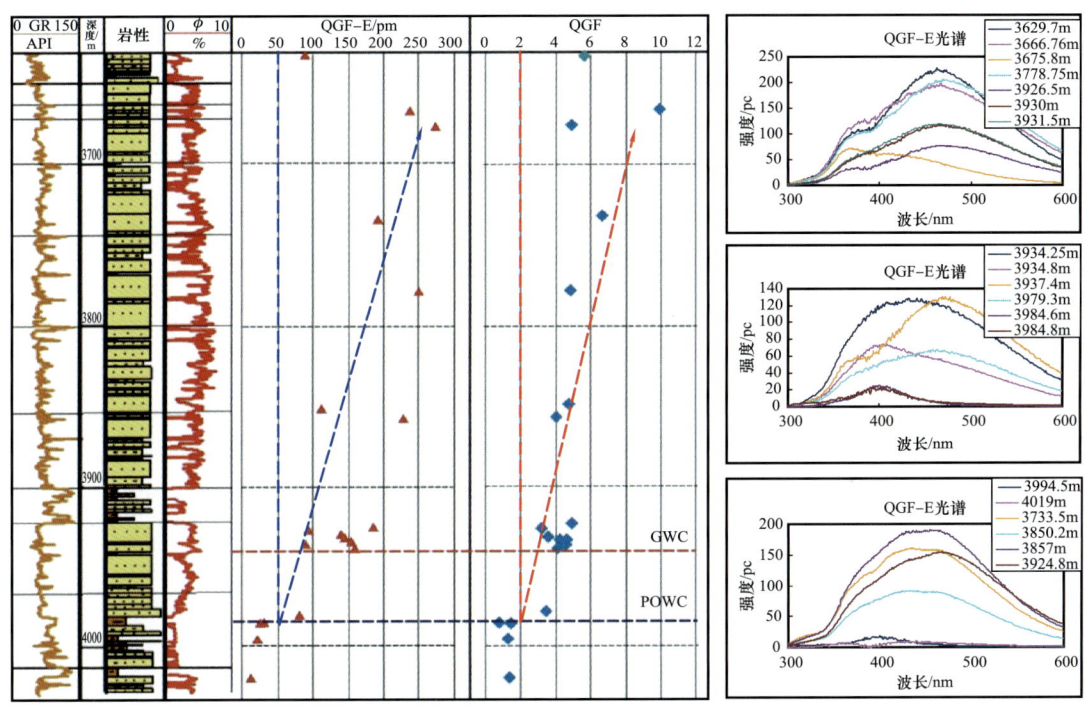

图4-4　克拉201井颗粒荧光参数随深度变化特征

证据二，克拉2气田、大北1气田现今气藏中的凝析油含蜡量高，介于6.07%～12.82%，为中蜡油，而且低碳数正构烷烃含量低，苯、甲苯含量高，表明凝析油为早期原油气洗改造后的残余油。

证据三，对比膏盐岩岩心抽提物与盖层上、下原油的生物标志化合物特征，发现膏盐岩盖层中确有油气运移，其生物标志特征与大北和克拉地区早期充注的原油基本一致，具有相似的生物标志物组成和相近的碳同位素组成，原油均来源于深部上三叠统黄山街组和中侏罗统恰克马克组湖相烃源岩，天然气均显示出较重的碳同位素组成，反映出天然气属于高成熟的煤型气或腐殖型气，来源于中生界煤系烃源岩。但盐上大宛齐油田油气的成熟度接近或稍低于盐下大北气田油气的成熟度，为早期原油。从而进一步证实盖层早期封闭性相对较弱，曾有原油穿盖层运移，后期封闭性增强。

四、库车前陆盆地膏盐岩盖层封盖能力划分

依据膏盐岩埋深和挤压脆塑转换机理,将库车前陆盆地 2 套膏盐岩盖层保存条件划分为 4 个区域(图 4-5),其中塑性域盖层封盖能力强。

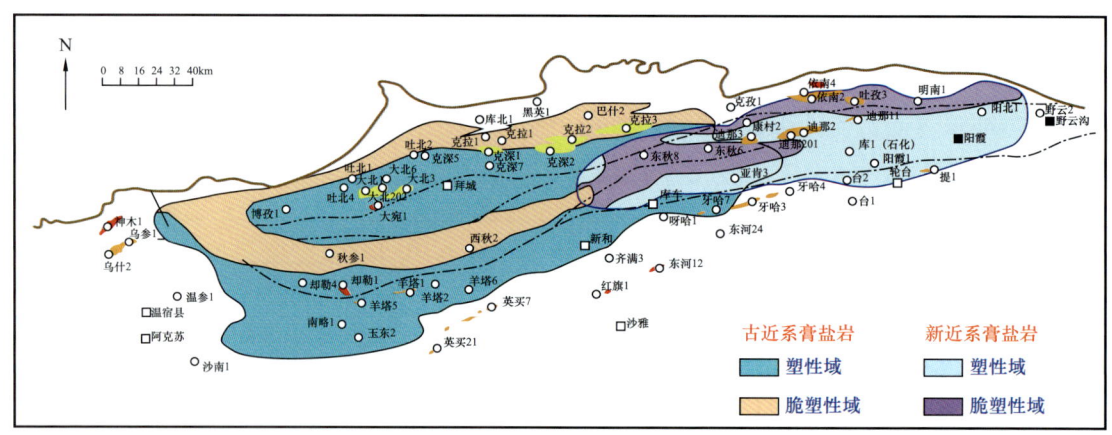

图 4-5 库车前陆盆地膏盐岩盖层封盖能力划分图

1. 古近系膏盐岩

山前带和西秋里塔格构造带古近系膏盐岩埋藏相对较浅且薄,处于脆塑过渡变形域,保存条件较差,山前出露米斯布拉克油苗和塔拉克油苗。向盆内膏盐岩脆塑转换,完整背斜晚期天然气成藏,如克拉 2 气田。冲断带主体、凹陷带和斜坡带膏盐岩呈塑性,盖层顶封侧挡,封盖能力强,有利于油气的保存,盐下已发现克深 2 气田、大北 1 气田、博孜 1 气藏等大气田。

2. 新近系膏盐岩

东部山前带和东秋里塔格构造带新近系膏盐岩处于脆塑性变形域,盖层保存条件相对较差,山前带出露吐格尔明油苗,东秋里塔格构造带地表出露康村和基里什油苗。凹陷—斜坡带新近系膏盐岩呈塑性,保存条件好,盐下形成迪那 1 和迪那 2 气藏。

第二节 泥页岩盖层脆塑转换机理与油气动态成藏

前前陆期伸展环境下,准南前陆盆地古近系安集海河组和白垩系呼图壁河组区域泥页岩盖层持续埋藏,分布稳定,且随埋深增加排替压力增大,具备封闭大型油气藏的条件。但前陆期构造挤压环境下,构造挤压使区域盖层之下的油气成藏变得复杂多样,油气成藏与泥页岩盖层脆塑转换机理密切相关。构造挤压作用下泥页岩盖层随地层产状的变化而发生脆塑转换,地层产状相对平缓时,构造顺层挤压,泥页岩层脆塑交替变化,在泥页岩软

弱层产生顺层滑脱断层；地层产状陡时，构造斜向挤压，呈脆性破裂变形，陡翼形成穿盖层断裂；构造正向挤压，泥页岩为塑性变形，封盖能力强。随埋深增加，泥页岩盖层塑性增强。因此深层背斜圈闭特别是对称背斜泥页岩盖层封闭能力强，但随构造挤压形成不对称背斜时，陡翼或近轴部产生破坏断层，油气部分散失或油气藏被破坏。

一、持续埋藏阶段泥页岩盖层封盖能力

根据不同埋深泥岩排替压力分析数据，建立了准南前陆盆地泥岩盖层排替压力随埋深演化的关系（图4-6），泥岩盖层随埋深增加，排替压力逐渐增大，封盖油气的能力逐渐增强。3000m、4000m埋深泥岩盖层排替压力可达到5MPa、10MPa，因此，厚层、分布稳定且发育异常高压的准南前陆盆地白垩系泥岩盖层具备封盖大型气藏、高压气藏的能力。

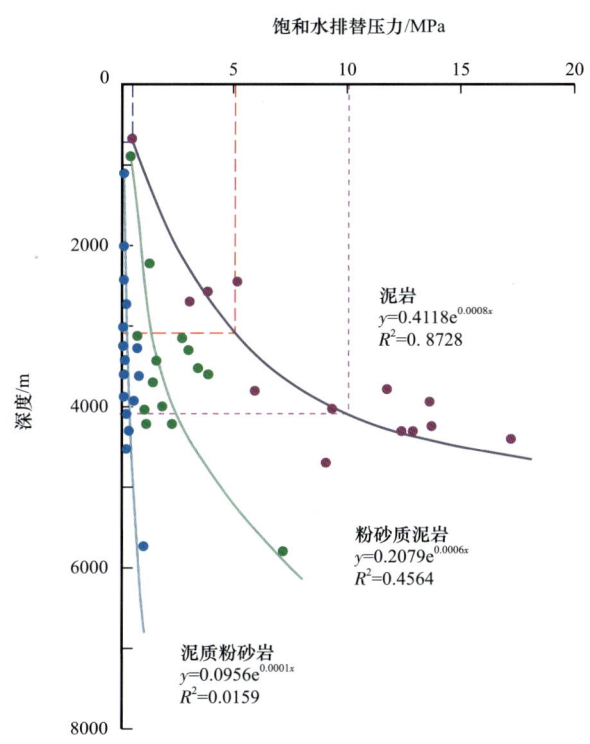

图4-6　准南前陆冲断带泥岩排替压力随埋深演化图

安集海河组、吐谷鲁群和齐古组泥岩实测排替压力为4.72~44.85MPa，且随埋深增加泥岩排替压力增大，3000m埋深泥岩层排替压力达到5MPa，具有封闭大型气藏的能力。4000m埋深泥岩排替压力为10MPa，能够封闭高压气藏，封闭最大气柱高度可达504.1~5293.4m（田孝茹等，2017）。因此，就泥岩盖层宏观和微观因素而言（Zieglar D M，1992；袁玉松等，2011），准南前陆冲断带区域连续分布的泥岩盖层均具备封闭大型油气田的能力。

二、构造挤压作用下泥页岩脆塑转换及变形特征

在埋藏成岩的基础上,构造挤压对泥页岩盖层封闭能力的影响主要取决于岩层是否破裂及破裂方式,即泥岩盖层的完整性。通过泥岩加温加压三轴挤压物理模拟和数值模拟,分别刻画了均质泥岩、不同产状泥页岩的变形方式和变形规律。

在实际地层围压与温度条件下,均质泥岩在构造挤压作用下主要发育共轭剪切缝、高角度单一剪切缝,产生脆性断裂或韧性断裂。地层倾角对泥岩力学特征具有显示的影响,正向挤压(最大挤压应力方向垂直于泥岩层或二者夹角大于75°),泥岩层变形模式为膨胀性压缩变形,无宏观破裂,具有塑性特征;斜向挤压(最大挤压应力方向与泥岩层夹角为30°~75°),泥岩层表现出明显脆性破裂,更容易形成宏观断层;顺层挤压(最大挤压应力方向与泥岩层夹角小于30°),泥岩层表现为脆塑性交替变形,变形模式为分散式破裂,且破裂集中在各个结构面上。

1. 均质泥岩在构造挤压作用下的脆性变形

均质泥岩以脆性变形为主,当构造挤压应力差大于岩石抗压强度时,泥岩破裂,产生断裂,盖层被破坏。

1)实验样品与条件设置

为了刻画构造挤压作用下泥岩盖层的封盖能力,钻取了准南前陆冲断带齐古2井西山窑组灰绿色泥岩柱塞(直径2.5cm),采用美国GCTS公司RTR-1000高温高压三轴岩石力学测试系统,结合岩石围压、地温和流体压力对岩石力学性质及破裂变形的影响,确定泥岩在挤压作用下的应力—应变特征以及岩石力学参数。

泥岩均质,现今埋深769m,加上该区大约3000m的剥蚀量,最大埋深为3769m。岩石密度取2.4g/cm³, 地温梯度20℃/100m,地表温度12℃。实验之前,先制样,将钻取的岩石柱塞两端切平,长度保留5cm;第二选样,测试泥岩柱塞的纵波、横波声波速度,选取纵波和横波速度较相近的泥岩柱塞,排除异常柱塞,确保实验的可比性。然后,将泥岩柱塞饱和液体。最后进行8组三轴加温加压挤压实验。

为了研究围压与地温的作用(不考虑孔隙流体压力),分别进行了以下条件泥岩的三轴挤压实验:(1)埋深800m,围压19MPa,地温28℃;(2)埋深1400m,围压33MPa,地温40℃;(3)埋深2600m,围压61MPa,地温64℃;(4)3400m,围压80MPa,地温80℃。

2)实验结果与结论

实验结果表明,一是随埋深增大、围压和地温增加,泥岩屈服强度和峰值强度均呈先增大后减小趋势(图4-7a),四个深度段泥岩样品峰值强度分别为131.6MPa、244.5MPa、295.4MPa、143.1MPa,说明随埋深、围压等条件的变化,泥岩盖层的岩石力学特征将发生变化;二是四个深度段泥岩三轴抗压强度分别为150.4MPa、277.4MPa、356.6MPa、

223.1MPa，泥岩三轴抗压强度均很大（图4-7a），反映泥岩盖层抗挤压破裂能力较强，不易破裂；三是当构造挤压应力差大于抗压强度时，均质泥岩将发生脆性剪切破裂（图4-7a和b）。

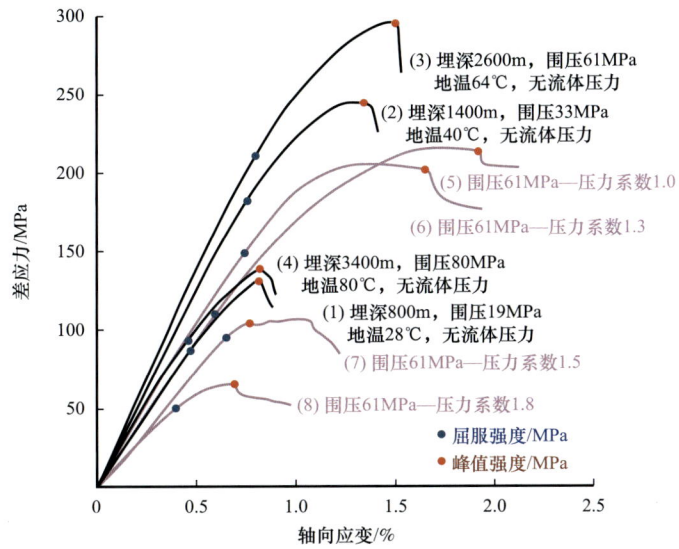

(a) 齐古2井西山窑组泥岩不同条件下的岩石应力—应变曲线

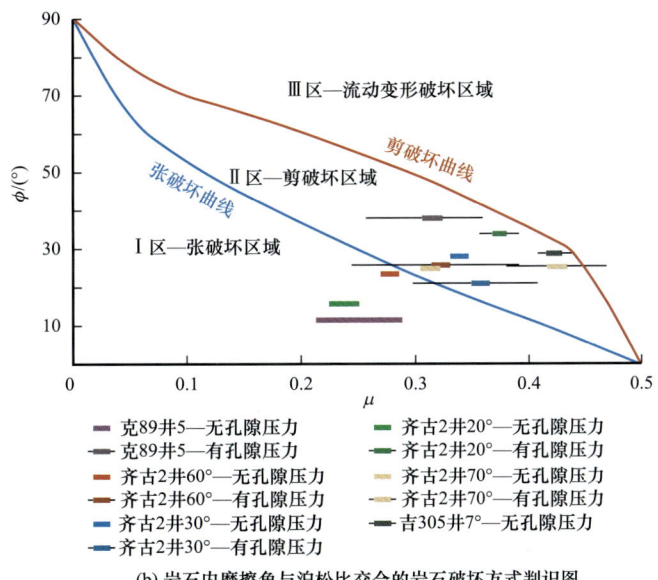

(b) 岩石内摩擦角与泊松比交会的岩石破坏方式判识图

图 4-7 均质泥岩三轴加温加压变形判识图

为了分析孔隙流体压力的影响，针对埋深2600m、围压61MPa、地温64℃的地质条件，分别进行了孔隙流体压力系数为1.0、1.3、1.5、1.8时的泥岩三轴挤压实验。结果表明，随孔隙流体压力的增加，泥岩三轴峰值强度和抗压强度均逐渐减小（图4-7a），峰值强度分别为216.1MPa、205.8MPa、108.5MPa、64.9MPa，抗压强度分别为277.3MPa、

267.0MPa、169.7MPa、126.1MPa，说明泥岩流体超压的发育会大大降低盖层的抗压强度，当流体超压达到一定程度、构造挤压应力差大于泥岩的抗压强度时，泥岩盖层破裂，同时流体超压释放、降低，泥岩盖层会再次封闭。

均质泥岩三轴挤压物理模拟实验结果均表明，深层泥岩盖层的封盖能力随埋深（围压、地温）、流体压力和构造应力的演化而动态变化，但均质泥岩盖层抗压强度高，当构造挤压应力差大于抗压强度时，泥岩才能发生脆性剪切破裂。因此，通过地应力恢复和泥岩抗压强度的测定就可以判断泥岩盖层是否破裂、产生断层。

3）物理模拟的不足与对策

受实验设备的制约，泥岩盖层构造挤压应力—应变物理模拟实验只做到埋深3400m的温压条件，更高的温压条件无法满足。另外，物理模拟实验需要一定长度的泥岩岩心柱塞，对于层理发育的泥岩无法钻取岩心样品，其代表的是厚层均质的泥岩层。实际地质条件下，泥岩盖层封盖能力除受上述因素影响外，不同倾角的泥岩层在构造挤压作用下岩石应力—应变特征亦有差异。

构造挤压数值模拟可以克服上述两方面的制约，一方面可以模拟更高温度和压力下的应力—应变特征，另一方面可以构建非均质的泥岩岩心样品，代表层状泥岩层、泥页岩层。

2. 褶皱泥页岩在构造挤压作用下的脆塑转换

1）数值岩心

分别构建了地层倾角为0°、15°、30°、45°、60°、75°，埋深为2000m、3000m、4000m、5000m、6000m的层状数值岩心模型（图4-8），代表地层褶皱中不同产状的泥页岩层。

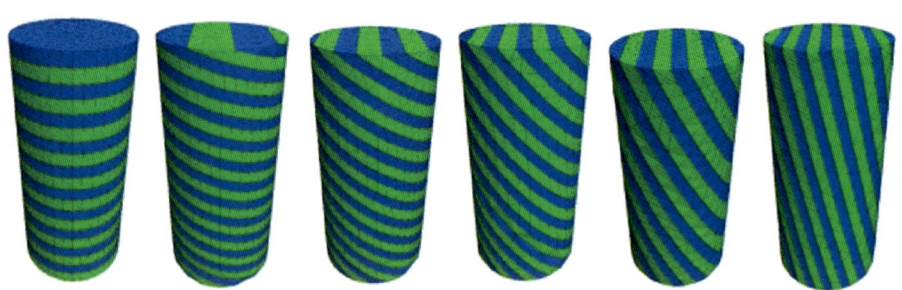

图4-8　地层倾角分别为0°、15°、30°、45°、60°、75°的数值岩心

2）模拟参数

在FLAC三维软件中通过编写命令流给模型施加力学参数（表4-2），沿着径向施加不同埋深对应的围压，轴向以1×10^{-7}m/s的速率对数值岩心进行挤压，记录顶面中心处一点（0，0，0）沿轴向移动的位移，并且同时记录该单元处沿轴向的应力特征，直到岩石发生完全破坏为止，进而获取全应力—应变曲线，通过FLAC三维后处理平台观察它的破坏变形特征。

表 4-2 模拟时层状岩心的力学参数

类别	埋深/m	围压/MPa	剪切模量/GPa	体积模量/GPa	密度/kg/m³	内聚力/MPa	内摩擦角/(°)	抗张强度/MPa
岩石	2000	27	5.577644	7.7307896	2349	21	40.22	10.5
	3000	42	6.232056	8.7058634	2409			
	4000	57	6.87106	9.6579794	2430			
	5000	84	8.00954	11.354315	2560			
	6000	94	8.42898	11.97928	2676			
结构面	2000	27	0.0763352	2.46822	2000	1	22.11	1
	3000	42		3.46822				
	4000	57		4.46822				
	5000	84		6.46822				
	6000	94		6.46822				

3）数值模拟结果

地层倾角为 0°、埋深分别为 2000～6000m 的泥岩，构造挤压变形特征如图 4-9 所示，埋深为 2000m 时应变都集中在岩心的中间部位，两侧应变较小，到 4000m 时，应变明显从岩心的中心向两侧开始分散，当达到 6000m 的时候，应变基本上均匀分布。整个挤压过程中，发生明显的塑性变形，但岩心整体没有发生破坏。从应力—应变曲线（图 4-10）中可以看出，应力—应变曲线没有明显的应力降，但随着埋深的增加岩石强度增大，表明地层倾角为 0° 的岩心整体发生塑性变形，不易破坏。地层倾角为 15°，埋深分别为 2000～6000m 的数值岩心挤压变形特征与上述特征相似，应变均匀分布，整个挤压过程中岩心整体没有发生破坏，明显表现为塑性变形。因此，正向挤压即构造应力挤压方向大角度作用于泥页岩层，应力—应变曲线没有应力降过程，始终发生应变硬化过程，且随着埋深的增加岩石强度增大，表明地层整体发生塑性变形，不易破坏，深层泥岩盖层塑性更强。

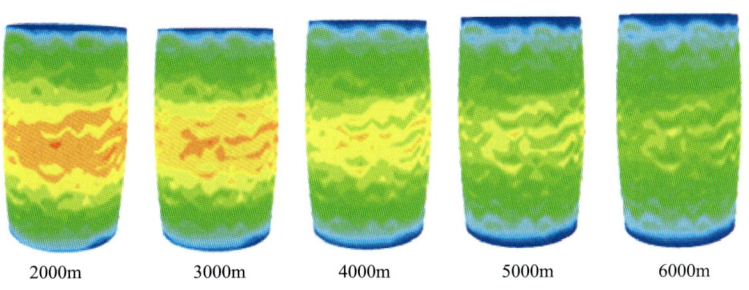

图 4-9 地层倾角 0°，埋深 2000～6000m 岩心的变形特征

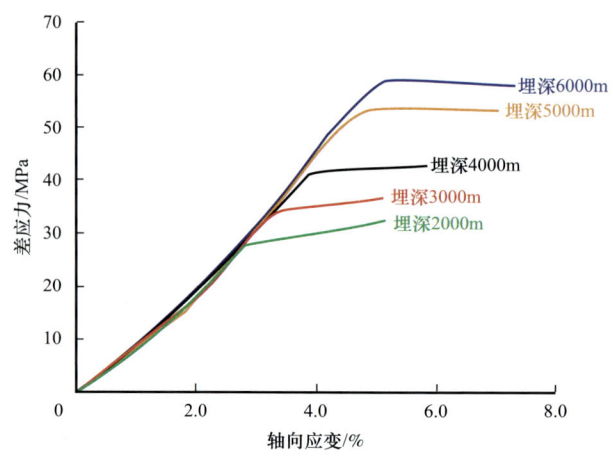

图 4-10　地层倾角 0°，不同埋深岩心全应力—应变曲线（应力与地层产状夹角为 90°）

地层倾角为 30° 和 45°、埋深分别为 2000～6000m 数值岩心挤压应力—应变曲线有明显的应力降，且随着埋深增加岩石强度增大，表明泥岩整体发生脆性变形，破裂面集中在层理面上。地层倾角为 60° 的泥岩挤压脆性变形特征更加明显（图 4-11），2000m 埋深的泥岩应变集中在中部的一个结构面上，并且在应力的作用下这个结构面上发生了明显破裂，随埋深增大，应变开始向其他结构面上分散，呈现带状变形。整个挤压过程中岩心整体发生破坏，发生了明显的脆性破裂。图 4-12 展示了地层倾角为 60° 时，埋深分别为 2000～6000m 数值岩心的挤压全应力—应变曲线分布特征。从应力—应变曲线中可以看出，应力—应变曲线有明显应力降，表现脆性变形特征，并且随着埋深的增加岩石强度增大，表明地层倾角为 60° 的岩心整体发生脆性变形，容易破坏。地层倾角 30°～60° 泥岩，挤压方向与地层倾向之间有一定的夹角，为斜向剪切挤压，明显表现为脆性变形。随地层倾角的增大，挤压方向逐渐接近地层倾向，泥岩挤压变形特征又发生了明显变化。

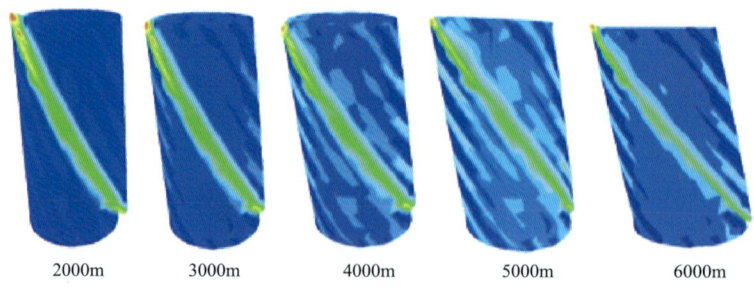

图 4-11　地层倾角 60°，埋深 2000～6000m 岩心的变形特征

图 4-13 描述了地层倾角为 75° 时，埋深分别为 2000～6000m 的数值岩心挤压后的变形特征，从图中可以看出，岩心整体发生多次破裂，埋深为 2000m 及 3000m 时应变集中在几个结构面上，到 4000m 时，应变开始分散到其他结构面上，破裂开始不明显，当达到 6000m 的时候，应变基本上比较分散。图 4-14 展示了地层倾角为 75° 时，埋深分别为

2000~6000m 数值岩心挤压全应力—应变曲线分布特征。从应力—应变曲线中可以看出，随着埋深的增加岩石强度增大，应力—应变曲线有多重应力降，经历不断的硬化软化过程，表现为顺层破裂滑动。

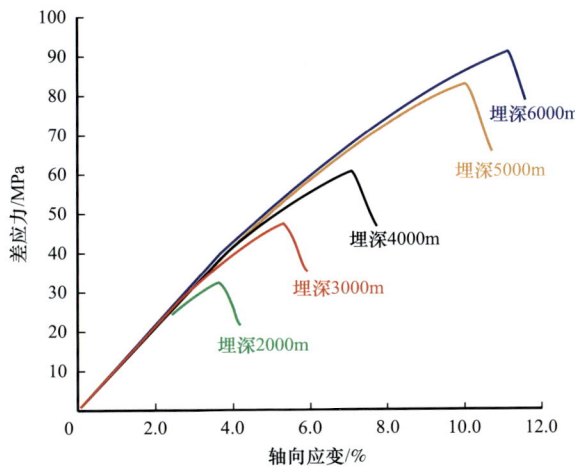

图 4-12　地层倾角 60°，不同埋深岩心的全应力—应变曲线（应力与地层产状夹角 30°）

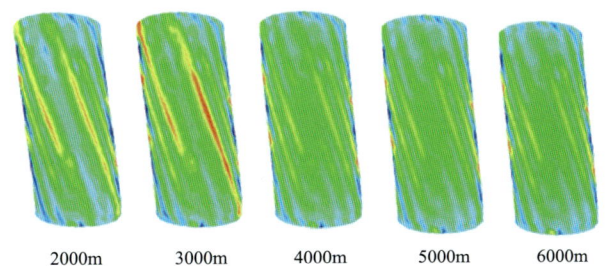

图 4-13　地层倾角 75°，埋深 2000~6000m 岩心的变形特征

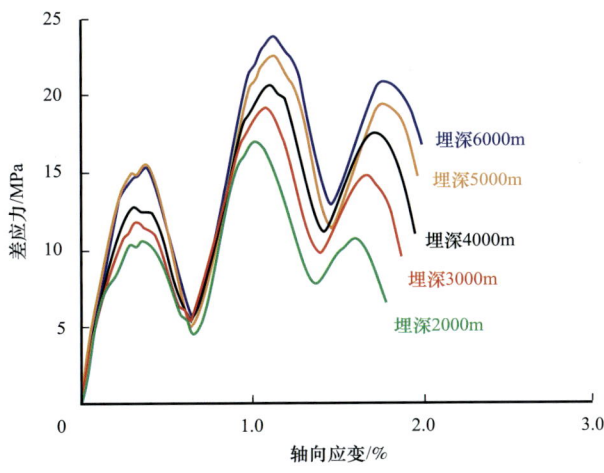

图 4-14　地层倾角 75°，不同埋深岩心全应力—应变曲线（应力与地层产状夹角 15°）

4）层状泥页岩挤压破裂方式与评价

综上所述，不同产状泥岩的挤压变形分为3种情况（图4-15）：（1）当最大构造挤压应力方向垂直或近垂直地层时，泥岩主要发生塑性变形，应力超过泥岩峰值强度后，差应力及应变保持稳定，没有出现明显的破裂，表明当垂直或高角度构造挤压时，泥岩层呈塑性变形，泥岩盖层封盖能力强。当垂向地应力为最大主应力时，相对平缓的深部泥岩层属于这种变形方式，塑性较强，如前陆斜坡带或冲断带深层低幅褶皱带。（2）当最大构造挤压应力方向与地层产状斜交时，如呈30°～60°剪切挤压，应力差超过泥岩峰值强度后，泥岩发生破裂，差应力大幅度降低，表现为脆性变形，一旦破裂，泥岩盖层失效，尤其是准南冲断带晚期背斜圈闭轴部产生的穿层断裂，对下组合盖层封闭性破坏最大。对于褶皱的泥岩层，特别是背斜的前翼和后翼，地层产状与构造挤压时最大水平挤压应力斜交，或与构造平稳时最大垂向地应力呈斜向挤压，泥岩盖层处于脆性变形域，如冲断带褶皱背斜，特别是不对称背斜。（3）当最大构造挤压应力方向与地层产状相近时，即顺层挤压，泥岩的变形比较特殊，先是脆性破裂，继续挤压转变为塑性愈合，然后再挤压、再破裂，表现为脆性—塑性周期性变化，顺层滑动。构造挤压时冲断带深层低幅褶皱或不对称背斜的后翼属于该类变形，如东湾背斜带，构造挤压时在泥岩盖层软弱层顺层滑动，可形成滑脱断层，没有产生穿层断裂，盖层仍然有效。

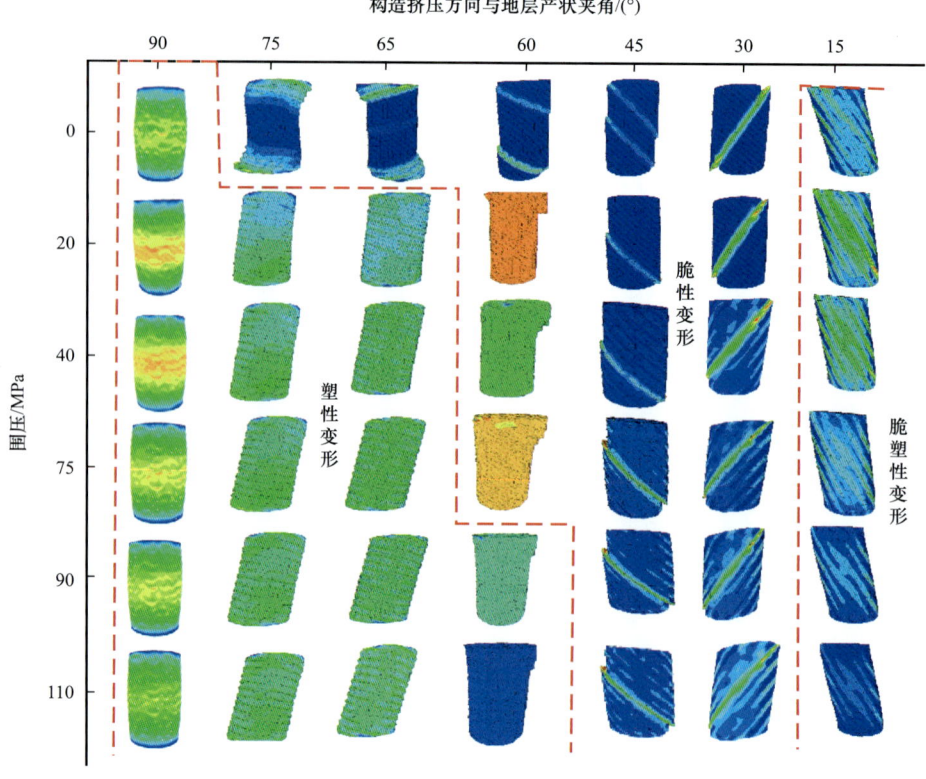

图4-15 泥页岩盖层挤压脆塑转换图

相比均质泥岩的挤压变形特征，一定倾角的泥岩层亦具有随埋深增加抗压强度增大的趋势，但其抗压强度明显低于均质泥岩的抗压强度，一方面，薄层泥岩封盖能力相对较弱，厚层均质泥岩封盖能力较强；另一方面，顺层挤压抗压强度最低，其次为垂向挤压，虽然二者易于变形，但具塑性变形特征，顺层挤压时深层盖层封盖能力相对较强，垂向挤压时盖层封盖能力更强。泥岩剪切挤压易于产生脆性破裂，多见于背斜的轴部和翼部，特别是中浅层背斜前翼，深层泥岩抗压强度较大，相对不易破裂。

三、构造挤压抬升条件下泥页岩盖层的封盖能力

构造挤压抬升阶段，泥岩盖层脆性增强，发生裂缝连通时，最大历史埋深条件下的差应力与现今差应力的强度比值（differential stress ratio，DSR）基本保持一个恒定值，为此，提出一种基于 DSR 评价抬升过程中泥岩盖层动态封闭能力的新方法，当 DSR>1.6 时，认为泥岩发育连通性裂缝，盖层渗漏。该方法应用到准南独山子背斜与高泉背斜，评价结果与勘探实际结果相符。

1. 挤压抬升超固结比（OCR）方法

Ingram 等（1997）引入土力学中常用的超固结比（over consolidation ratio，OCR）参数来定量判断泥岩破裂发生的条件，定义其为最大有效垂直应力与现今有效垂直应力的比值，即 OCR=σ'_{vmax}/σ'_v，其中 σ'_{vmax} 为岩石经历的最大垂向有效应力，或称之为前期固结应力，表示岩石的成岩固结程度，σ'_v 为岩石现今的垂向应力，即现今的围压条件。OCR=1 时，表示岩石处于正常固结状态（normal consolidation），OCR>1 时表示岩石处于超固结状态（over consolidation）。大量的岩石力学实验结果表明，OCR 可以作为有效的指标来表征泥岩的脆性程度，在超固结状态下，泥岩以脆性、脆塑性变形为主，超固结的出现一般会使得岩石表现出硬脆特征，进而可能造成破坏密封性的不利后果。按照 OCR 的定义，OCR 的适用条件是针对垂向有效应力为最大有效主应力、水平有效应力为最小有效主应力的应力场，这一条件只适用于构造应力较小，垂向应力为最大主应力的水平层状介质。但实例应用研究表明，OCR 这一概念同样适用于主应力不是水平或垂直方向的复杂地区（Nygard et al.，2006）。

岩石的前期固结应力可以通过压缩实验进行测定，测出来的结果称之为名义前期固结应力（apparent pre-consolidation stress）。名义前期固结应力是岩石经历最大应力和成岩强度的综合效应，名义前期固结应力不仅受到由于地层的沉积埋藏作用和侵蚀（抬升）引起的力学加载与卸载影响，还与地质构造演化作用，如成岩作用、胶结作用、矿物成分改变和长期的次固结压缩作用（即蠕变）有关。因此，名义前期固结应力并不只是单纯最大垂向应力的概念，而是对岩石最大固结强度的一个综合表征，所以，OCR 概念可以由土力学应用到固结成岩阶段泥质岩的脆性评价。

随着抬升和剥蚀量增加，现今垂向有效应力降低，OCR 值逐渐增大，当超过一个

临界值时，泥岩就会变脆而很容易发生破裂，从而造成盖层的漏失。若不考虑构造应力的影响，仅考虑剥蚀导致的地层卸载，则泥岩破裂并失去封闭能力的OCR临界值为2.5（Ingram et al.，1997；Nygard et al.，2006）。OCR值越大，泥岩盖层发生脆性破裂的风险越大。

2. 构造抬升应力差比值（DSR）方法

传统的OCR方法从脆性角度评价抬升后岩石的物理属性，从而厘定盖层可能发生渗漏的条件，但不能确定在实际地质应力条件下岩石是否发生破坏；另外，OCR方法多适用于垂向应力为最大应力的应力场。

考虑实际地质应力条件下，基于最大历史埋深条件下的差应力与现今差应力的强度比值，动态评价泥岩盖层在抬升过程中力学变形特征，DSR的计算可以通过数值模拟获得。

根据研究区埋藏抬升史可以得到盖层的最大埋藏深度和现今埋深，可知地层经历的应力路径，进而开展数值模拟，在抬升过程中应力曲线突然变化即为样品破坏的应力临界，岩样变形特征为发育明显的连通裂缝。

1）数值模拟方法

评价挤压抬升过程中泥岩盖层力学变形的数值方法需经历3个阶段（图4-16）：泥岩压缩强度的测试阶段（阶段Ⅰ）、恢复历史最大埋深应力条件的加载阶段（阶段Ⅱ）、挤压抬升过程裂缝连通临界条件的厘定阶段（阶段Ⅲ）。本次实验设置历史最大有效围压分别为10MPa、20MPa、40MPa，每个围压条件下开展2次不同地质应力下的卸载试验，一共进行6样次试验。

阶段Ⅰ（泥岩压缩强度的测试阶段；图4-16a）：以0.05MPa/s的速率，静水加载预设围压，然后保持围压不变，轴向以一定速率0.5×10^{-7}m/s挤压加载，直到岩样完全破裂，获取岩石的峰值强度，围压为10MPa、20MPa、40MPa时，对应的峰值强度（差应力）分别为110MPa、165MPa、252MPa。岩石的破裂模式为弹性剪切破裂。

阶段Ⅱ（恢复历史最大埋深应力条件的加载阶段；图4-16b）：以0.05MPa/s的速率，静水加载到历史最大埋深所对应的围压条件，然后保持围压不变，轴向以一定速率0.5×10^{-7}m/s挤压加载，最终的岩石强度小于峰值强度，且大于峰值强度的60%。对应围压10MPa，加载到97.9MPa、88.6MPa；对应围压20MPa，加载到90.36MPa、113MPa；对应围压40MPa，加载到105.46MPa、157.1MPa。

阶段Ⅲ（挤压抬升过程裂缝连通临界条件的厘定阶段；图4-16c）：在阶段Ⅱ的基础上，轴压加载条件保持不变，以一定速率0.001MPa/s卸载围压（抬升）。但在卸载围压过程，由于径向变形导致网格单元在纵向也发生变形，而产生额外应力，结果引起轴向应力减小，这与实际地层抬升过程相符合。地层在抬升过程，自然也会引起轴向应力减小。卸载过程中，是逐渐形成微裂缝的过程，当围压突然增大，表明裂缝连通，岩石发生脆性破裂，认为是裂缝连通的临界。

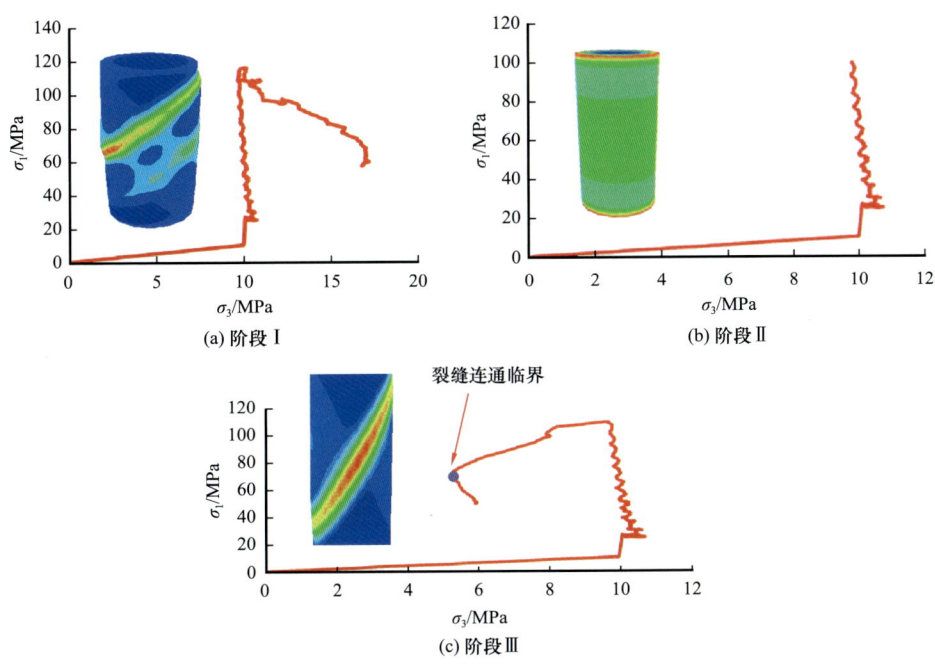

图 4-16 数值模拟挤压抬升过程泥岩盖层力学变形的 3 个阶段

2）数值模拟结果

图 4-17 为挤压抬升过程中不同历史埋深条件下泥岩盖层岩石力学变形的动态数值模拟过程，并对传统 OCR 与 DSR 计算结果进行对比：

$$\mathrm{OCR}=(\sigma_3)_{历史}/(\sigma_3)_{现今} \tag{4-1}$$

$$\mathrm{DSR}=(\sigma_1-\sigma_3)_{历史}/(\sigma_1-\sigma_3)_{现今} \tag{4-2}$$

式中　σ_1——最大主应力，MPa；

　　　σ_3——最小主应力，MPa。

当历史最大埋深对应的有效围压为 10MPa，加载至峰值强度的 93% 后，轴压为 107.9MPa，差应力为 97.9MPa；然后模拟卸载围压（抬升）过程，围压为 5.28MPa，轴压为 70.5MPa，差应力为 65.22MPa 时，为裂缝连通的临界，则传统的 OCR=1.89；DSR=1.5。当加载至峰值强度的 85% 后，轴压为 98.6MPa，差应力为 88.6MPa；然后模拟卸载围压（抬升），围压为 2.8MPa，轴压为 57.65MPa，差应力为 54.85MPa，为裂缝连通的临界，OCR=3.57，DSR=1.62。

当历史最大埋深对应的有效围压为 20MPa，加载至峰值强度的 80% 后，轴压为 133MPa，差应力为 113MPa；模拟卸载围压（抬升）过程，围压为 9.7MPa，轴向应力为 87.43MPa，差应力为 77.73MPa，为裂缝连通的临界，OCR=2.06，DSR=1.45。如果加载至峰值强度的 68% 后，轴压为 110.36MPa，差应力为 90.36MPa；模拟卸载围压（抬升）过程，围压为 4.16MPa，轴压为 57.5MPa，差应力为 53.34，为裂缝连通的临界，则 OCR=4.8，DSR=1.69。

泥岩压缩强度测试阶段		阶段 I		恢复历史最大埋深应力条件的加载阶段		阶段 II	挤压抬升过程裂缝连通临界条件重置阶段		阶段 III	评价结果	
围压/MPa	差应力/MPa	力学变形特征	围压/MPa	差应力/MPa	力学变形特征		围压/MPa	差应力/MPa	力学变形特征	传统OCR法 $(\sigma_3)_{历史}/(\sigma_3)_{现今}$	DSR新方法 $(\sigma_1-\sigma_3)_{历史}/(\sigma_1-\sigma_3)_{现今}$
10	110	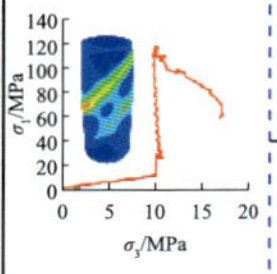	10	97.9			5.28	65.22	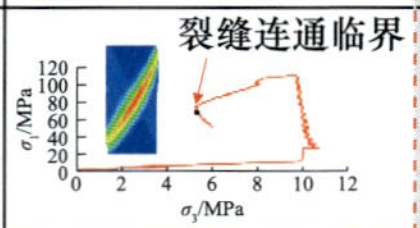	1.89	1.50
			10	88.6			2.8	54.85	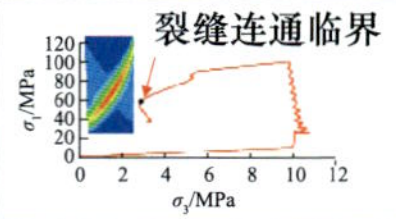	3.57	1.62
20	165	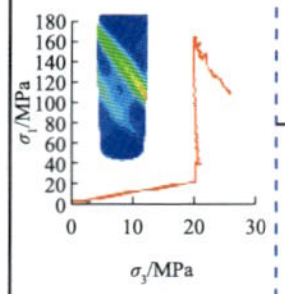	20	113			9.7	77.73	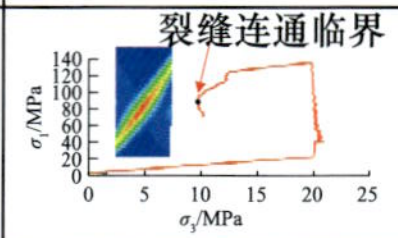	2.06	1.45
			20	90.36			4.16	53.34	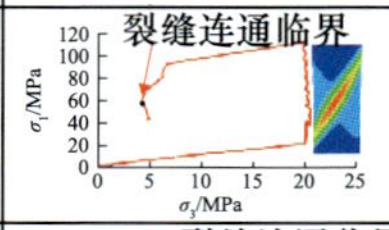	4.81	1.69
40	252	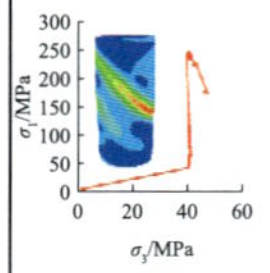	40	157.1			24.19	101.56	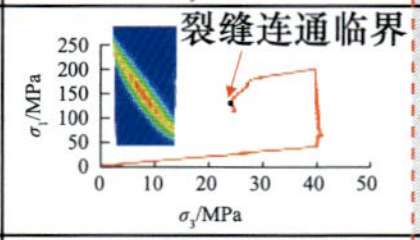	1.65	1.55
			40	105.46			11.5	56.6	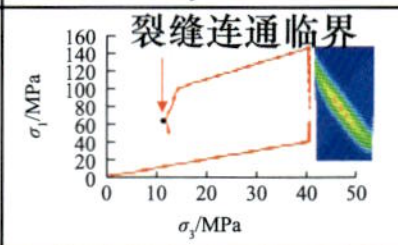	3.48	1.86

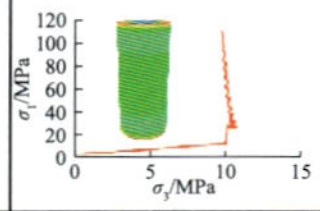

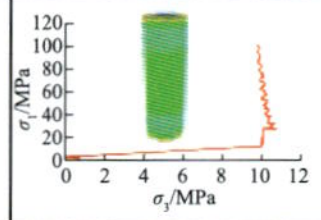

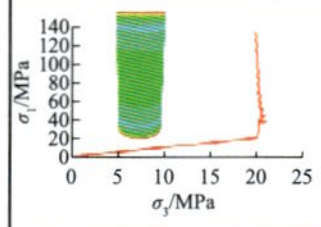

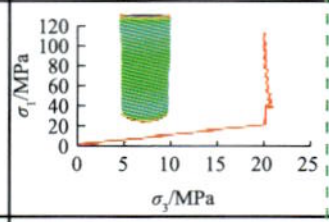

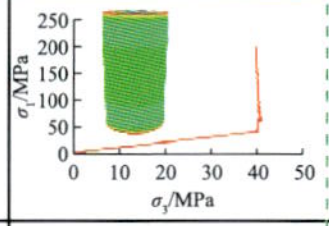

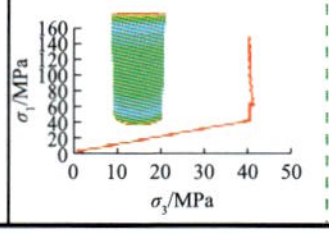

图 4-17 数值模拟不同历史埋深下，挤压抬升过程泥岩盖层力学变形的 3 个阶段以及 OCR 与 DSR 评价结果对比

当历史最大埋深对应的有效围压为 40MPa，加载至峰值强度的 65% 后，轴压为 145.46MPa，差应力为 105.46MPa；然后模拟卸载围压（抬升）过程，围压为 11.5MPa，轴向应力为 68.1MPa，差应力为 56.6MPa，为裂缝连通的临界，则 OCR=3.47，DSR=1.86。当加载至峰值强度的 80% 后，轴压为 197.1MPa，差应力为 157.1MPa；然后模拟卸载围压（抬升）过程，在围压为 24.19MPa，轴向应力为 125.75MPa，差应力为 101.56MPa 时，为裂缝连通的临界，则 OCR=1.65，DSR=1.55。

3）DSR 评价方法

基于上述数值模拟抬升试验结果，统计所有的试验点（图 4-18），从中可以看出对于同一历史埋深下，最大主应力条件不同，其发生渗漏的临界条件的 OCR 变化幅值较大，而对应历史最大埋深的差应力与现今差应力的比值（DSR）却是基本上不变的，其值在 1.6 左右。表明 DSR 值与阶段Ⅱ中最后加载的轴向应力无关，因此只要已知历史最大埋深所对应的围压与抬升后现今埋深所对应的围压，则可以计算 DSR。为此，提出了新的描述盖层抬升发生渗漏的评价方法，基于 DSR 值评价盖层泥岩的动态封闭能力，见式（4-2）。

对应准南前陆盆地，当 DSR≥1.6 时，为泥岩盖层裂缝发生连通的临界。

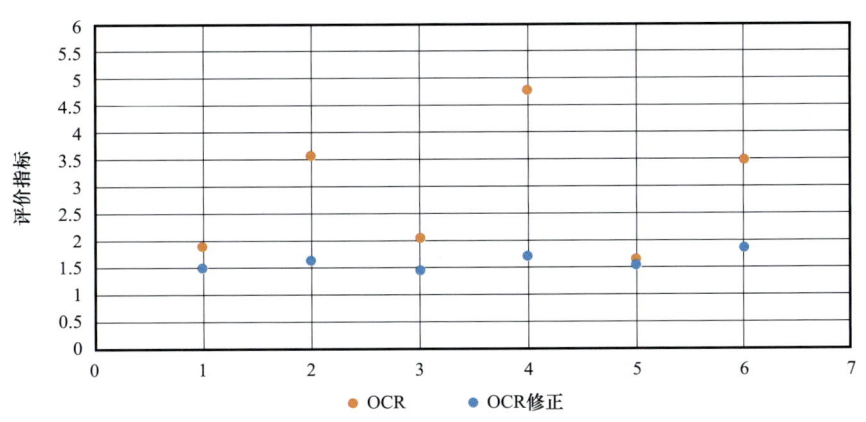

图 4-18　基于不同卸载试验挤压抬升过程泥岩盖层 OCR 与 DSR 参数对比
1 和 2 为围压 10MPa 的实验，3 和 4 为围压 20MPa 的实验，5 和 6 为围压 10MPa 的实验

值得注意的是，数值试验表明，当 OCR 值小于 2.5 时，泥岩盖层裂缝也有可能是连通的，因为，OCR 值是评价岩石脆性强度的指标，OCR 值越大，只能表明岩石脆性越强，容易破裂，但不能说明在实际地质应力条件一定能破裂。因此岩石是否形成裂缝一是与岩石物理属性有关，另一方面，实际地质应力大小是引起岩石破裂的关键。为此，提出的 DSR 方法评价泥岩盖层抬升过程动态封闭能力更为合理。

3. 两种方法对比

采用 OCR 参数和 DSR 参数分别评价准南前陆盆地齐古背斜、独山子背斜、呼图壁背斜和高泉背斜下组合白垩系泥岩盖层的封闭性（表 4-3）。

表 4-3　准南前陆盆地下组合典型背斜白垩系泥岩盖层 OCR 和 DSR 参数表

典型构造下组合盖层	OCR	DSR
齐古背斜	7.94	4.10
独山子背斜	1.82	3.29
呼图壁背斜	1.10	1.28
高泉背斜	1.11	1.44

从上表可以看出，对于山前第一排构造带，构造挤压抬升幅度大，泥岩盖层破裂风险较大，OCR 和 DSR 这 2 种参数均适用。而对于盆内第二排、第三排构造带而言，构造挤压抬升幅度小，OCR 参数不适用，可用 DSR 参数评价。

独山子背斜，白垩系泥岩盖层 OCR 值为 1.82，小于 2.5，泥岩盖层没有微裂缝形成；而 DSR 值为 3.29，大于 1.60，判断泥岩盖层有微裂缝泄漏，参见下文实例分析。

四、实例分析

1. 山前第一排构造带盖层抬升与油气动态成藏

齐古油气田处于山前第一排构造带，构造挤压抬升幅度大，直接采用 OCR 方法评价盖层脆性特征。

齐古背斜总体表现为一北西西走向的长轴背斜，向西倾伏，向东抬高，长轴为 17.2km，短轴为 4.0km，背斜两翼不对称，北陡南缓，北翼地层倾角为 30°～50°，南翼地层倾角为 22°～32°，北翼地层比轴部地层薄，南翼地层厚度与轴部大致相同。由于构造运动剧烈，齐古背斜强烈弯曲、抬升，使其轴部和两翼地层遭受不同程度的剥蚀，背斜轴部上侏罗统地层出露地表。构造整体上受南倾的齐古北断裂控制，南翼发育多条反向断层。圈闭表现为纵向分层、横向分块的特征，油气具有高部位油层、低部位气层、多层系含油气的分布特征（图 4-19）。

从准南前陆冲断带齐古背斜齐 8 井埋藏史图上可以看出，该区在晚白垩世达到最大埋藏深度和最大固结程度，而此时构造应力仍较弱，因此，最大垂向应力可以根据最大埋藏深度的垂向有效应力来换算。齐 009 井 J_1b 深度为 1886.2m 的泥岩，单轴抗压强度为 38MPa，根据 Nygard 建立的泥岩单轴抗压强度 σ_c 与名义前期固结应力的统计关系 $[\sigma'_{vmax}=8.6(\sigma_c)^{0.55}]$，计算出前期固结应力为 63.5MPa，略大于该泥岩最大埋深时的垂向有效应力 62.7MPa，表明化学胶结和构造应力的贡献较小。为了计算方便，可以不考虑化学胶结和构造应力对前期最大固结压力的影响，这样在埋藏史演化模拟的基础上可以恢复盖层抬升阶段的 OCR 演化历史。从模拟结果（图 4-20）可以看出，齐古背斜在晚白垩世

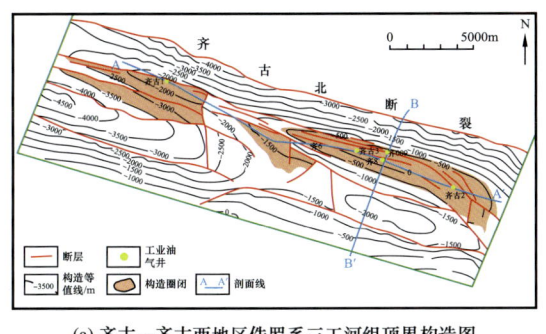
(a) 齐古—齐古西地区侏罗系三工河组顶界构造图

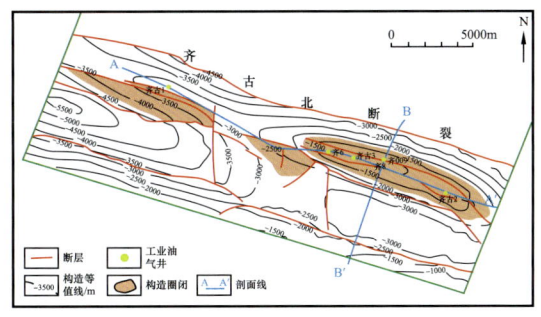
(b) 齐古—齐古西地区侏罗系八道湾组顶界构造图

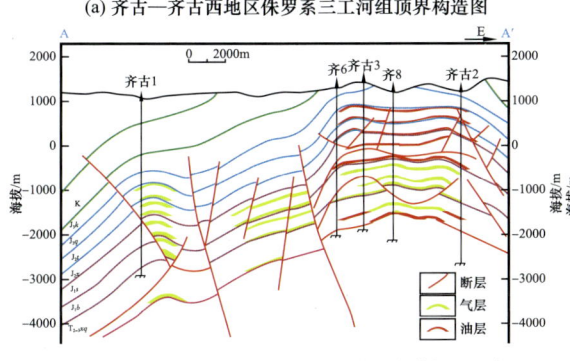
(c) 齐古地区过齐古1井—齐古2井东西向油气藏剖面示意图

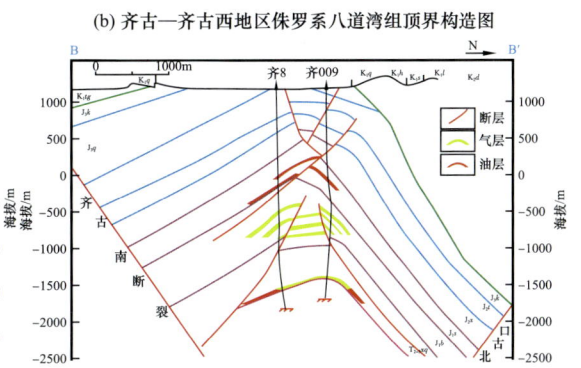
(d) 齐古地区过齐8井—齐009井南北向油气藏剖面示意图

图 4-19 齐古油气田顶面构造图和油气藏剖面图（据鲁雪松等，2021）

之前稳定持续沉降，受压实成岩作用影响，泥岩盖层孔隙度逐渐降低，在烃源岩大量生排烃及成藏之前已具备较强的封闭油气能力（图 4-20b），白垩纪晚期经历最大埋深后泥岩已进入强脆性阶段（孔隙度小于 10%），在白垩纪末及新近纪 5Ma 以来经历 2 次抬升，计算 J_2x 和 J_1s 泥岩盖层的 OCR，分别达到 4.96 和 3.3（图 4-20a），远超过泥岩破裂并失去封闭能力的 OCR 临界值（2.5），而且齐古背斜核部的变形量较大，J_2x 和 J_1s 泥岩盖层发生脆性破裂，产生微裂缝，并完全失去封闭天然气的能力（表 4-4），从而导致齐古背斜核部中—上侏罗统油气藏的破坏和大量天然气散失，现今只残留少量油藏，天然气已全部逸散。

表 4-4 齐古背斜侏罗系泥岩盖层破裂风险评价表

层位	深度 /m	有效围压 / MPa	泥岩密度 / g/cm³	名义固结应力 / MPa	OCR	破裂风险
J_2t	500	8	2.56	63.5	7.94	大
J_2x	800	12.8	2.56	63.5	4.96	大
J_1s	1200	19.2	2.56	63.5	3.31	大
J_1b	2000	32	2.56	63.5	1.98	小
$T_{2-3}xq$	2500	40	2.56	63.5	1.59	小

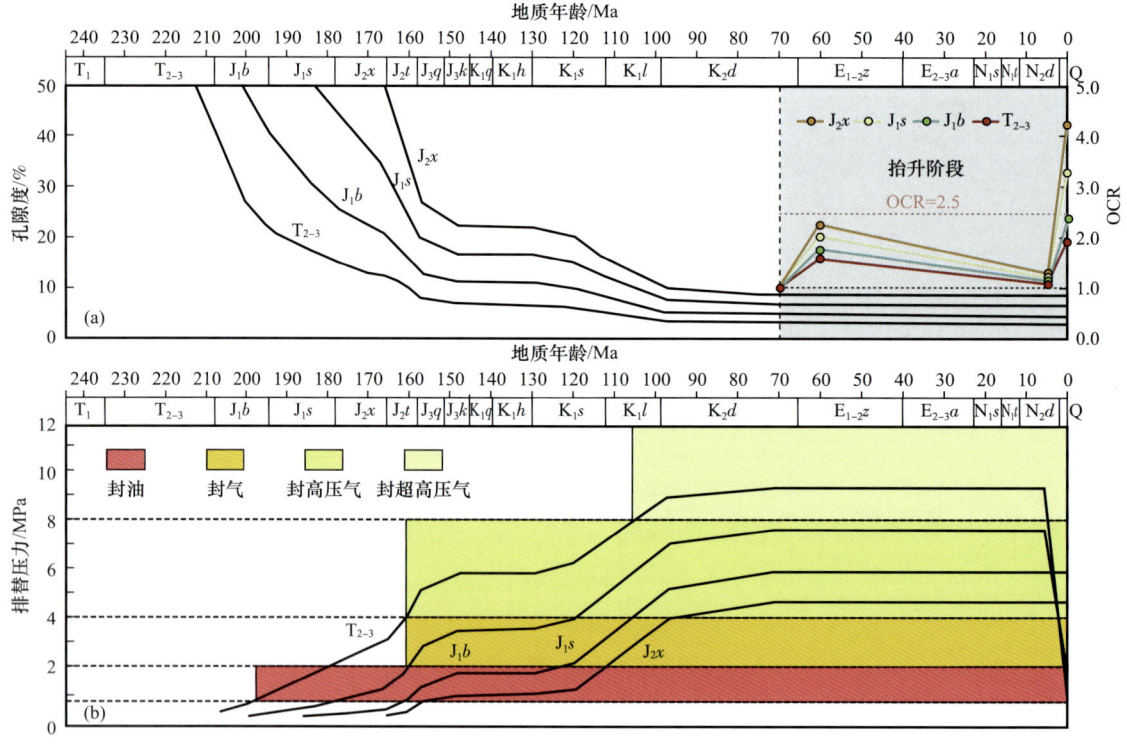

图 4-20 齐 8 井侏罗系泥岩盖层封闭性演化与烃源岩生烃期匹配图（据鲁雪松等，2021）
（a）泥岩盖层孔隙度随时间演化及抬升阶段 OCR 值的变化；（b）泥岩盖层排替压力、封油气能力演化

J_1b 和 $T_{2-3}xq$ 泥岩盖层的 OCR 值分别为 1.98 和 1.59，泥岩盖层有效，因此，相对深埋的三叠系和下侏罗统地层均发育气藏，并得以保存。而位于斜坡部位的齐古 1 井由于晚期抬升和变形小，J_2x 泥岩盖层不会发生脆性破裂，仍保持完整，所以在 J_2x 组仍有气藏的发育。正是由于多期油气充注和晚新生代构造抬升对保存条件破坏程度的差异，总体形成齐古地区"上油下气"的异常油气分布格局。

2. 盆内盖层断裂破坏与油气动态成藏

西湖背斜为典型晚期构造，油气晚期快速运聚，但受晚期背斜轴部穿层断层的影响，油气没有保存。

1）圈闭条件

西湖背斜为一受浅、中、深三套断裂体系控制形成的相对宽缓不对称背斜。根据构造演化分析，西湖背斜形成于喜马拉雅期，由于喜马拉雅运动的作用，南部山前应力沿西湖断裂经吐谷鲁群泥岩地层（呼图壁河组底界）向北逆冲，形成西湖背斜（图 4-21）。下组合深层构造层为侏罗系—白垩系吐谷鲁群，背斜北陡南缓，西湖北断裂从背斜北翼近核部穿过，在西湖北断裂南翼形成一断背斜构造。

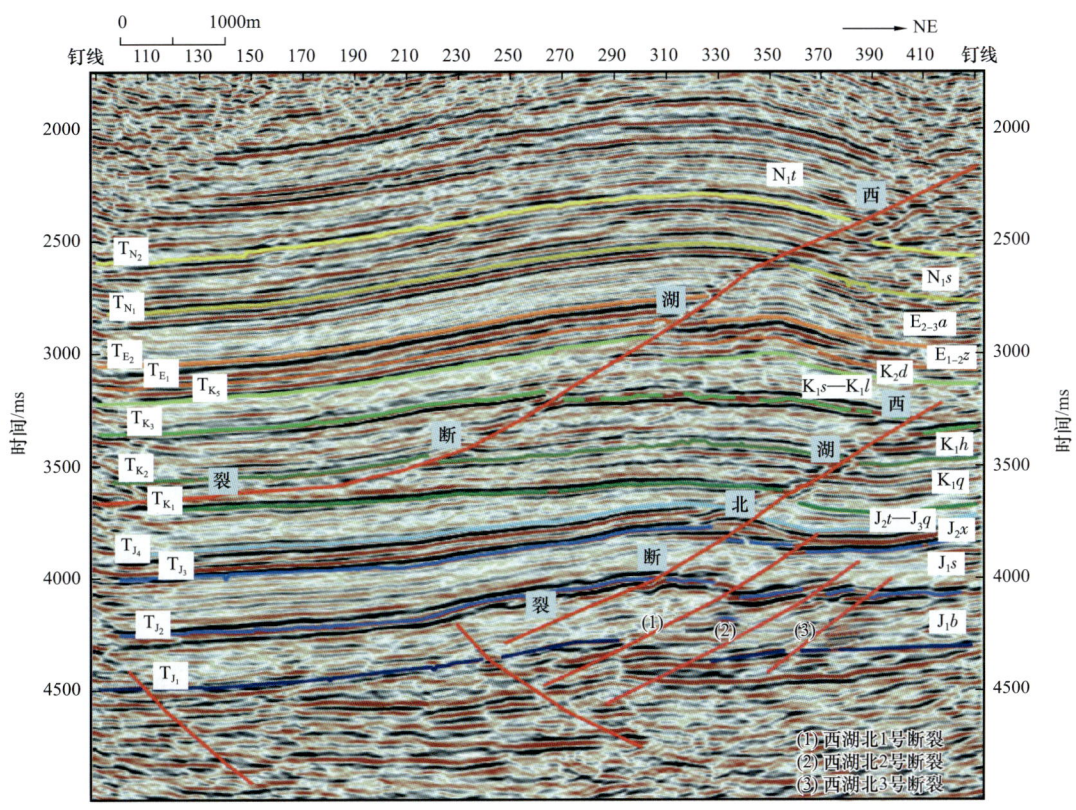

图 4-21　西湖背斜地震剖面图

2）油气成藏时间匹配性分析

四棵树凹陷下组合构造圈闭主要形成于喜马拉雅中期，并定型于喜马拉雅晚期，下组合圈闭形成期与中—下侏罗统大量生排油期时间匹配，主要形成原生油气藏。

侏罗系烃源岩大量生烃始于 12Ma，生烃动力学和同位素动力学研究认为下组合具有晚期生烃、阶段捕获、晚期成藏特征。西湖 1 井齐古组储层烃类包裹体主要发育于裂缝中，荧光、赋存状态显示为一期充注，成熟度较高，烃类包裹体及其伴生盐水包裹体形成温度测定结果显示成藏期晚（180~200℃），进一步证实了西湖背斜下组合油气成藏时间较晚，油气充注强度大，成熟度中等到偏高。油气生成主要集中在很短的地质时间内。

3）油气成藏空间匹配性分析

齐古组辫状河三角洲前缘砂体，岩性为厚层状灰褐色砂岩，单砂体厚度可达 200m 以上；下白垩统清水河组底部砂岩，虽然没有上侏罗统单层厚度大，但纵向上发育多套互层状规模砂体，平面上可与高泉背斜群匹配。背斜圈闭与规模有效储层发育匹配性好。

四棵树凹陷下组合圈闭从平面上和纵向上都离主力烃源岩较近，西湖 1 井钻探进一步证实其与生烃中心在空间上配置良好，下组合圈闭基本分布在四棵树凹陷生烃中心周围。

4）储层含油气性和油气保存条件分析

下组合顶部发育白垩系吐谷鲁群厚层湖相泥岩盖层，分布范围广，厚度大，且广泛发育异常高压，对下覆层系的油气保存提供了优越的条件。

西湖北断裂为一近东西走向的南倾低角度逆断裂，与浅层的西湖断裂均为喜马拉雅期断裂，断层错断侏罗系和白垩系，向下沿侏罗系八道湾组煤层滑动。因此，西湖背斜下组合圈闭发育一条破坏断层——西湖北断裂，且形成时间较晚，不利于油气的保存。

储层定量颗粒荧光和流体包裹体分析表明（图4-22），储层整体有油气充注，蓝白色荧光流体包裹体表明油气成熟度较高，充注较晚，但现今丰度较低，且普遍发育黄铁矿和沥青，储层现存油气组成以中质油为主，油气藏被破坏。

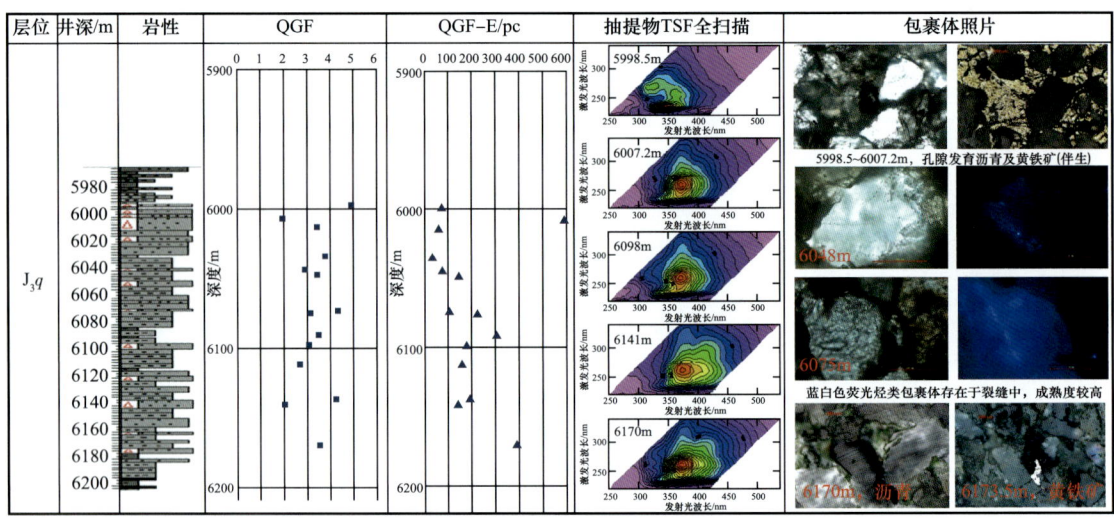

图4-22 西湖1井下组合储层含油气性综合评价图

3. 盆内盖层挤压抬升与油气动态成藏

独山1背斜处于盆内第二排构造带，晚期构造挤压抬升影响了下组合泥岩盖层的封盖能力。通过储层颗粒荧光、流体包裹体GOI指数、沥青产状、R_o、拉曼光谱等分析，结合构造剖面解析，认为独山1井下组合储层中曾发生规模油气聚集，形成了古油藏，晚期受构造挤压抬升影响，古油气藏发生了调整，深部厚层储层油气散失，沥青代表了油气运移后的残留物。

1）石油地质特征

独山1井位于准南四棵树凹陷独山子背斜，是为了查明四棵树凹陷独山子背斜侏罗系齐古组的含油气性，为该区下组合进一步油气勘探研究提供基础资料而部署的一口重点预探井。原设计井深6185.00m，主探侏罗系齐古组，完钻井深6529.06m，井底层位侏罗系齐古组。钻至井深6529.06m发生井漏，继而发生卡钻事故，处理未成功，最后，鉴于独山 1 井全井油气显示差，录井、测井解释均无油气层，且已基本完成钻探目的，决定独山 1 井地质报废。显示差的原因，经地质初步分析认为：一是储层物性差；二是虽然距油源较近，独山 1 井处于圈闭较低位置，油气向高部位运移，独山 1 井未能成藏。

构造建模及地震地质解释表明，独山子背斜为一个浅层断层传播褶皱与深层断层转折褶皱的复合叠加背斜（图 4-23）。深层背斜主要呈北西南东向展布，背斜北翼陡、南翼缓，属不对称背斜。独山子背斜下组合圈闭层位为侏罗系齐古组，背斜长轴长约 25km，南北向短轴宽 2~6km，圈闭面积 150km^2、闭合度 950m、高点埋深 5700m、圈闭溢出点海拔 -5800m。

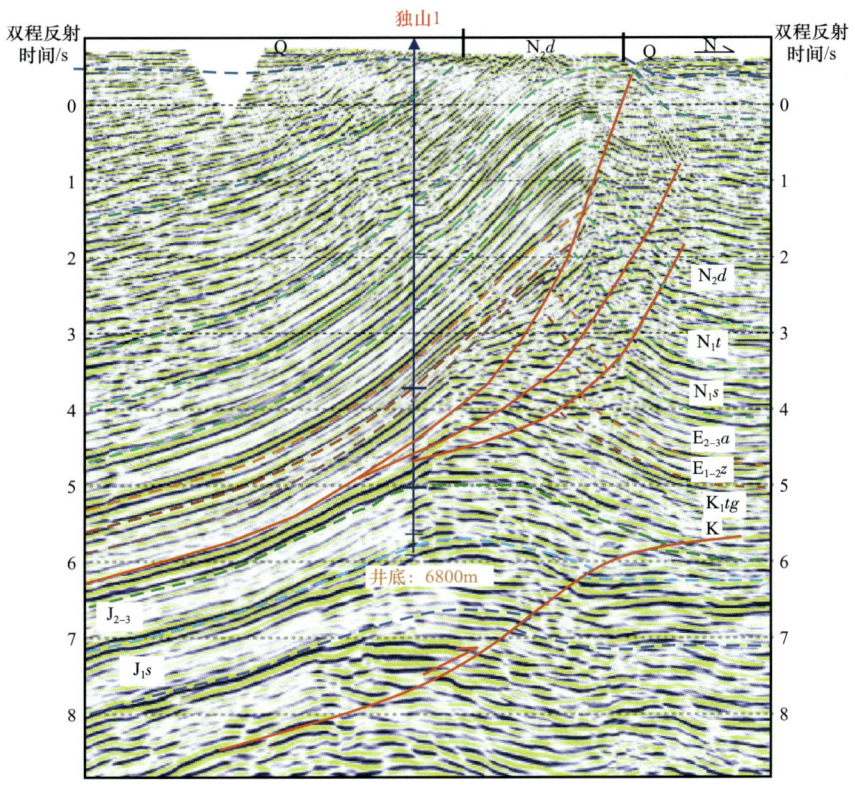

图 4-23　过独山 1 井 NS200704 测线地震地质解释剖面图

独山子背斜主要发育有独山子断裂、独山子北 1 号断裂和独山子北断裂。深、浅层受不同断裂体系控制，上部独山子断层沿清水河组底界滑脱面滑脱，下部独山子北断层沿中下侏罗统煤系地层滑脱面滑脱，两者均在独山子背斜前翼向北突破断开上覆地层，形成独山子背斜。背斜构造浅层传播褶皱变形强度极强，独山子断裂北部地层已接近直立（独深 1 井钻遇直立地层），独山子浅层背斜轴向近东西向展布，构造走向与主断层的走向一致，呈南翼宽缓，北翼陡窄的不对称背斜形状。

独山 1 井侏罗系齐古组钻厚为 723.00m，纵向上独山 1 井在该组沉积可分三段，其中，齐古组三段厚为 150.00m，岩性为灰褐色、褐灰色泥岩，粉砂质泥岩与灰色、褐灰色泥质粉砂岩，粉—细砂岩不等厚互层；西湖1井缺失。齐古组二段厚382.00m，岩性为灰色、褐灰色泥岩，粉砂质泥岩与灰色、浅灰色泥质粉砂岩，粉—细砂岩不等厚互层；西湖1井大部分被剥蚀，厚度仅为28.00m，岩性为褐灰色、浅灰色粉砂岩，泥质粉砂岩与泥岩不等厚互层。齐古组一段厚191.00m，西湖1井厚200.00m，独山1井岩性为灰色、浅灰色泥质粉砂岩，粉—细砂岩与灰色、深灰色泥岩，粉砂质泥岩互层；西湖1井岩性以大套厚—巨厚层浅灰色、灰色粉—细砂岩，粉砂岩为主，局部夹浅灰色含砾不等粒砂岩，个别薄层为灰色、深灰色泥岩，储层较独山1井发育。与西湖1井对比，独山1井钻揭井深相当于西湖1井砂层中段（6120.00m左右），表明下组合储层发育。

独山1井下组合齐古组（J_3q）钻揭井段内储层总计38层，总厚245.00m，占组厚33.89%，单层最大厚度38.00m，一般厚度为4.00~6.00m。储层岩性主要为粉砂岩、粉—细砂岩；砂粒成分以岩屑为主，长石、石英次之，粒径0.01~1mm；砾石成分以变质岩为主，火成岩次之；分选差—好；次棱角状—半圆状，泥质胶结。测井孔隙度在0.53%~10.33%之间，角状为5.04%~9.43%。独山1井沙湾组及其以上地层为正常压力系统，压力系数在1.03左右，沙湾组以下地层存在异常高压，压力系数最高在2.47左右。

根据本区烃源岩、储层与盖层的分布特征，独山1井自下而上可分为三套生储盖组合：（1）以中—下侏罗统烃源岩为油气源，侏罗系齐古组砂层及白垩系清水河组下部砂层组作为储层，白垩系清水河组上部及呼图壁河组泥岩作为盖层，形成一套自生、自储式储盖组合，钻井揭示该储盖组合具有油气显示。（2）白垩系东沟组、古近系紫泥泉子组内部的砂层组作为储层，其内部泥岩作为盖层和隔层，其上部古近系安集海河组为区域性盖层，中—下侏罗统煤系烃源岩为油气源，油气通过断裂作垂向运移聚集成藏，形成一套下生上储储盖组合。（3）新近系沙湾组砂岩为储层，塔西河组上部泥岩为区域性盖层，中—下侏罗统煤系烃源岩生成的油气与安集海河组烃源岩生成的原油混合，油气通过断裂作垂向运移聚集成藏，形成一套下生上储的储盖组合。

2）油源对比

四棵树凹陷烃源岩研究认为四棵树凹陷共有三套可能烃源岩：侏罗系煤系地层暗色泥岩、煤；白垩系吐谷鲁群和古近系安集海河组暗色泥岩。从演化程度看，侏罗系煤系烃源岩热演化程度在本区大部分地区镜质组反射率R_o大于0.7%，在接近生烃中心的部分地区可达1.3%，目前已达生油高峰期。根据2001年四棵树凹陷盆地模拟资源量计算结果，该凹陷的石油资源量为3.6377×10^8t，天然气资源量为1.5943×10^{11}m³。目前已探明的储量只有722×10^4t左右（独山子和卡因迪克油田），而且主要是原油，探明程度很低。

独山1井油砂抽提物地球化学特征与其邻井西湖1井的原油相似（表4-5），姥植比大，为3.48，不含β—胡萝卜烷；碳同位素值偏重，为-26.95‰，五环萜烷丰度明显高于三环萜烷，几乎不含γ—蜡烷；规则甾烷C_{29}明显占优势，甾烷C_{27}和C_{28}含量相当；含有C_{29}重排甾烷；总体反映出侏罗系烃源岩的特征。

表 4–5　地球化学特征参数表

井号	层位	深度 /m	样品	姥植比	$\delta^{13}C$/‰	γ/C_{30} 藿烷	成熟度 $\alpha\alpha\alpha C_{29}S/S+R$
独山 1	J_3q	6492.03	细砂岩	3.48	−26.95	0.08	0.46
西湖 1	J_3q	5996～6018	原油	2.73	−26.48	0.05	0.46
西湖 1	J_3q	6139～6160	原油	3.37	−26.33	0.06	0.45

3）储层含油气性与保存分析

储层颗粒荧光与流体包裹体分析表明（图 4-24），无论是上部薄砂层，还是下部厚砂体，储层早期普遍存在油气充注；晚期油气发生了调整，上部薄储层整体含油丰度高，油气规模聚集，现今可能为油气层；下部厚储层含油丰度早期高（古）、现今低，油气明显向上调整、散失，现今为非油气层；自上而下，储层中烃类特征相似，为一期成藏。

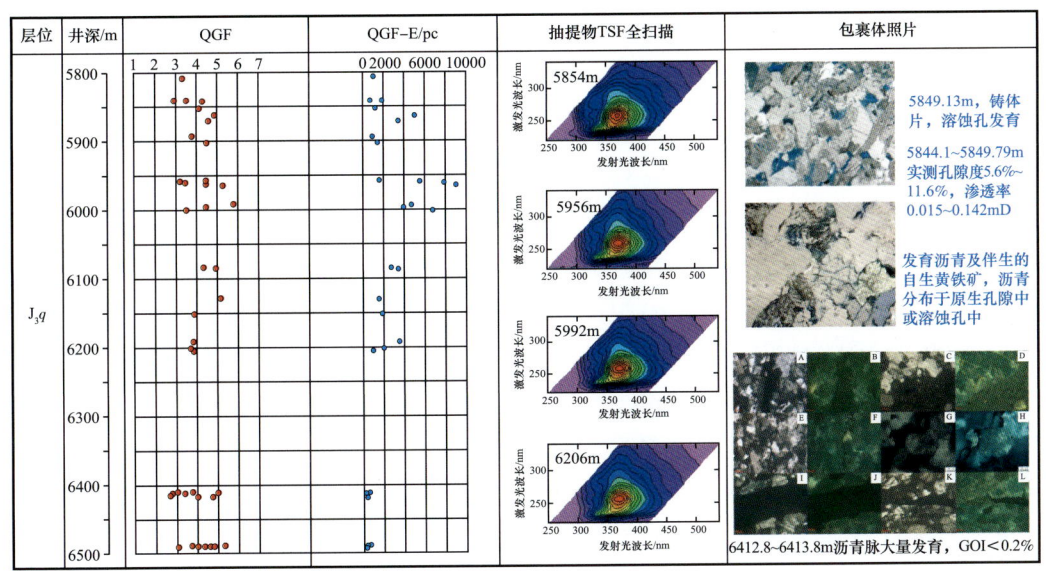

图 4-24　独山 1 井下组合储层含油气性综合评价图

为了更好地了解独山子地区的油气运聚成藏过程，解释独山 1 井油气成藏特征，对独山 1 井主探层侏罗系齐古组下部厚层储层岩心进行了详细观察，发现岩心上沥青脉大量发育且清晰可见，其中在埋深 6412.8～6413.8m 的厚层砂体中含量极为丰富，且定向性明显。沥青为一种油气运移残留物，易于与原生显微组分相区别，微观下独山 1 井齐古组储层沥青主要赋存形式有 3 种：（1）充填于孔隙之中（包括粒内、粒间、晶间、晶内）；（2）以浸染状或网格状充填于颗粒间的微孔隙或包裹在泥质基质中，内部可见荧光呈亮黄色的藻丝，非均质性差；（3）呈脉状沿晶体颗粒边缘充填，即充填于晶体颗粒之间的裂缝中，缝合线中也有见到。储层中的固体沥青为石油发生运移和聚集的证据，更是原油发生后生变异的结果。独山1井齐古组储层中以充填和浸染于裂缝中的沥青为主，偶见充填于颗粒内部孔隙的油质沥青和胶质沥青，沥青可能是古油藏遭受破坏而形成。

油气藏规模的减小，主要原因是受后期构造挤压抬升的影响，抬升剥蚀造成盖层脆性增强，产生裂缝，盖层保存条件变差，不足以封盖大型油气藏。

横向上与邻井独深1井、独62a井、西湖1井对比。由于独山1井—独深1井—独62a（由南向北）底界埋深抬升明显，表明独山1井位于独山子背斜南翼低部位，位于背斜高部位的独深1井、独62a井沙湾组以上地层剥蚀较严重。独山1井在呼图壁河组5313.00m附近钻遇断层，岩屑中含较多方解石，钻进过程中掉块增多，声波出现跳跃现象。此外胜金口组砂层较发育。表明独山子背斜下组合顶部呼图壁河组泥岩区域盖层存在，但发育断层。

独深1井和独62a井在第四系—古近系安集海河组沉积较稳定，岩性横向分布较稳定，沙湾组的含膏泥岩、底部发育的砂岩及安集海河组顶部普遍发育的绿灰色泥岩，可作为该区明显标志层。因而，上组合存在，且中组合顶部安集海河组泥岩区域盖层稳定分布。下组合油气通过盖层中裂缝和断裂向上倾方向运移、散失，部分油气可在中上组合聚集成藏。因此，由西湖背斜油藏的破坏和独山子背斜油藏的调整，说明该区中浅层油气勘探值得重视。

横向上与邻井独深1井、独62a井（无录井资料）油气显示对比，独山1井在第四系—古近系紫泥泉子组均未见含油气显示。独深1井在沙湾组见荧光显示3层，气测异常显示5层。井段1359.70～1379.90m，1377.00～1379.90m取心，获油浸级岩心3.46m，含油面积50%～60%，油质轻，滴水半珠状—慢扩。井壁取心10颗，获荧光级壁心3颗；井段1374.00～1380.00m试油，日产水12.94m^3，试油结论为水层；在安集海河组见荧光显示2层，气测异常显示2层。井段1889.40～1901.90m，2376.10～2377.90m取心，获油浸级岩心1.60m，含油面积20%～50%，油质轻，滴水半珠状—慢扩，荧光级岩心0.55m。井段1863.15～1901.9m试油，日产水6.46m^3，试油结论为水层；紫泥泉子组独深1井未钻揭，独62a井在紫泥泉子组井段2659.00～2667.00m试油，日产油55.29t，日产气35680.0m^3，日产水12.8m^3，累计产油2443.6t，结论油层。

五、准南前陆盆地下组合泥岩盖层封盖能力划分

综合区域构造应力场、地层产状和泥岩挤压脆塑转换研究，将准南前陆盆地白垩系泥岩盖层划分为5个区域（图4-25）。

1.凹陷—斜坡带下组合泥岩盖层

凹陷—斜坡带下组合泥岩盖层分布稳定，实测挤压水平最大应力低于抗压强度，最大主应力为垂向地应力，地层产状平缓，下组合泥岩处于垂向挤压状态，盖层塑性变形，封盖能力最强，划分为一类区。实际上该区断穿白垩系泥岩盖层的断层发育较少。

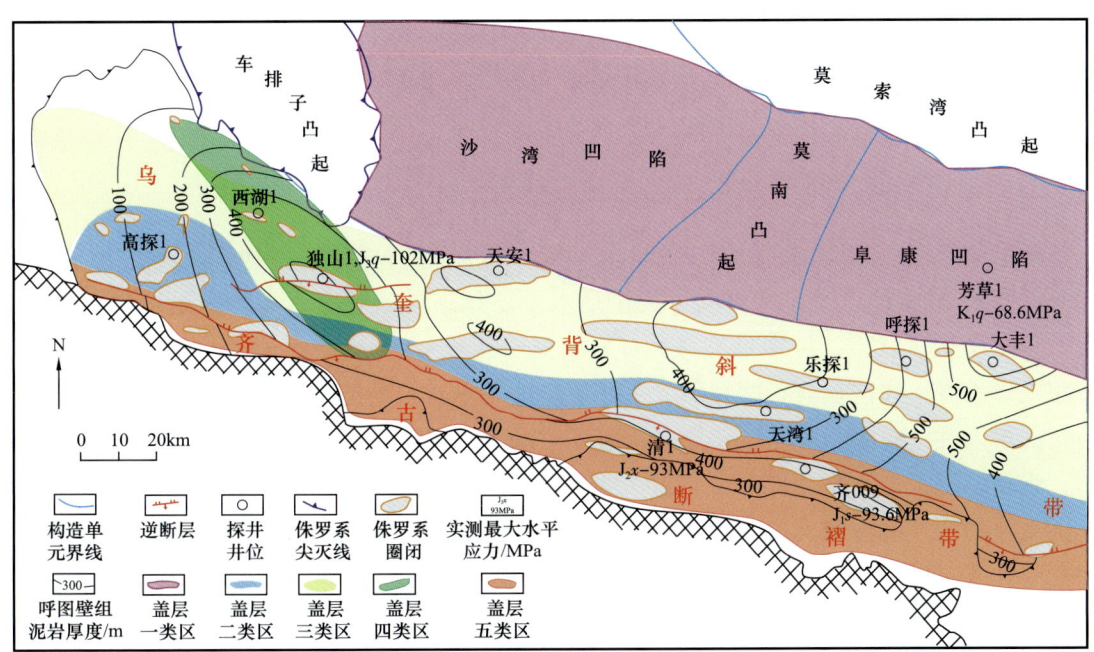

图 4-25 准南前陆盆地下组合泥岩盖层封盖能力划分图（据卓勤功等，2020）

2. 东湾背斜带下组合泥岩盖层

东湾背斜带下组合白垩系及其以下地层埋深 5000～6000m，在构造相对稳定期，三向地应力中垂向应力>最大水平主应力>最小水平主应力，其中，垂向应力为最大挤压应力（李民河等，2005）。在构造强烈挤压期，水平应力为最大挤压应力。东湾背斜白垩系泥岩盖层处于上凹陷、下背斜的过渡层系，背斜带泥岩盖层产状均较缓（图4-26）。构造相对稳定期，下组合泥岩盖层处于正向挤压，塑性强，泥岩盖层封盖能力在准南冲断带最强。构造强烈挤压期，下组合泥岩盖层处于顺层挤压滑脱变形，穿盖层断裂不发育。综合考虑，将该带下组合泥岩盖层划为准南前陆盆地第二类区。东湾1井是东湾背斜带上的1口

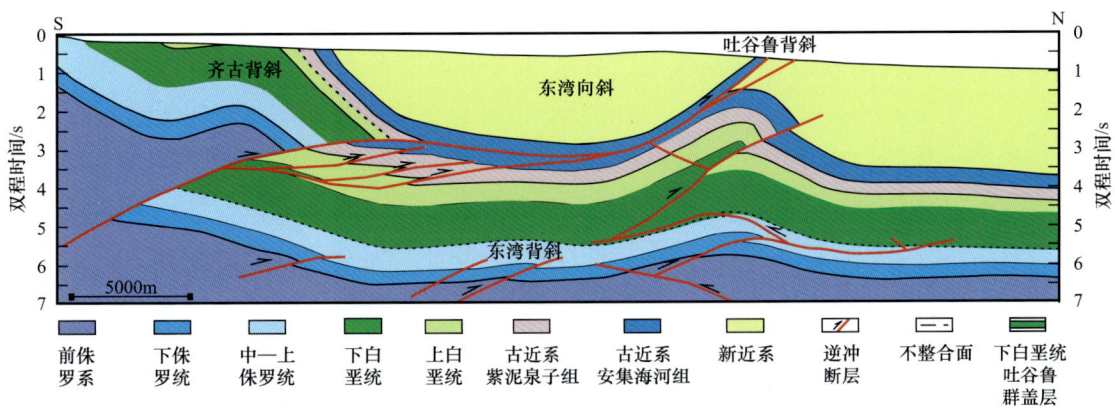

图 4-26 准南前陆冲断带构造地质剖面

探井，完钻井深5419m，完钻层位为上白垩统东沟组。该井是准南前陆冲断带目前唯一一口没有任何油气显示的探井，说明下组合油气保存条件好，下白垩统泥岩盖层封盖能力在南缘前陆冲断带最好。

3. 第二排和第三排构造带下组合泥岩盖层

第二排和第三排构造带应力场与东湾背斜带应力场相似，但地层褶皱弯曲程度大（图4-26），最大挤压主应力方向（无论是水平还是垂向地应力）与背斜泥岩盖层产状斜交，呈斜向挤压状态，特别是不对称背斜前翼（北翼），地层产状较陡，泥岩盖层以剪切破裂变形为主，往往在背斜两翼形成正冲或反冲的穿盖层断层，穿盖层断层的发育破坏了盖层的封闭性。对于厚层泥岩盖层，断层不活动时断层两盘易形成泥岩对接或泥岩涂抹封闭，晚期厚层泥岩再次封闭。故而第二排和第三排构造带下组合多聚集晚期高成熟油气，早期充注的油气部分散失或向上调整。综合考虑，将第二排和第三排构造带下组合泥岩盖层划分为第三类区。

大丰1井位于第三排构造带呼图壁背斜上，主探呼图壁背斜下组合白垩系清水河组及上侏罗统含油气性。钻探结果证实，下组合构造圈闭、白垩系泥岩盖层和侏罗系齐古组砂岩储层落实，其中，呼图壁河组厚651.51m，以褐色泥岩、粉砂质泥岩为主，夹不等厚泥质粉砂岩；清水河组厚751.93m，中上部以泥岩、粉砂质泥岩为主，偶夹泥质粉砂岩，底部发育厚53.00m的砂岩；喀拉扎组和齐古组上部发育厚层砂岩储层。大丰1井储层颗粒荧光定量分析、流体包裹体分析证实，下组合侏罗系喀拉扎组储层发生过规模油气充注。

由储层岩屑颗粒定量荧光指数可见，在7230m储层颗粒定量荧光指数发生变化（图4-27），7230m之上颗粒定量荧光指数普遍大于4，少数超过10，而7230m之下颗粒定量荧光指数基本小于4，大部分小于2，表明大丰1井下组合7230m之上储层段曾有古油气聚集。对比储层吸附烃荧光强度和三维荧光光谱特征，一方面，吸附烃荧光强度为100~1000，表明该段储层含油性较好；另一方面，随埋深增加，荧光光谱由短波向长波变化，反映储层孔隙烃类上轻下重，下部储层重质油相对含量增大，可能早期原油受到后期气洗作用。

对比呼图壁气田紫泥泉子组气层、齐古油气田油层和大丰1井下组合储层流体包裹体特征，气层中烃类包裹体丰度一般很低，但可见少数含甲烷的气态包裹体，油层中烃类包裹体丰度高。大丰1井下组合喀拉扎组储层既有油层特征也有气层特征，其中，7114~7116m和7160m储层岩屑发现大量烃类包裹体，紫外光下呈蓝白色，主要沿裂隙分布于石英颗粒内部，烃类包裹体丰度GOI值为2.30%~9.25%，与齐古油气田忆知油层相似。其余大多数样品呈现气层特征，即储层烃类包裹体丰度较低，均小于1.00%，但可见到少量含甲烷气泡的烃类包裹体，紫外拉曼分析显示气态包裹体具有明显的甲烷特征峰。由此可见，大丰1井下组合经历了早油、晚气的充注成藏历史，从储层含油气性规模和包裹体丰度来看，现今可能是大型凝析气藏。

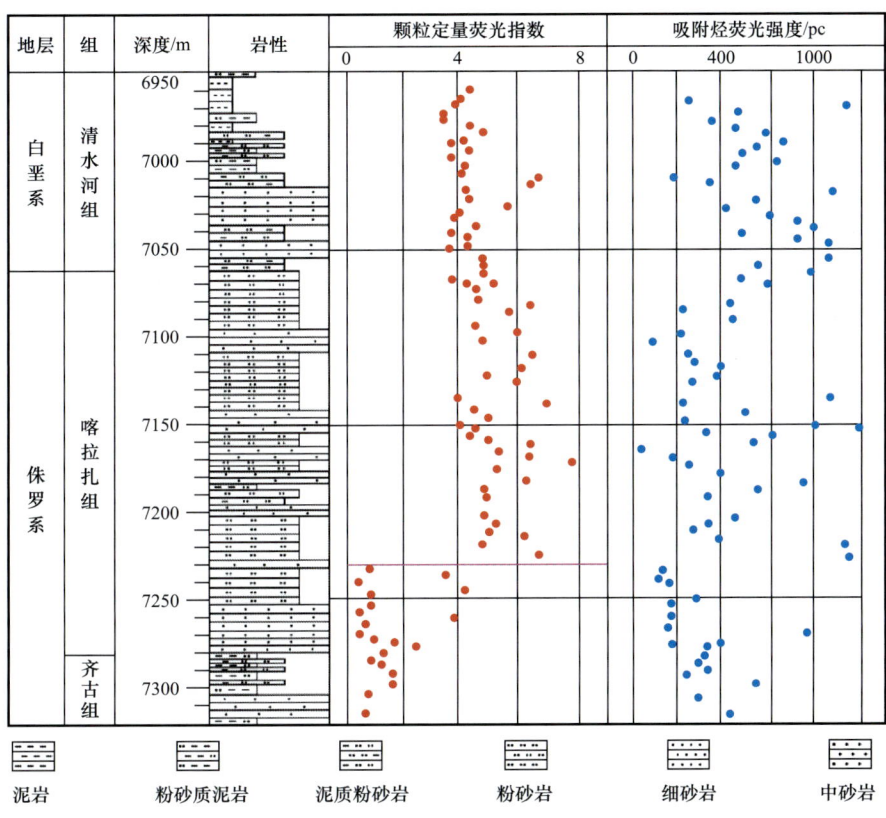

图 4-27　大丰 1 井白垩系—侏罗系砂岩储层颗粒荧光定量分析

4. 冲断带西段与中段分界处下组合泥岩盖层

准南前陆冲断带分别以北北西—南南东向红车断裂和北东—南西向乌鲁木齐—米泉断裂为界，划分为西段、中段和东段 3 个构造段，西段主体为四棵树凹陷区。因此，四棵树凹陷区东部处于冲断带西段和中段的分界部位，该处断裂发育，除了红车断裂，南部托斯台两侧各发育一条走滑调节断裂，其中，托斯台东断裂平面上将山前近东西向的断裂错开距离达 20km，托斯台西断裂将山前断裂错开距离 10～15km（孙自明等，2007），西湖 1 和独山 1 下组合背斜圈闭位于四棵树凹陷东部（杨海波等，2004），背斜的北翼和构造高部位发育大型逆冲断层，白垩系滑脱断层甚至向上切穿盖层、直通地表，而滑脱层在白垩系泥岩盖层的底部，且由断层上盘新近系—第四系生长地层来看，断层活动时期很晚。四棵树凹陷烃源岩长期浅埋、晚期快速深埋，生排烃期晚。声发射法测得独山 1 井侏罗系齐古组砂岩样品古应力差值可达 102MPa，大于斜向挤压抗压强度。因此，断层破坏了下组合泥岩盖层的封盖性和圈闭的有效性，这可能是该区下组合构造圈闭失利的主要原因。

高泉背斜和西湖 1 背斜分别位于四棵树凹陷侏罗系生油中心的西侧和东侧，高探 1 井下组合获重大突破，说明油源落实。钻井揭示西湖 1 井齐古组储层发育 180m 厚—巨厚层浅灰色、灰色粉—细砂岩、粉砂岩，储层孔隙度为 5.6%～11.6%，渗透率为 0.017～

4.410mD，下组合发育有效、规模储层，而试油结果为含油水层。储层颗粒荧光定量分析和微观观察发现，储层整体有油气充注，且矿物裂缝中大量烃类包裹体呈蓝白色荧光，表明油气成熟度较高，油气充注较晚。但现今丰度较低，且普遍发育黄铁矿和沥青，荧光特征表明储层油气组成以中质油为主，反映有轻质原油散失。地震剖面解释在西湖1下组合背斜近轴部发育一条穿层断层，故而说明该圈闭晚期断裂破坏了白垩系泥岩盖层的封闭性和早期油藏。西湖1背斜下组合顶部发育西湖北断裂，其封闭性评价表明，断距小于风险断距210m时，断层泥比率小于18%，盖层段断层不封闭。因此，该部位晚期构造圈闭泥岩盖层存在被断层破坏的风险，泥岩盖层划为第四类盖层，下组合以完整的继承性古背斜为主要勘探对象，中、上组合也值得关注。

5. 第一排构造带下组合泥岩盖层

第一排构造带发生多期强烈构造挤压、抬升、剥蚀，如齐古背斜在晚白垩世末和上新世初经历了2次抬升剥蚀，两翼与顶部地层遭受不同程度的剥蚀，剥蚀厚度相差悬殊，构造顶部遭受剥蚀厚度最大，轴部出露地表，从顶部向两翼依次出露侏罗系头屯河组、齐古组、喀拉扎组、白垩系及古近系—新近系。背斜高点埋深1200m，两翼地层倾角南缓北陡，北翼倾角30°~50°，南翼倾角22°~32°，由浅至深地层倾角变缓，三叠系褶皱较平缓。齐古油气田多层系成藏，各油组自成油水系统，其中，侏罗系三工河组以上层系主要产油，八道湾组和小泉沟群产油气，呈"上油、下油气"分布。

新近纪晚期齐古背斜逐渐被抬升，埋藏变浅，因此，三向地应力中最大水平主应力>垂向应力>最小水平主应力，最大水平主应力为最大挤压应力。根据试验结果，由于齐古背斜北翼侏罗系头屯河组、西山窑组等地层产状较陡，与最大水平主应力呈斜向剪切挤压，而且岩心声发射法实测齐009井西山窑组泥岩最大地应力可达62.16MPa，大于浅层泥岩脆性破裂的抗压强度，北翼泥岩盖层有效性容易被破坏，油气难以保存。加之第一排构造带晚期发生了强烈的挤压抬升，中浅层泥岩盖层处于脆性变形域，易产生裂缝，油气易散失，特别是天然气。齐古背斜南翼和轴部地层产状较缓，特别是深层八道湾组和小泉沟组，与最大水平主应力呈低角度挤压，泥岩盖层发生脆性—塑性周期性变化，具有一定的封盖能力。浅部古油藏经历了断层破坏、盖层再封闭的成藏过程（胡瀚文等，2019），深部泥岩盖层比浅部的封盖能力强，故而形成了"上油、下油气"的分布格局。综合各方面条件，将第一排构造带侏罗系泥岩盖层划分为第五类区。

第五章 前陆盆地储盖组合变形机理与油气聚集

构造挤压作用下，受岩石力学性质和地层产状控制，滑脱层（盖层）发生塑性流变、顺层滑动或穿层破裂 3 种永久形变。同样，构造挤压作用下，受构造应力强度和岩石组合的控制，不同储盖组合变形明显不同，或地层倾斜、或地层褶皱、或产生断裂，从而形成不同的构造样式和圈闭，控制了油气成藏方式和富集层系。以柴西深层为例，通过古应力、古压力恢复和岩石力学结构刻画，提出应—压—岩三元耦合控藏机制，预测了油气富集层系。

第一节 滑脱层岩石力学结构与圈闭有效性

挤压构造的变形样式与区域性滑脱层的发育紧密联系，滑脱层的存在使得压性构造在垂向上表现出明显的分层变形结构，形成受拆离层控制的多构造层结构，滑脱层之下的构造层往往表现出与浅构造层完全不同的地质结构。区域滑脱层即是区域盖层，不同岩性盖层挤压变形不同，不同构造带（段）多套盖层组合也有差异。正是因为滑脱层（盖层）及其组合的差异，使得不同构造带（段）形成的构造圈闭有效性不同。准南前陆冲断带发育了多套中生界、新生界滑脱层，其中下白垩统呼图壁河组、古近系安集海河组虽然同为泥岩滑脱层，但不同构造带滑脱层（盖层）岩石力学结构不同，圈闭有效性存在差异。

一、滑脱层岩石力学结构

力学层面上，滑脱层是应变集中的狭窄条带，岩性上，滑脱一般发生在岩性特殊的层位，如膏盐岩层、泥岩层、页岩层等。库车前陆盆地古近系和新近系两套厚层膏盐岩为明显的区域滑脱层，构造挤压作用下要么顺层滑动、要么膏盐岩层本身塑性流动，形成上褶下断的分层变形结构。构造挤压作用下厚层泥页岩能否起滑脱作用、在何处滑脱取决于泥岩层的岩石力学结构。准南古近系安集海河组泥岩和白垩系吐谷鲁群泥岩是区域滑脱层，具有相对较小的弹性模量、泊松比和抗压强度（金正文等，2018），构造挤压过程中泥岩层间滑脱，产生滑脱断层。

1. 岩石力学结构测井评价方法

基于声波时差、密度和自然伽马测井数据计算岩石泊松比、弹性模量、泥质含量指数和泥质含量，从而求取岩石剪切模量、体积模量、单轴抗压强度和固有剪切强度

（图 5-1），由此精细刻画厚层泥岩岩石力学结构，从而确定泥岩最薄弱部位，即厘定厚层滑脱层具体的滑脱位置。分别求取了独山 1 井、西湖 1 井、卡 6 井、高探 1 井、大丰 1 井和芳草 1 井等典型井不同层系岩石的单轴抗压强度和固有剪切强度，精细刻画了滑脱层（盖层）的岩石力学结构。

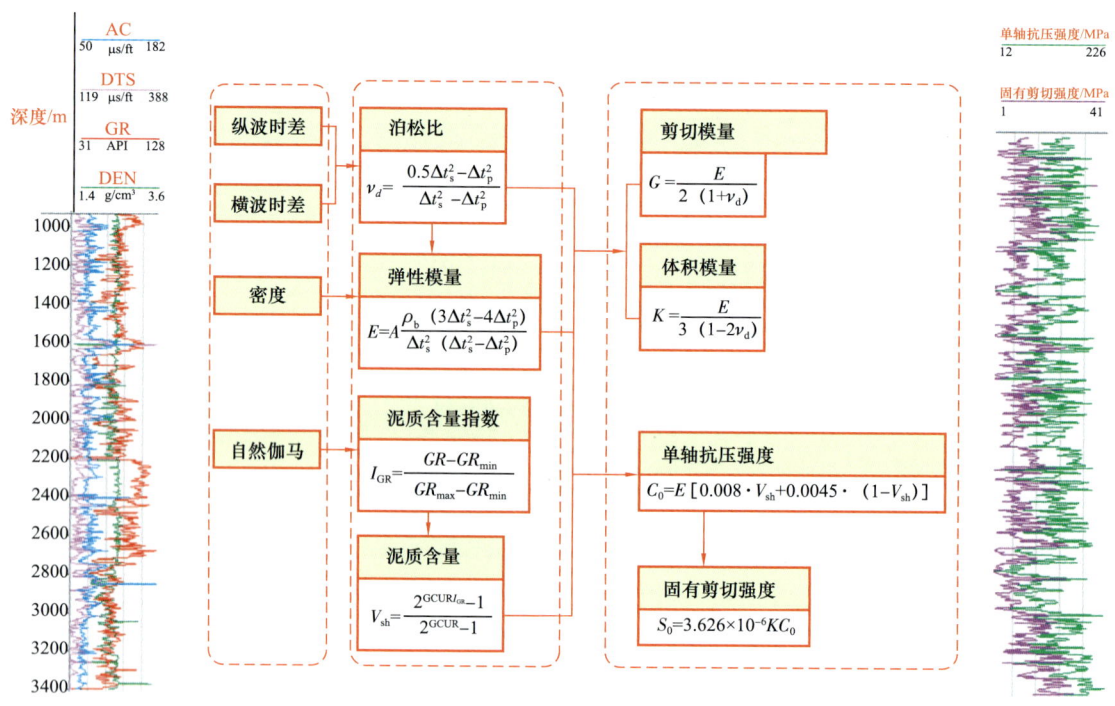

图 5-1　基于测井数据的岩石力学参数计算流程图（据杨秀娟等，2008）

2. 煤系地层

齐 8 井和喀拉 1 井等井侏罗系八道湾组和三工河组为煤层和砂泥岩薄互层组合，其岩石力学结构呈强—弱薄互层特征，煤层为弱层，平均剪切强度为 9.0~10.0MPa（图 5-2），但空间上煤层展布不均匀，较难形成明显的滑脱层及滑脱变形。因此，山前带构造强烈挤压作用下以整体褶皱或破裂变形为主，油气呈薄层、多层成藏；盆内侏罗系地层只有局部起滑脱层作用，多数整体卷入变形。

3. 双泥岩滑脱层组合

准南不同层系滑脱层岩性及其组合不同，滑脱层结构存在明显差异。古近系安集海河组以泥岩为主，滑脱层一般位于该层的中上部，如西湖 1 井古近系安集海河组中上部平均剪切强度为 6.2MPa，而上、下岩层平均剪切强度高达 12.5~17.6MPa（图 5-3）。白垩系吐谷鲁群滑脱层也以泥岩为主，往往位于呼图壁河组的底部，西湖 1 井呼图壁河组底部泥岩厚度为 50m，剪切强度为 2.0~6.0MPa，而上部岩层平均剪切强度可达 13.0~15.0MPa。

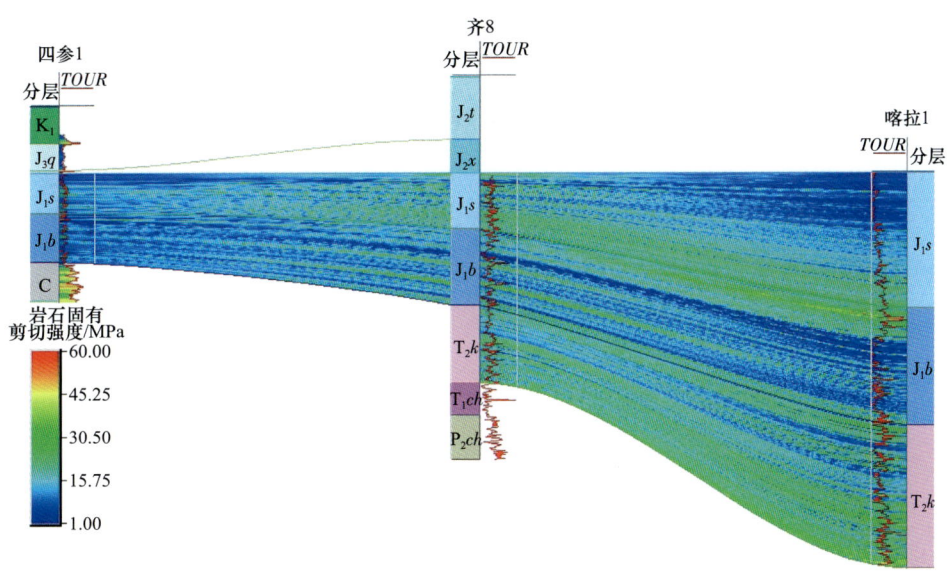

图 5-2 侏罗系内部岩石力学结构连井对比图

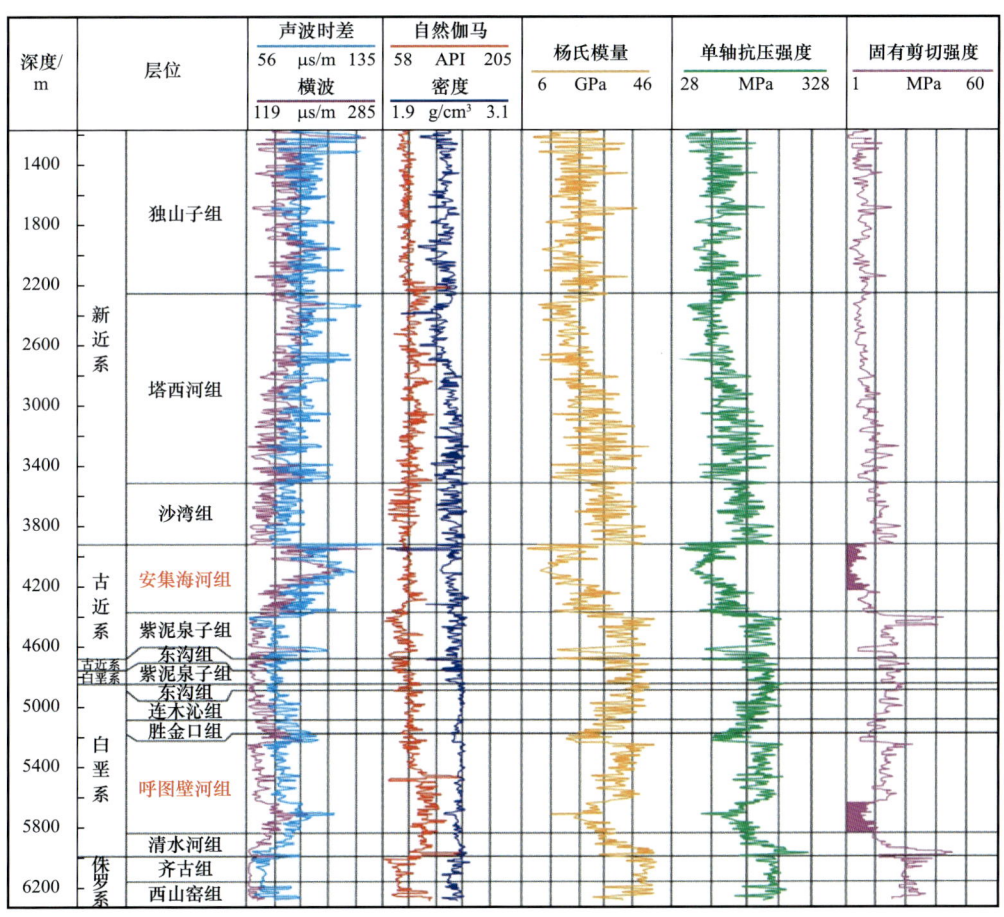

图 5-3 西湖 1 井岩层岩石力学结构柱状剖面图

独山1井古近系安集海河组中部平均剪切强度为14.2MPa，而上、下岩层平均剪切强度为16.1~16.3MPa，滑脱层位于该层的中部（图5-4）。白垩系吐谷鲁群呼图壁河组底部平均剪切强度最低，为10MPa，而上、下岩层平均剪切强度可达15.7~21MPa，滑脱层位于呼图壁河组的底部。

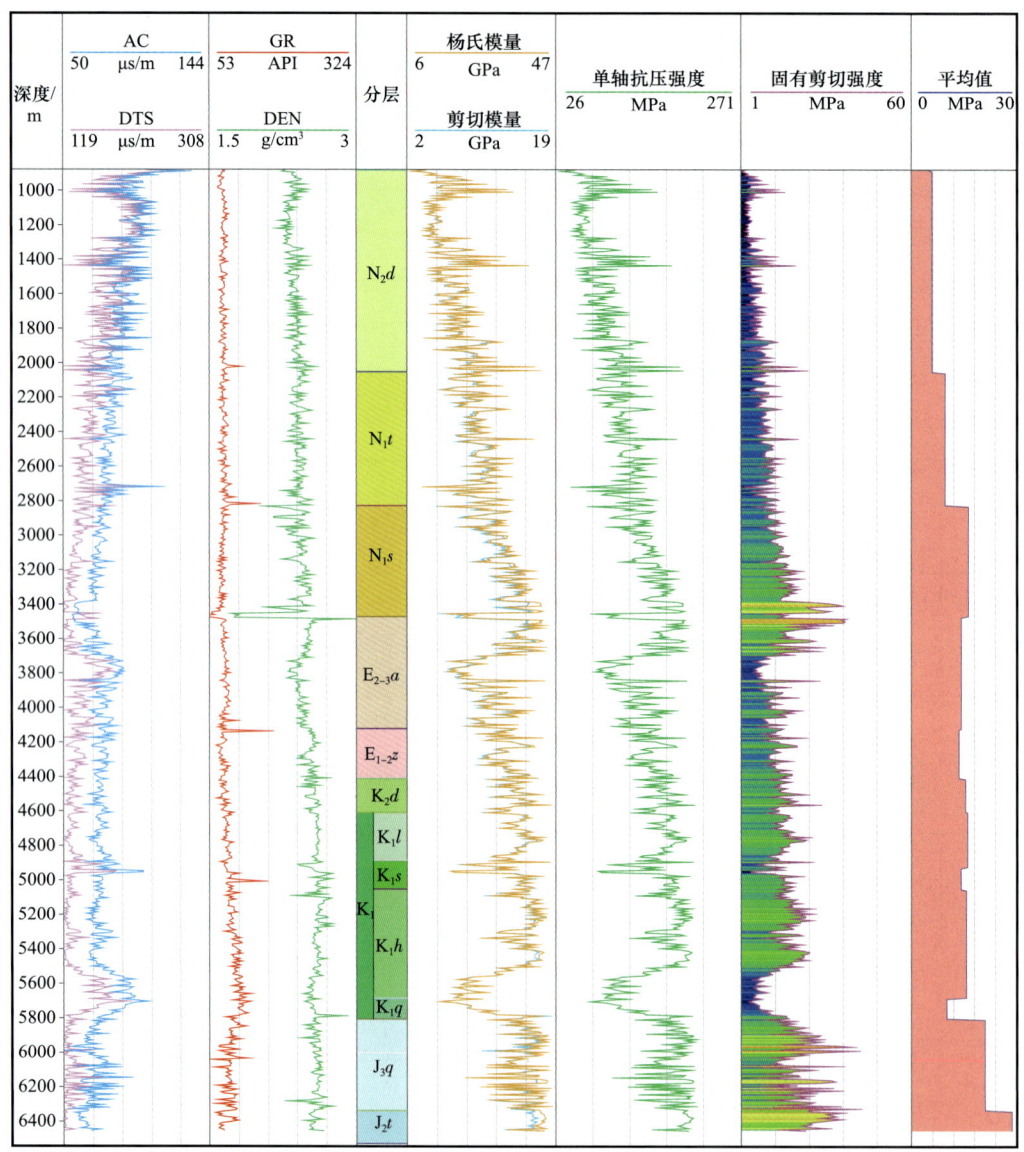

图5-4 独山1井岩层岩石力学结构柱状剖面图

由此可见，西湖1井—独山1井一带，从岩层力学结构特征上确定存在两套明显的滑脱层，分别位于古近系安集海河组中上部和白垩系呼图壁河组底部，且双泥岩滑脱层岩石力学强度相近，晚期构造挤压过程中双滑脱层均起作用，以两套泥岩滑脱层为界，形成3个构造层和3个成藏组合。

4. 单泥岩滑脱层

四棵树凹陷中西部滑脱层岩石力学特征及其组合与上述不同，高探1井古近系安集海河组泥岩岩石力学参数整体较低，包括弹性模量、剪切模量、单轴抗压强度和固有剪切强度，而呼图壁河组底部泥岩岩石力学参数虽然有所降低，但明显远大于前者（图5-5）。

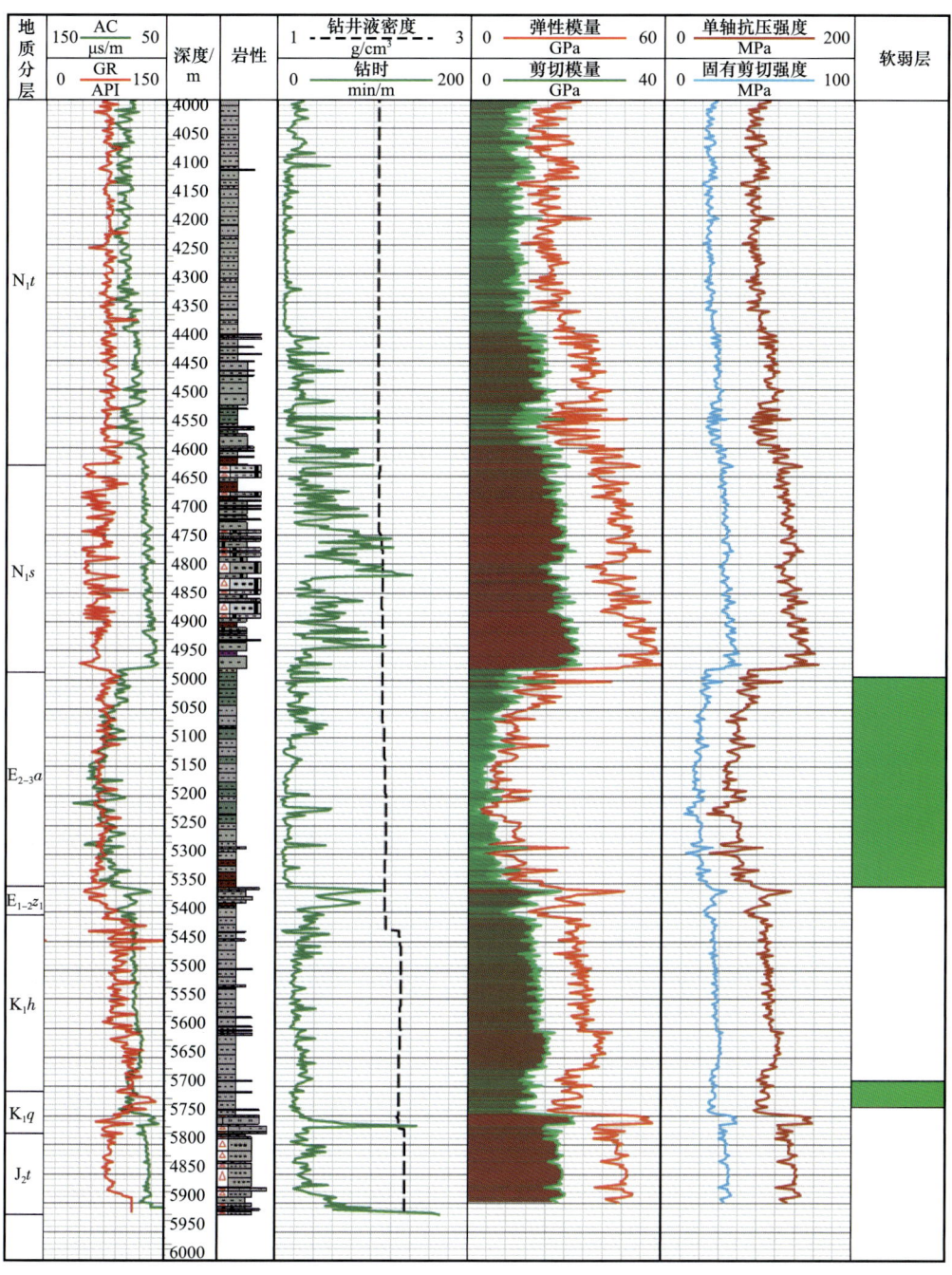

图 5-5　高探 1 井岩层岩石力学结构柱状剖面图

同样，卡 6 井古近系安集海河组中上部和呼图壁河组底部泥岩层岩石力学参数在本层系最低，但前者远小于后者（图 5-6）。该区两套泥岩滑脱层岩石力学强度呈现上弱下强，且上部滑脱层厚度大，晚期构造挤压过程中首先在安集海河组中上部泥岩段产生滑脱变形，下部滑脱层可能不起作用，呈现单滑脱层变形特征。因此该区深部呼图壁河组泥岩盖层保存条件较好，油气主要富集层系为下组合。

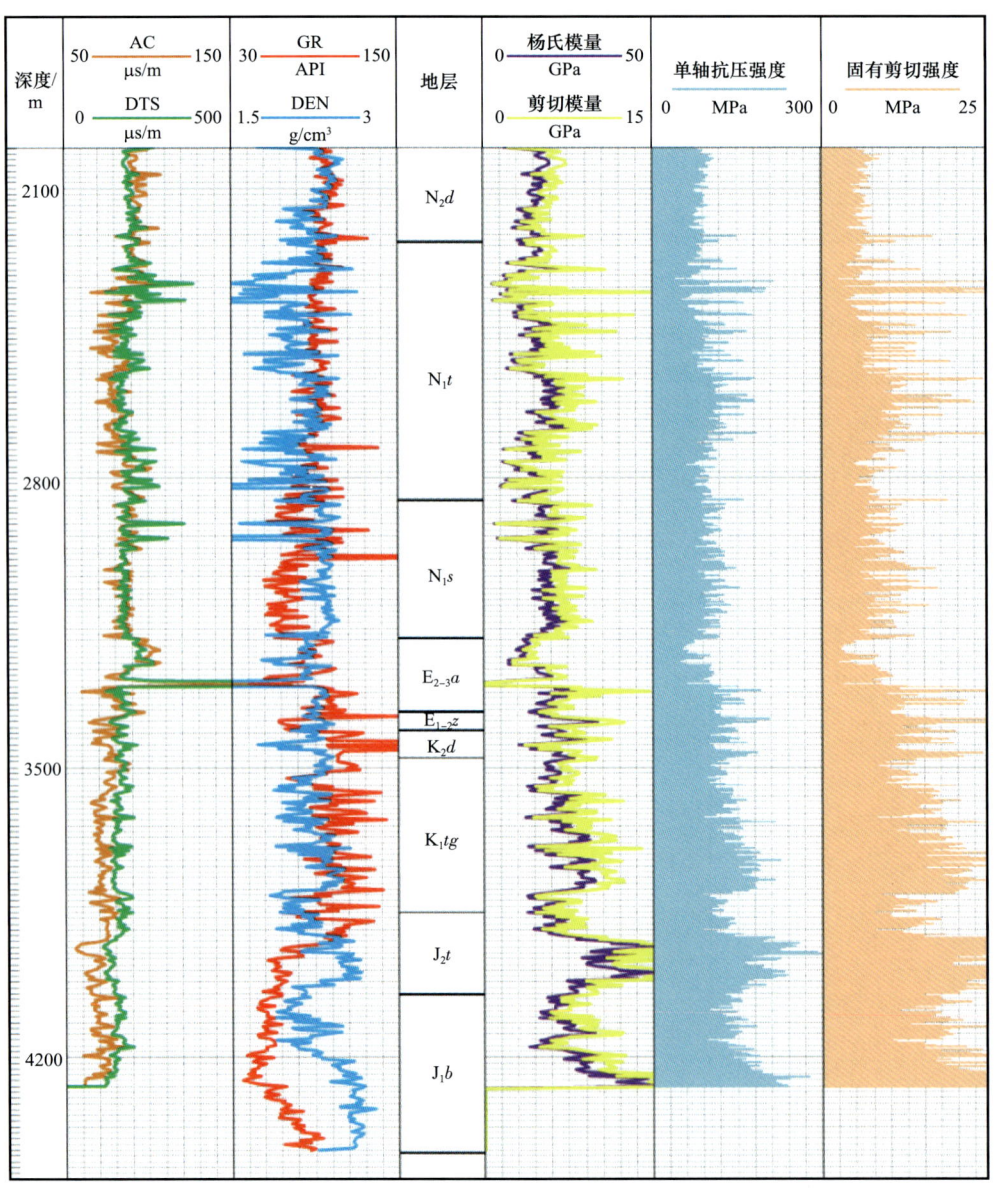

图 5-6　卡 6 井岩层岩石力学结构柱状剖面图

5. 无明显滑脱层

前陆斜坡区岩石力学强度自上至下逐渐增强，没有明显的弱岩石层，如芳草 1 井

（图 5-7），不易产生滑脱变形，加之斜坡带最大应力为垂直方向的上覆岩石应力，晚期调整为单斜构造，断裂不发育，以深层近源成藏为主。

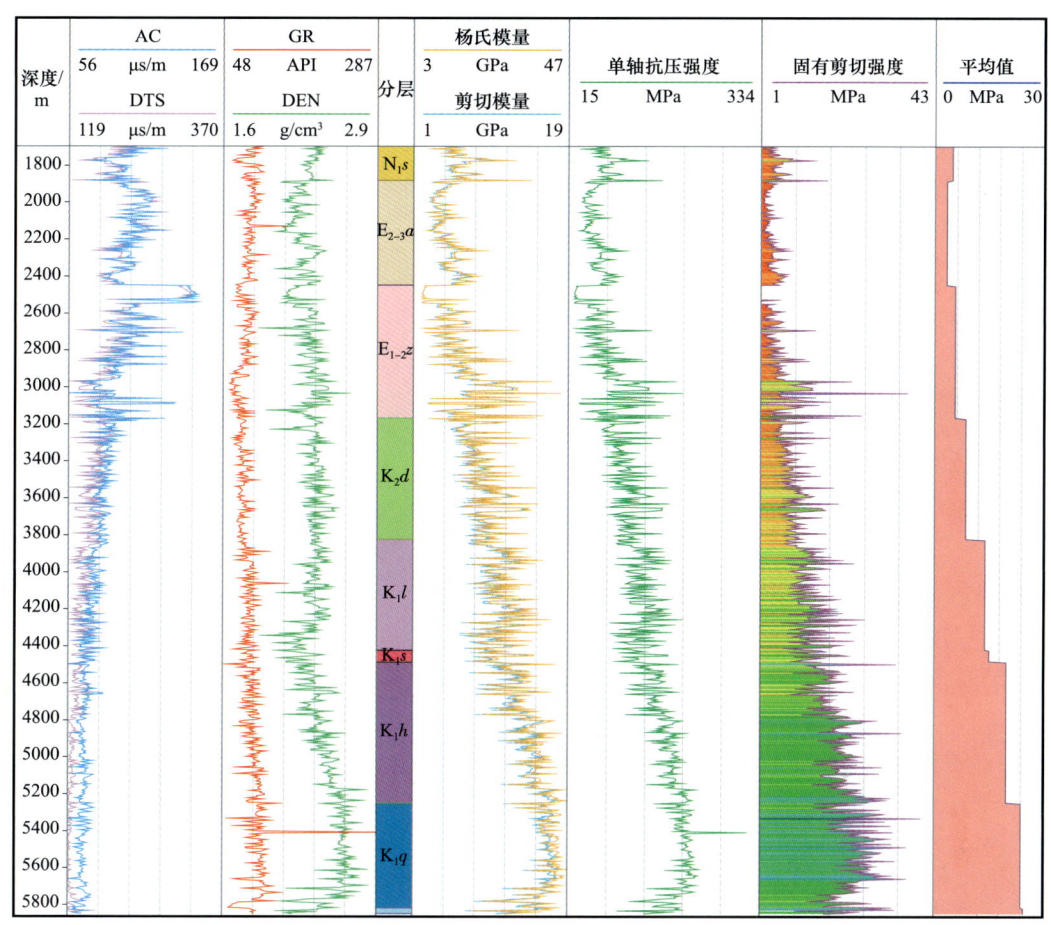

图 5-7 芳草1井岩层岩石力学结构柱状剖面图

二、圈闭有效性

泥岩滑脱层岩石力学结构及其组合决定圈闭的有效性，控制了圈闭油气聚集和保存。

玛河气田安集海河组泥岩盖层最薄弱处在该层中部，泥岩集中发育，泥地比高，在此发育滑脱断层，其下仍然保留了近300m厚层杂色泥岩夹薄层砂岩，钻测井显示该层之上气测异常值非常低（图 5-8 和图 5-9），玛河气田得以形成并保存。而霍尔果斯背斜安集海河组泥岩盖层最薄弱处在该层的底部，滑脱断层霍玛吐断裂紧贴 $E_{1-2}z$ 储层与 $E_{2-3}a_1$ 泥岩盖层之间穿过，构造内部次级断裂极易与断层沟通，钻井过程中，安集海河组泥岩断裂带气测异常值远高于断裂下盘紫泥泉子组主力砂层段的气测异常值，如上部安集海河组2148m处气测全烃显示达到16.97%，下部紫泥泉子组2940m气测全烃显示为9.14%，所以下部圈闭油气分布十分复杂，忽油忽水，既有稀油又有稠油，圈闭有效性明显较差。

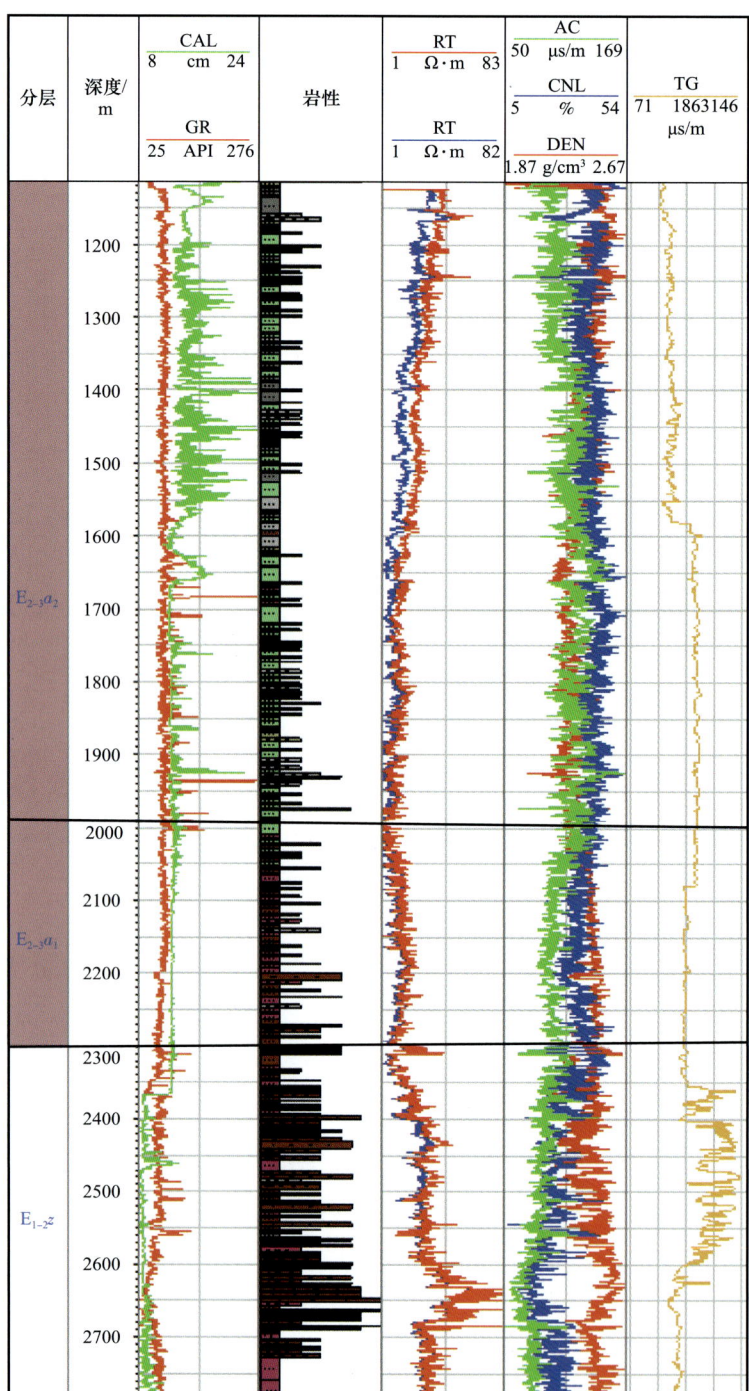

图 5-8 玛纳 001 井岩性及气测显示柱状图

高泉构造虽然发育古近系安集海河组和白垩系吐谷鲁群两套泥岩盖层，但受岩石力学结构的影响，构造挤压作用下只有上部古近系安集海河组中上部泥岩起滑脱作用，因而下组合盖层保存条件好，圈闭有效。

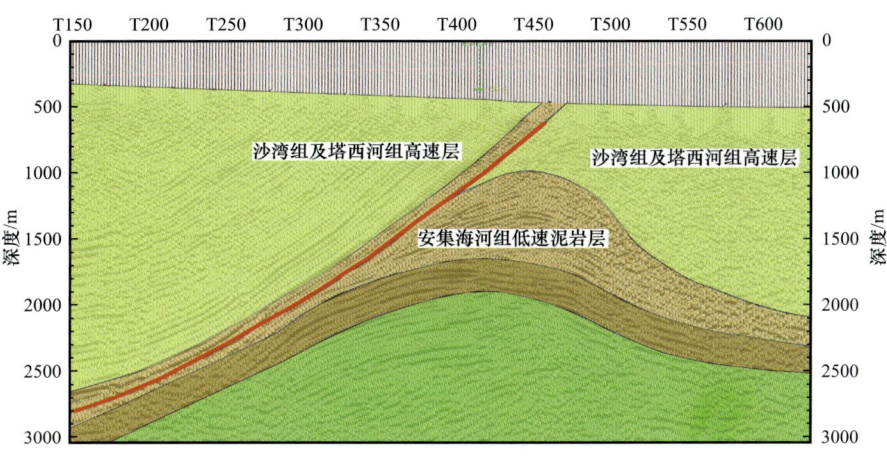

图 5-9　玛纳斯背斜地震—地质剖面图

高泉 1 井是早期高泉构造上的一口探井，完钻井深 5270m，钻至古近系安集海河组（未穿），古近系和新近系地层倾角 8°～12°，产状平缓，向下至白垩系泥岩盖层地层产状较对更平缓，挤压过程中盖层产生低幅褶皱，在安集海河组泥岩弱滑脱层的保护下，白垩系泥岩盖层不易产生断层、裂缝，保存条件完好。而且除古近系安集海河组储层（4974.5～4994.4m）有油气显示外，其他层系录井均无油气显示。安集海河组 4975～5002m 试油结论为含油水层。

对比高泉构造高泉 1 井中组合原油和高探 1 井下组合原油，高泉 1 井古近系原油与高探 1 井白垩系原油明显不同，与卡 6 井古近系原油相似。高泉 1 井中组合原油成熟度偏低，来自古近系安集海河组泥质烃源岩，R_o 为 0.81% 左右。高探 1 井下组合原油成熟度高，来源于中—下侏罗统烃源岩（图 5-10）。二者生物标志化合物特征也明显不同（图 5-11），进一步表明高泉构造白垩系泥岩盖层封盖能力好。

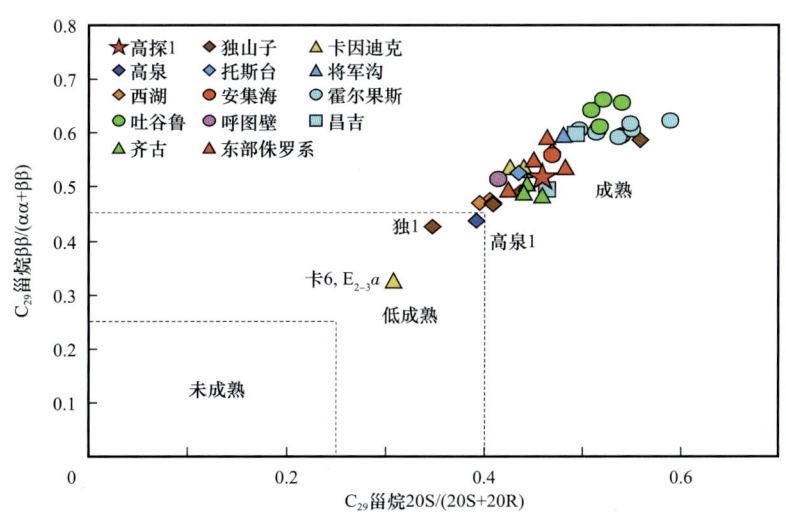

图 5-10　准南前陆冲断带原油成熟度对比（据陈建平，2016）

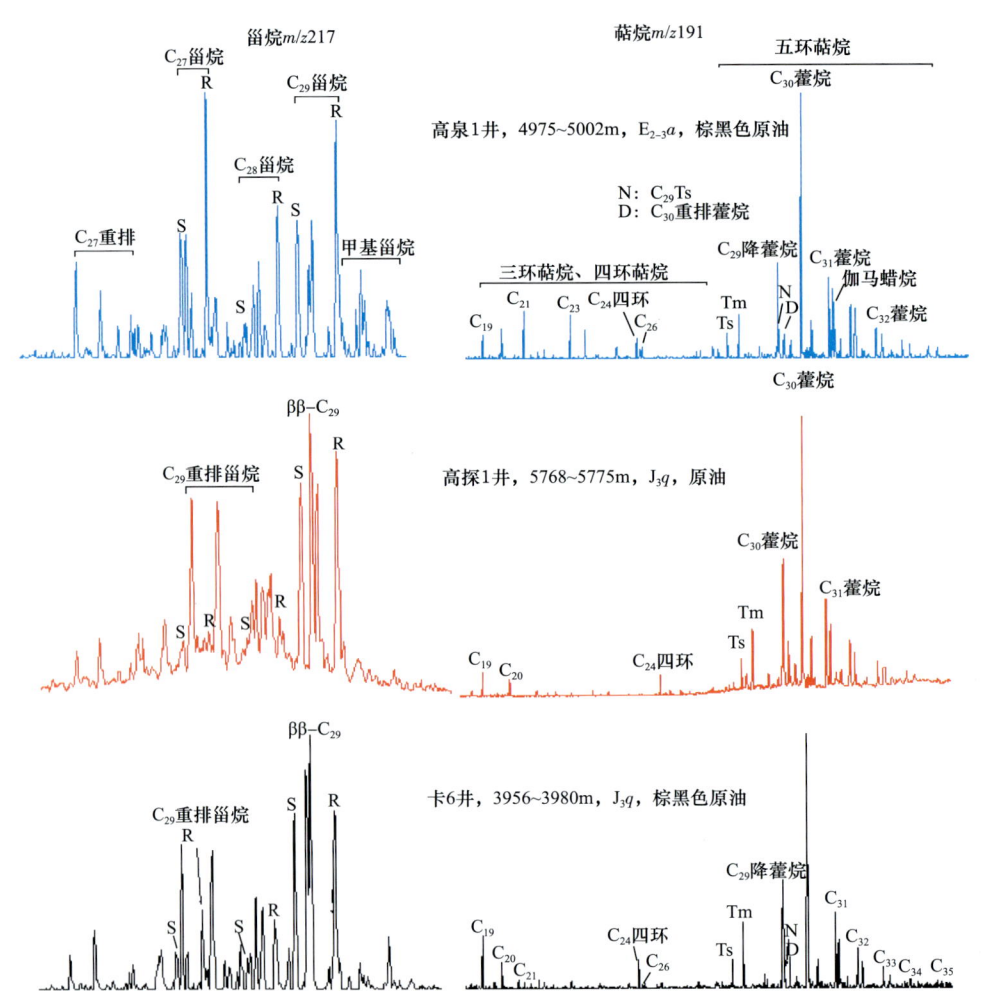

图 5-11 准南前陆冲断带高泉 1 井、高探 1 井和卡 6 井原油生物标志化合物对比（据陈建平，2016）

第二节 储盖岩石组合挤压变形机理与油气成藏模式

中西部前陆盆地发育 3 种常见的储盖岩石组合类型，即砂岩与膏盐岩储盖组合、砂岩与煤系岩层储盖组合、砂岩与泥岩储盖组合。不同储盖岩石组合类型挤压变形不同，形成独特的圈闭类型和油气成藏模式。

一、前陆冲断带及复杂构造区主要储盖组合类型

对比天山南北两大盆地，构造背景基本一致，特别是新生代受环青藏高原巨型盆山体系构造域和天山造山带复活作用的控制，天山南、北缘均发育以水平挤压作用为主的前陆冲断带。随着晚古生代天山南、北两侧残余洋盆的最终关闭，准噶尔盆地和塔里木盆地通过天山焊接在一起，进入统一的陆内构造演化阶段。区域构造背景控制下的沉积建造为天

山两侧油气成藏提供了物质基础，库车前陆盆地三叠系黄山街组和中、下侏罗统的克孜勒努尔组、阳霞组，准南前陆盆地中二叠统芦草沟组和红雁池组、下侏罗统八道湾组和三工河组、中侏罗统西山窑组都是较好的烃源岩。天山南、北缘前陆盆地主力烃源岩均以湖相泥岩和煤系地层为主，有机质丰度和成熟度也基本一致，天山北缘生油层系多于南缘。

库车前陆盆地发育3套区域上稳定分布的储盖组合：三叠系—侏罗系砂岩与泥岩/煤系近源储盖组合、白垩系巴什基奇克组（K_1bs）—古近系库姆格列木群底砂岩与膏盐岩储盖组合、新近系砂岩与膏盐岩储盖组合。

准南前陆盆地同样存在3套良好的储盖组合：苍房沟群（P_2ch—T_1ch）—上三叠统小泉沟组砂岩与泥岩/煤系近源储盖组合；中上侏罗统—下白垩统吐谷鲁组（K_1tg）底砂岩与泥岩储盖组合；古近系紫泥泉子组（$E_{1-2}z$）—安集海河组（$E_{2-3}a$）砂岩与泥岩储盖组合。

柴西英雄岭构造带发育2套储盖组合：深层古近系碳酸盐岩/混积岩与膏盐岩/泥灰岩储盖组合、浅层新近系砂岩与泥岩储盖组合。

川西前陆盆地发育3套储盖组合：震旦系—寒武系碳酸盐岩/白云岩与泥岩储盖组合、二叠系碳酸盐岩自生自储盖组合、上三叠统砂岩与泥岩/煤系近源储盖组合。

综上所述，中西部前陆盆地主要发育砂岩与膏盐岩储盖组合、砂岩与含煤泥岩储盖组合、砂岩与泥岩储盖组合3种储盖岩石组合类型。

二、主要储盖组合构造挤压变形与油气成藏模式

构造挤压作用下，砂岩与膏盐岩有效储盖组合中膏盐岩层塑性流变释放应力，盐下砂体应力增强，如库车前陆冲断带构造应力数值模拟表明，盐层应力最小，盐下最大水平主应力是盐层的3~5倍，有利于产生断裂—裂缝。盐下砂体形成叠瓦冲断构造，同一层位的最大主压应力一般在断裂下盘凹陷处相对较大，在断裂上盘高部位背斜或断背斜处相对较小。盐下形成叠瓦冲断构造，同时塑性膏盐岩顶封侧挡，形成有效封盖，盐下砂体发育流体异常超压。因此，盐下砂体油气最富集（图5-12和图5-13）。

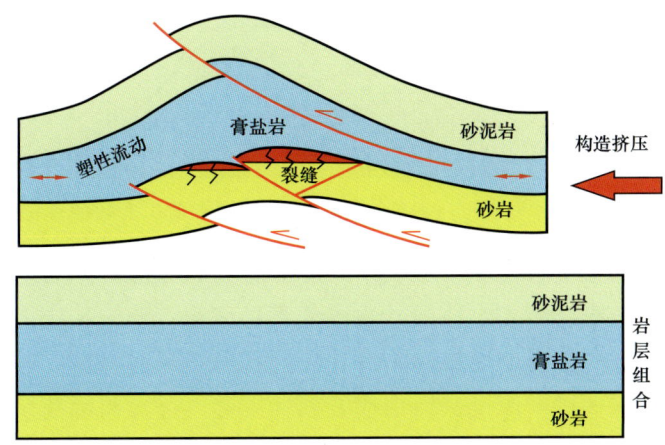

图5-12 砂岩与膏盐岩储盖组合构造挤压变形与成藏模式图

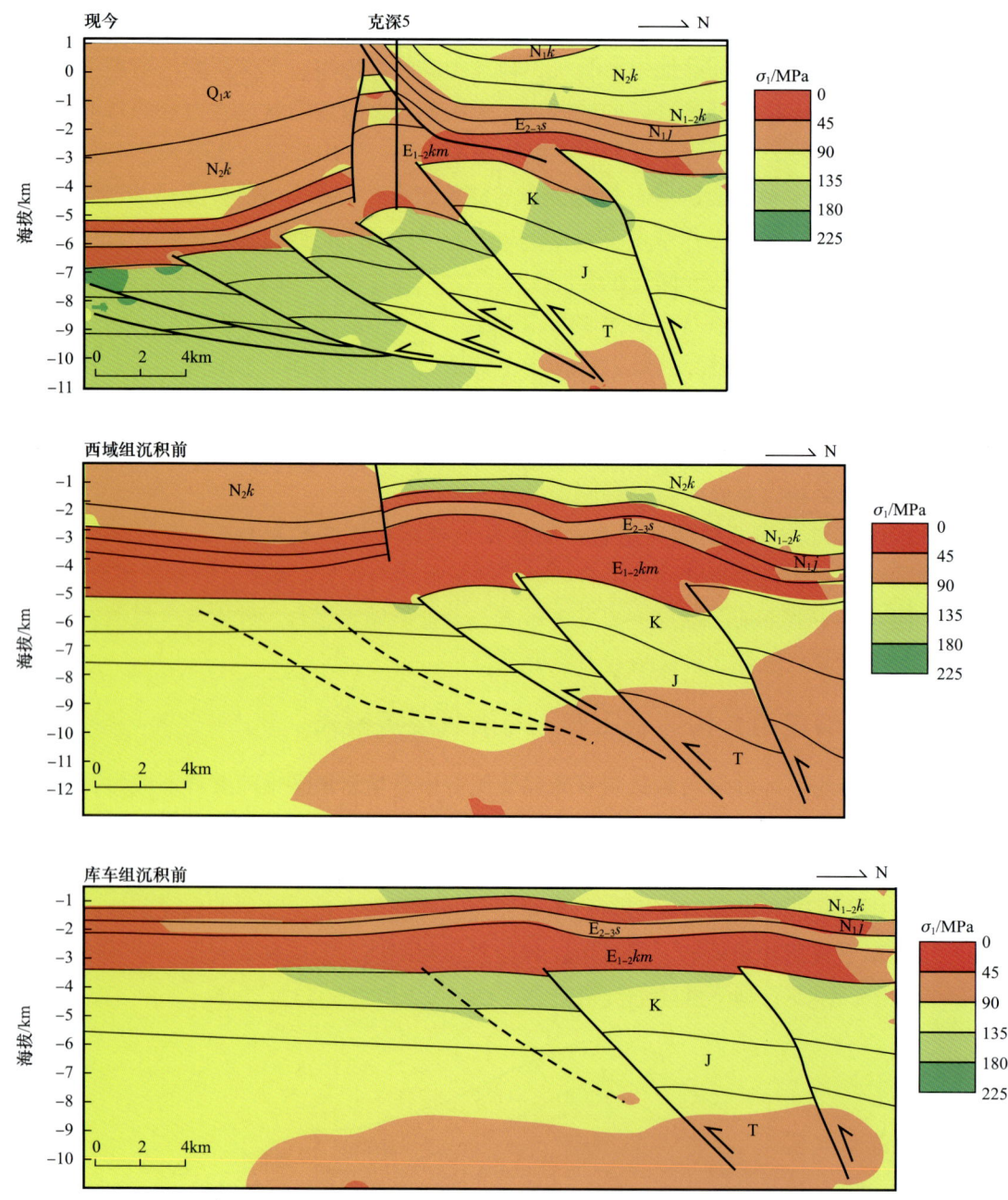

图 5-13　库车前陆冲断带 BC07-171 剖面构造应力数值模拟

砂岩与含煤泥岩储盖组合往往呈三明治式源储叠置，烃源岩同时也是盖层。构造挤压过程中，强挤压端形成穿层断裂，厚层砂岩油气不易成藏；随构造应力的向前传播，应力减小，煤系地层内部低抗压强度层不均匀分布，局部发生顺层滑动，砂岩层产生小规模断层，断层没有突破上部盖层，厚层砂岩形成背斜油气藏。烃源岩内薄层砂体油气也可成藏（图 5-14 和图 5-15）。

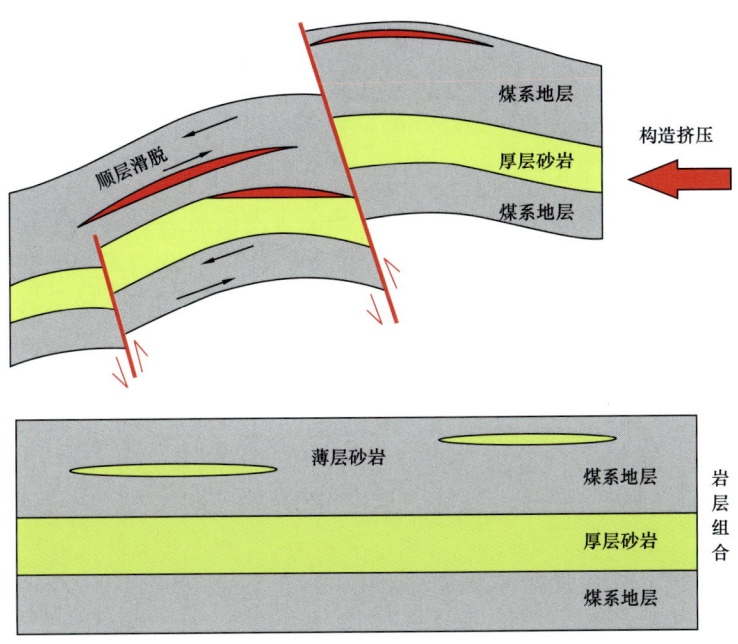

图 5-14　砂岩与煤系储盖组合构造挤压变形与成藏模式图

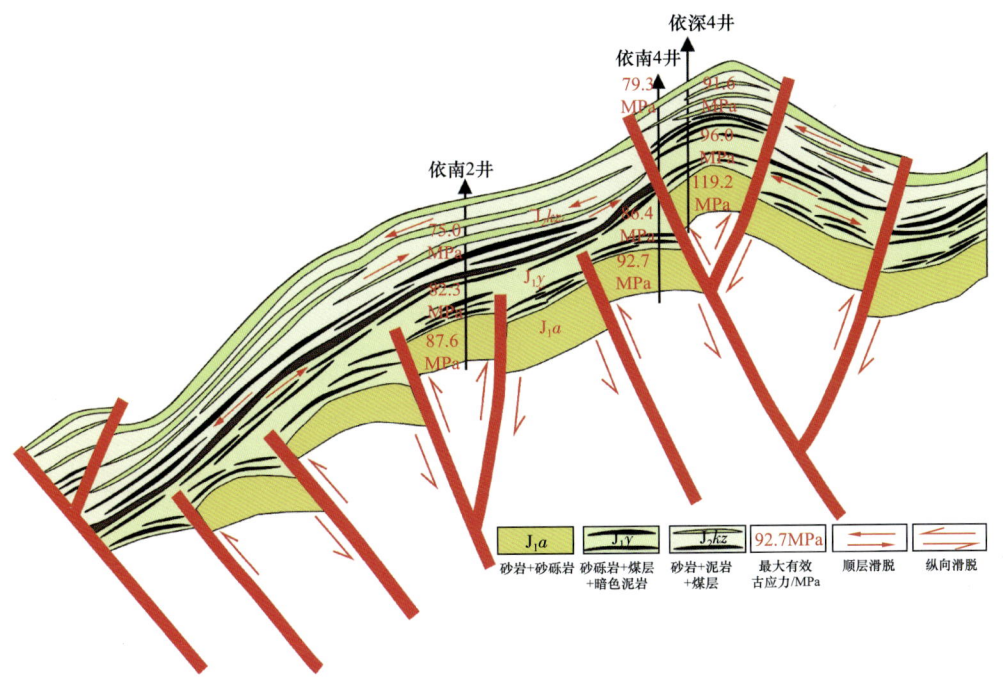

图 5-15　库车东部侏罗系煤系地层间砂岩储层最大古应力展布图（据张荣虎等，2021）

构造挤压作用下，砂岩与泥岩储盖组合的构造变化复杂，主要取决于三个因素。一是砂泥岩层的产状，不对称背斜的前翼地层产状较陡，易形成穿层破裂断层，后翼地层产状平缓，在低抗压强度层底部顺层滑脱。二是泥岩盖层中低抗压强度层发育的位置，当低抗压强度层位于泥岩盖层岩石力学结构的中上部时，顺层滑脱断层与深部砂岩层之间存在有效的泥岩盖层，形成上下两套断裂体系，下部圈闭油气成藏（图 5-16）；当低抗压强度层位于泥岩盖层底部时，顺层滑脱断层发生在泥岩盖层底界面，与深部砂岩沟通，上下两套断裂体系可能相连，深部圈闭一定程度上被破坏，油气规模减小，部分油气向上运移，在浅部成藏。三是泥岩层没有明显的软弱岩层，甚至含薄层砂岩，构造挤压作用下岩层整体褶皱或破裂，形成一套断裂体系，上、下多个断块圈闭、断背斜圈闭和背斜圈闭油气充注成藏，物性好的砂岩油气富集。碳酸岩盐层与之类似，没有明显的岩石软弱层，易形成地层弯曲褶皱或断裂、裂缝。

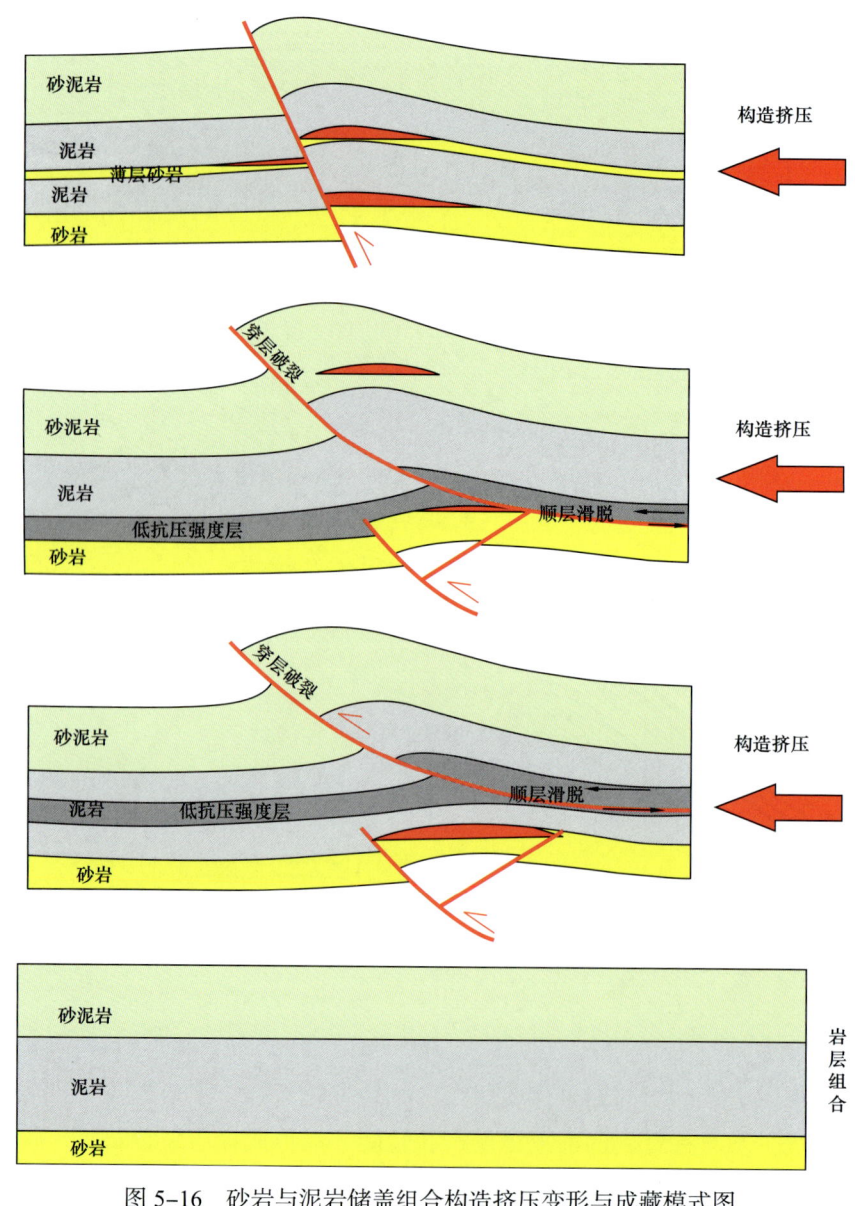

图 5-16　砂岩与泥岩储盖组合构造挤压变形与成藏模式图

第三节　柴西南多层系成藏和主要含油气层系

柴西南咸化湖盆英西地区古近系上部发育一套泥岩夹膏盐岩沉积，构造挤压作用下盐上形成滑脱冲断构造，盐下形成叠瓦冲断构造。针对盐下源储盖一体成藏体系，通过古应力、古流体压力恢复和储盖层岩石力学参数计算，构造应力、流体压力和岩石力学结构和产状三元耦合确定储层有效裂缝主要发育在盐下、中带，加之盐下发育优质烃源岩，因此确定英西深层油气主要富集在中带盐下。另外，由于膏盐岩层薄且不连续，盐上和盐下断裂体系局部相连，在断裂的沟通下，浅层形成断背斜油气藏，油气藏沿断裂带展布。

一、生储盖组合及其岩石力学参数计算

1. 生储盖组合

英西地区主力烃源岩段为古近系下干柴沟组，岩性主要为深灰色泥岩、泥质碳酸盐岩，是典型的咸化湖相烃源岩，以下干柴沟组上段烃源岩最为优质，青海油田勘探开发研究院第四次资源评价研究成果表明，其烃源岩厚度可达2000m，TOC含量为0.6%~2.0%，R_o值为0.7%~1.5%，干酪根类型以II_1型为主（张永庶等，2018）。储层主要发育在N_2^2—N_1和E_3^2，其中N_2^2—N_1储层类型为碎屑岩储层，主要分布在N_2^2地层，岩性主要为粉砂岩、含砾砂岩、灰质粉砂岩、砾岩、砾状砂岩、泥质粉砂岩、细砂岩，E_3^2储层类型主要为裂缝性储层，岩性主要为泥岩、砂质泥岩、灰质泥岩、膏质泥岩、泥灰岩；盖层主要发育在下干柴沟组、上干柴沟组和上油砂山组，其岩性为灰质泥岩、泥岩、砂质泥岩、石膏质泥岩和膏盐岩。英西地区纵向发育3套含油组合：上组合为N_2^1—N_1砂岩油藏；中组合为E_3^2上部盐间碳酸盐岩油藏；下组合为E_3^2盐下多种孔隙介质的构造—岩性油藏。

20世纪80年代英西地区狮20井、狮24井等的突破证实英西深层存在油气高产富集区，但受限于落后的技术手段和理论认识的不足，对该区油气藏展布特征并未摸清，这导致随后数十年的勘探工作未取得新进展；2015年以来，在新的理论认识和技术应用基础上，英西勘探取得了显著的进展，先后在英西深层成功钻探了狮38井、狮205井和狮1-3井等一批高产井（初期日产超千吨）。

古近系盐湖相裂缝性泥灰岩储层是柴西深层重要的储层类型，发育剪切裂缝、顺层滑脱裂缝和成岩裂缝等，裂缝普遍被方解石、石膏或钙芒硝充填或部分充填，只有有效裂缝能提供储层储集空间和主要渗流通道，有效裂缝决定了储层中油气的富集与高产，因此，有效裂缝的评价十分重要。裂缝的有效性主要受裂缝形成时间、溶蚀作用和晚期（第四纪以来）构造挤压抬升剥蚀作用、流体异常高压、膏盐层分布等控制，晚期形成的裂缝有效性更好，溶蚀作用可明显改善裂缝的有效性，构造挤压应力和流体异常压力可使裂缝重新裂开，使裂缝的有效性变好（曾联波等，2012）。

2. 测井岩性识别

选取了英西地区 30 口井的测井资料，测井系列主要包括自然伽马、声波时差、密度、井径和电阻率等，将每口井不同深度的测井曲线资料进行整合，对测井资料目的层的岩性进行识别，以及生、储、盖层的划分（图 5-17 和图 5-18）。

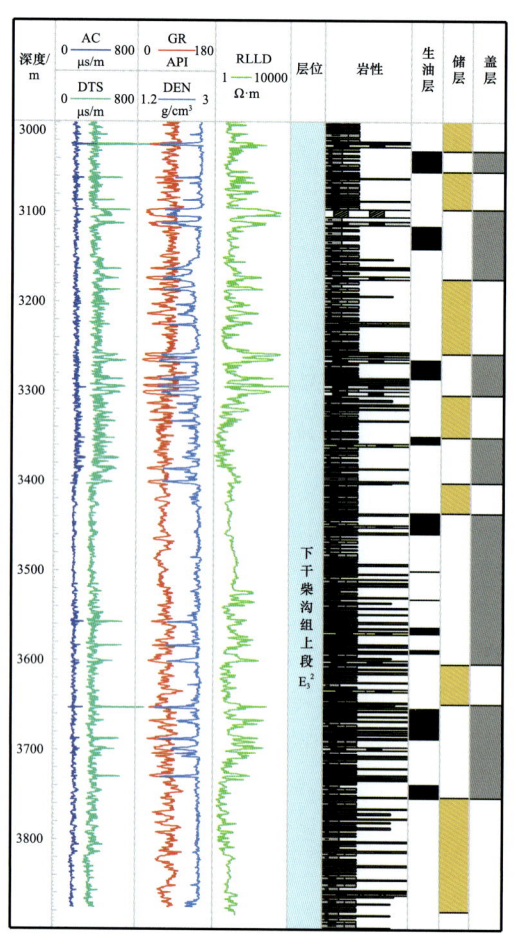

图 5-17 狮 24 井生、储、盖层划分图

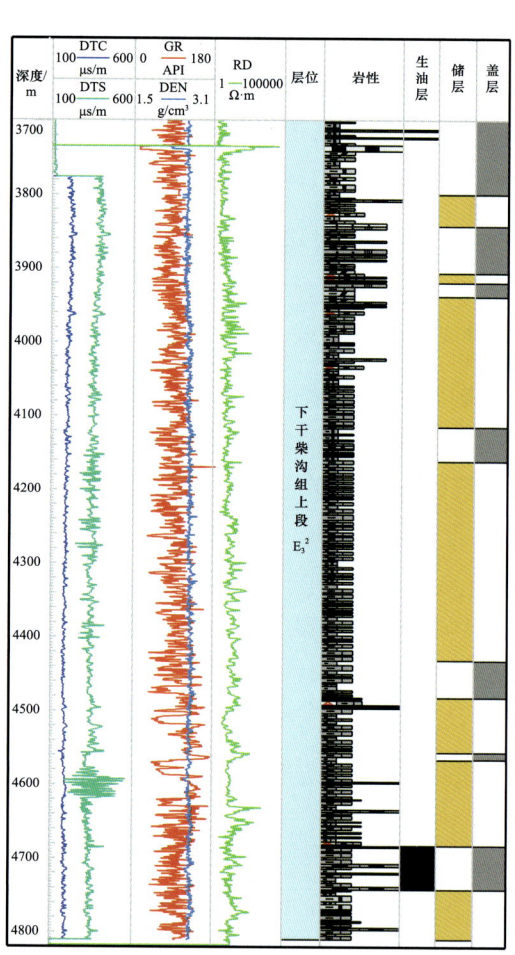

图 5-18 狮 203 井生、储、盖层划分图

3. 岩石力学参数的模拟计算

通过自然伽马、声波时差、密度测井曲线等资料，进行岩石力学参数、横波时差、泊松比、杨氏模量、单轴抗压强度、单轴抗张强度等参数计算。

有实测横波时差数据段的井直接使用数据计算，没有实测横波时差数据段的井，利用式（5-1）计算横波时差：

$$\Delta t_{\mathrm{s}} = \Delta t_{\mathrm{p}} \times \left\{ 1 - \frac{1.15\left[\dfrac{1}{\rho} + \left(\dfrac{1}{\rho}\right)^{3}\right]}{e^{\frac{1}{\rho}}} \right\}^{-1.5} \quad (5\text{-}1)$$

式中　Δt_{s}——横波时差，μs/m；

　　　Δt_{p}——纵波时差，μs/m；

　　　ρ——密度，g/cm³。

利用式（5-2）计算泊松比：

$$\mu = \frac{\Delta t_{\mathrm{s}}^{2} - 2\Delta t_{\mathrm{p}}^{2}}{2\Delta t_{\mathrm{s}}^{2} - 2\Delta t_{\mathrm{p}}^{2}} \quad (5\text{-}2)$$

式中　μ——泊松比（在同一均匀介质中是定值）。

利用式（5-3）计算杨氏模量：

$$E = \frac{\rho}{\Delta t_{\mathrm{s}}^{2}} \cdot \frac{3\Delta t_{\mathrm{s}}^{2} - 4\Delta t_{\mathrm{p}}^{2}}{\Delta t_{\mathrm{s}}^{2} - \Delta t_{\mathrm{p}}^{2}} \cdot 10^{6} \quad (5\text{-}3)$$

式中　E——杨氏模量，MPa。

岩石的杨氏模量与密度成正比，岩石不同，密度不同，纵横波传播的速度不同，因而它能区分岩石的矿物成分。

利用式（5-4）计算单轴抗压强度：

$$\sigma = E\left[0.008V_{\mathrm{sh}} + 0.0045(1 - V_{\mathrm{sh}})\right] \quad (5\text{-}4)$$

式中　σ——单轴抗压强度，MPa；

　　　V_{sh}——泥质含量，%。

在单轴压力下达到破坏的极限值，数值上等于破坏时的最大压应力。

利用式（5-5）计算单轴抗张强度：

$$\sigma_{\text{张}} = \frac{\sigma_{\text{压}}}{12} \quad (5\text{-}5)$$

式中　$\sigma_{\text{张}}$——单轴抗张强度，MPa；

　　　$\sigma_{\text{压}}$——单轴抗压强度，MPa。

通过横波速度、泊松比、杨氏模量、单轴抗压强度、单轴抗张强度等岩石力学参数的模拟计算，可以得出30口井岩石的单轴抗压强度，其值多介于0~500MPa之间（图5-19和图5-20），垂向上每口井岩石单轴抗压强度没有明显的低值带，但中下部的单轴抗压强度比上部偏高。目的层下干柴沟组上段膏盐岩层的单轴抗压强度较低，多分布在0~200MPa之间，泥岩、砂质泥岩和泥质砂岩层的单轴抗压强度多分布在200~300MPa

之间，灰质泥岩、泥质灰岩和泥灰岩层的单轴抗压强度较高，多介于300～500MPa。因此，构造挤压作用下，往往在上部低抗压强度带形成滑脱断层。

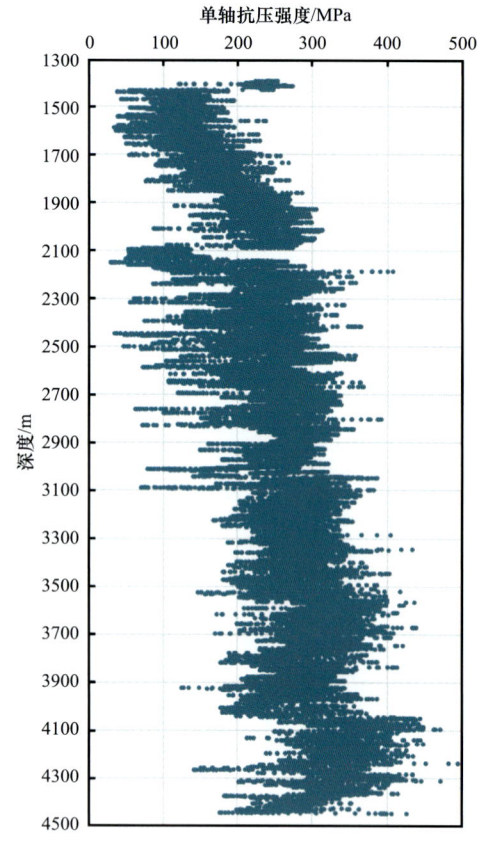

图 5-19　狮 24 井单轴抗压强度分布特征图　　图 5-20　狮 39 井单轴抗压强度分布特征图

二、古应力测定与数值模拟

柴达木盆地位于青藏高原北部，夹持于祁连山、东昆仑山和阿尔金山之间，盆地内部构造复杂，构造带大致呈北西向展布，是中—新生代的大型陆相含油气盆地（张永庶等，2018；隋立伟等，2014；张西娟，2007）。柴西地区受阿尔金断裂和东昆仑断裂走滑逆冲的联合控制，构造变形强烈，地貌形态复杂，发育多个北西向背斜和断背斜构造（王琳霖等，2020）。

柴达木盆地于中生代开始发育，是在挤压环境中整体沉降而形成的隆坳相间的压陷型沉积盆地。柴达木盆地西部地区在中—新生代经历了多期构造运动，分别为燕山晚期、喜马拉雅早期、喜马拉雅中期、喜马拉雅晚期构造运动（陈新领，2004；付锁堂，2010）。柴西地区燕山早期发育为弱伸展裂陷盆地，燕山晚期处于南北挤压改造时期（高先志等，2003；吴光大等，2006；徐凤银等，2006）。新生代以来，在喜马拉雅早期盆地处于断陷弱挤压阶段，喜马拉雅中期由于青藏高原陆内俯冲加剧，盆地受到南来的挤压越来越明显，狮子沟组沉积末期的晚喜马拉雅运动对柴达木盆地的影响最为强烈（金之钧等，2004；于冬冬等，2017）。第四纪以来，柴西地区发生强烈侧向挤压，全区形成断褶构造带，在晚喜马拉雅运动作用下柴西构造进一步改造，并导致盆地的复杂化和最终定型（贾承造等，2004；赵凡等，2013；张永庶等，2018）。

1. 构造应力场数值模拟

中新生代中国西北部主要含油气盆地表现为挤压应力场背景，兼具压扭性特点，柴达木盆地周边的构造动力学条件总体处于压性或压扭性环境（孙国强等，2004）。柴达木盆地受多次构造运动的改造，形成了现今的构造叠合型盆地，在发展演化过程中，其构造应力场方向也随之变化。喜马拉雅期以来盆地主要受北东—南西向挤压，区内现今最大主压应力方向为北北东—南南西向。新生代以来，柴达木盆地西部地区主压应力表现为近南北向、北北东向、北东向和北西西向这几种（操成杰等，2005），盆地主要受南侧板块向北俯冲挤压，同时受北侧板块抵挡和西侧板块相对运动的影响，造成区内应力场多变，但挤压应力方向长期以北东、北北东向为主。

1）模型建立

自新生代以来，在昆仑山逆冲推覆和阿尔金断裂左旋走滑的共同作用下，柴达木盆地西部地区形成了多期、多旋回的复杂构造格局（操成杰等，2005）。柴西地区基底存在两组大断裂，分别为西南部的昆仑山北缘断裂和西北部的阿尔金南缘断裂（吴萌萌等，2018）。在控制性大断裂形成的前提下，盆内主要发育昆北断裂、阿拉尔断裂、XI号断裂、英北断裂等二级主干断裂。其中，XI号断裂与英北断裂是英雄岭构造带的南北边界线。柴西隆起可划分为四个二级单元：一里坪凹陷、大风山凸起、茫崖凹陷和昆北断阶。而英雄岭构造带位于茫崖凹陷内，自北向南又分为咸水泉—油泉子构造带、干柴沟断鼻带、狮子沟—英东构造带（图 5-21）。受区域压扭性构造应力场和岩性差异等因素的影响，区内形成类型多样的褶皱、滑脱变形和断裂构造（伍坤宇等，2020）。英西地区新生代以来自下而上沉积了 5 套地层，包括：路乐河组（E_{1-2}）、下干柴沟组（E_3）、上干柴沟组（N_1）、下油砂山组（N_2^1）及上油砂山组（N_2^2）。下干柴沟组又可分为下干柴沟组下段（E_3^1）和上段（E_3^2），其中下干柴沟组上段地层沉积厚度最大，最高可达两千多米。

运用有限元模拟软件 ANSYS 18.1 来恢复区域构造应力分布，主要为狮子沟—英东构造带的英西、英中地区，目的层位为下干柴沟组上段。根据柴达木盆地大地构造单元图、英西构造演化剖面图（张永庶等，2018）和柴西地区构造带划分图（隋立伟等，2014）建立此地质模型，同时考虑到断层对模拟过程（网格化）及结果的影响，着重选取了区内几条主干断层。结合地震解释资料，选取英西地区北东向过狮 49 井、狮 47 井、狮 205 井和狮 38 井的演化剖面，作为应力模拟的地质模型，剖面模型共包含了英西地区中生代以来沉积的 7 套地层（图 5-22）。

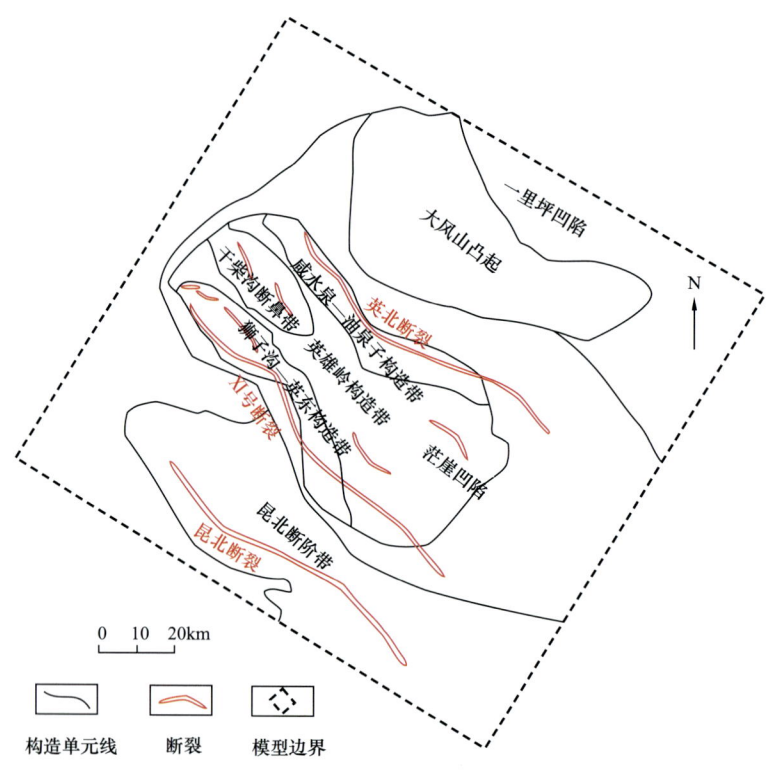

图 5-21 柴达木盆地西部平面地质模型

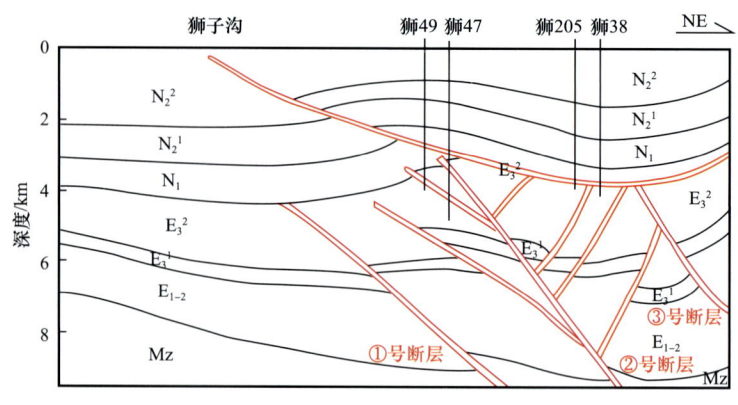

图 5-22 英西地区现今构造剖面图

2）岩石力学参数的确定

材料参数的取值直接影响计算和模拟结果的精度，但由于地质构造单元内部复杂的非均质性和参数对岩石的敏感性，要正确确定各单元的岩石力学参数是比较困难的，一般要根据一定的规则来选取（黄立功，2005）。

模拟所需的岩石力学参数为弹性模量和泊松比。弹性模量与深度有一定的关系，还会受岩性的影响（张明利等，2005）。确定不同岩性的力学参数，以反映地质体因岩性变化所造成的差异，并考虑到深度对力学参数的影响，同时将断层赋予一定的宽度，并用较小的杨氏模量模拟断裂带内的变形。一般而言，在一定的深度范围内泥岩的弹性模量和抗压强度比较大，砂岩较之要小，而泊松比则相反。原则上杨氏模量大小取值应为外部基岩高于盆地内部，盆地内洼陷高于隆起带，断裂处最小。结合前人研究，并参考了前人确定的英西地区岩石力学参数资料（王小凤等，2006；黄立功，2005），同时考虑到新生代柴西地区岩性以砂岩、泥质砂岩为主，最终确定了本次模拟各地质体单元和不同地层单元的岩石力学参数（表 5-1 和表 5-2）。

表 5-1 柴西地区平面模型岩石力学参数

单元编号	构造单元	弹性模量 /GPa	泊松比	单元类型
1	小断裂	9.0	0.32	三边形六节点
2	大断裂	4.5	0.35	三边形六节点
3	大风山凸起	11.0	0.31	四边形八节点
4	一里坪凹陷	42.0	0.28	四边形八节点
5	茫崖凹陷	44.0	0.27	四边形八节点
6	英雄岭构造带	24.0	0.15	四边形八节点
7	咸水泉—油泉子构造带	13.0	0.15	四边形八节点
8	干柴沟断鼻带	13.0	0.15	四边形八节点
9	狮子沟—英东构造带	13.0	0.15	四边形八节点
10	昆北断阶带	18.0	0.13	四边形八节点
11	基底	48.0	0.25	四边形八节点

表 5-2 英西剖面各地层岩石力学参数

单元编号	地层单元	弹性模量 /GPa	泊松比	单元类型
1	断层	9.0	0.32	三边形六节点
2	上油砂山组（N_2^2）	12	0.30	四边形八节点
3	下油砂山组（N_2^1）	13	0.28	四边形八节点
4	上干柴沟组（N_1）	42.0	0.28	四边形八节点
5	下干柴沟组上段（E_3^2）	44.0	0.27	四边形八节点
6	下干柴沟组下段（E_3^1）	24.0	0.15	四边形八节点
7	路乐河组（E_{1-2}）	13.0	0.15	四边形八节点
8	中生界（Mz）	13.0	0.15	四边形八节点

确定好各单元的岩石力学参数后,再给每个单元赋予不同的节点类型和材料属性(即弹性模量和泊松比)。接下来就是模型的网格化,需要将上述的单元类型和材料属性分配到对应的模型单元(每个面)。在划分网格时,断层和断裂的形状采用六节点三边形,其余地质体单元均采用八节点四边形。

3)模型边界条件的设置

应力边界条件是指作用于地质体外力的类型、方向及大小。应力类型(挤压或拉张)和方向主要通过英西地区构造演化背景及构造应力场分析得出,应力大小应结合英西地区模拟值和实测值的对比结果而确定。通过研究柴西演化过程及构造应力场发现,新生代以来柴西地区长期处于挤压状态,喜马拉雅中期盆地受到南来的挤压越来越强烈,而且主要是受北东—北北东向挤压,区内现今最大主压应力方向为北北东向(操成杰等,2005)。

4)实测结果分析

采用声发射法实验测定岩石古应力,结果表明,柴西下干柴沟组上段岩石样品明显记录了3期历史应力,即下油砂山组沉积末期(喜马拉雅运动中期)、上油砂山组沉积末期和狮子沟组沉积末期(喜马拉雅运动晚期)。经过统计各期数据,分析计算得出上油砂山组沉积末期狮49井和狮220井水平最大有效主压应力平均值分别为56.2MPa、57.1MPa,狮子沟组沉积末期狮49井和狮220井水平最大有效主压应力平均值分别为76.5MPa、76.6MPa(表5-3)。以此作为两期应力模拟结果的主要参照和约束。该测试结果也说明喜马拉雅中—晚期曾发生过比较强烈的构造挤压,而且喜马拉雅晚期挤压最为强烈,这与柴西构造演化的研究结果相符。

表5-3 柴西声发射测试水平最大有效主压应力平均值统计结果

井名	样品层位	样品数	井段/m	下油砂山组沉积末期水平最大有效主压应力/MPa	上油砂山组沉积末期水平最大有效主压应力/MPa	狮子沟组沉积末期水平最大有效主压应力/MPa
狮220井	下干柴沟组上段	3	3946.13~3949.94	45.5	57.1	76.6
狮49井	下干柴沟组上段	4	3776.8	42.3	56.2	76.5
狮3井	下干柴沟组上段	3	4367.0~4367.9	45.6	54.0	83.3

5)平面模型边界条件的施加

进行模拟时把坐标的x轴设为东西向,y轴设为南北向,在平面模型的东北角和东北、东南交汇边界处设定为x和y方向上的位移约束,以保证模型不发生刚体平动和转动。接着在模型的西南边界和东北边界分段施加表面荷载(应力),不改变其位移约束条件,而不断改变模型边界处的挤压应力值。

通过 ANSYS 求解运算，把模拟结果与英西地区所选井的声发射实测值进行比较，同时，查看模拟的应力矢量分布图与英西地区实际应力场方向是否一致。当模拟的最大主压应力值和实验所测的岩石抗压强度相对应，并且模拟的应力方向和实际相吻合时，证明此次模拟达到了预期目标。经过多次尝试和反复对比，最终得出了所要施加的两期初始边界应力条件分别为：对于上油砂山组沉积末期，在模型西南边界施加 F_1=78MPa 的挤压应力，东北边界施加 F_2=66MPa 的挤压应力；对于狮子沟组沉积末期，在西南边界施加 F_1=104MPa 的挤压应力，东北边界施加 F_2=90MPa 的挤压应力。

6）剖面模型边界条件的施加

岩石变形是由水平方向和垂直方向的应力联合作用的结果，其中最主要的力是构造应力和重力。而构造应力作为地应力的主要成分，一般为水平应力（张西娟，2007）。剖面模型各地层受水平应力的同时也会受到重力的作用，所以剖面边界所施加应力可看作是重力派生的应力场中一个水平分量与构造应力之和（张凤奇等，2012），即：

$$\sigma_H = v \cdot \sigma_V + \sigma_T = v \cdot \rho_r gh + \sigma_T \tag{5-6}$$

$$v = \mu / (1-\mu) \tag{5-7}$$

式中　σ_H——水平最大主应力，MPa；

v——应力比系数；

σ_V——垂直应力，MPa；

σ_T——构造应力，MPa；

ρ_r——上覆岩石的平均密度，g/cm³；

g——重力加速度，m/s²；

h——地层埋藏深度，km；

μ——泊松比。

参考英西地区各地层单元的实际岩石力学参数而取值，对剖面边界施加的挤压应力可表示为随埋深变化的合应力，即：

$$\sigma_H = 14h + \sigma_T \tag{5-8}$$

进行剖面模拟时，把坐标的 x 轴设为北东向，y 轴设为西南向，在模型的右上角处设定 x 和 y 方向的位移约束，在模型的底部设为 y 约束。接着在模型的左右边界施加随深度线性变化的挤压应力（即北东方向的应力），不改变其位移约束条件，而不断尝试变化边界处的构造应力值 σ_T，直至英西地区狮子沟组沉积末期同一深度的模拟值与狮 49 井的实测水平最大主应力值 139.46MPa 最为接近时，就可确定在剖面模型边界所加应力的大小。最终确定 σ_T 为 75MPa，加载的合应力为 σ_H=14h+75，英西地区埋深 h 为 0~10km，得出剖面边界所加挤压应力大小为 75~215MPa。

2. 构造应力模拟结果

1）平面模拟结果

计算输出的应力是按弹性力学的量纲符号定义的，张应力为正，压应力为负。此次把挤压应力作正值处理，从而得出本次模拟的英西地区两期构造应力平面分布结果。

通过应力矢量分布结果来看，英西地区上油砂山组沉积末期、狮子沟组沉积末期最大主压应力方向为北北东向（图5-23）。通过应力大小等值线平面分布可以看出，英雄岭构造带上油砂山组沉积末期水平最大有效主压应力整体呈条带状分布，分布范围大致为50~80MPa。而且区内凹陷处应力值整体比背斜构造带要高，英西地区构造应力为相对低值，对应的典型井处应力也为低值，英西地区水平最大有效主压应力分布在52~66MPa（图5-24）。英雄岭构造带狮子沟组沉积末期水平最大有效主压应力整体呈条带状分布，分布范围为70~106MPa。而且区内凹陷处应力值整体比构造高点处高，英西地区构造应力值相对较低，对应的典型井处应力也为相对低值，英西水平最大有效主压应力范围为70~88MPa（图5-25）。

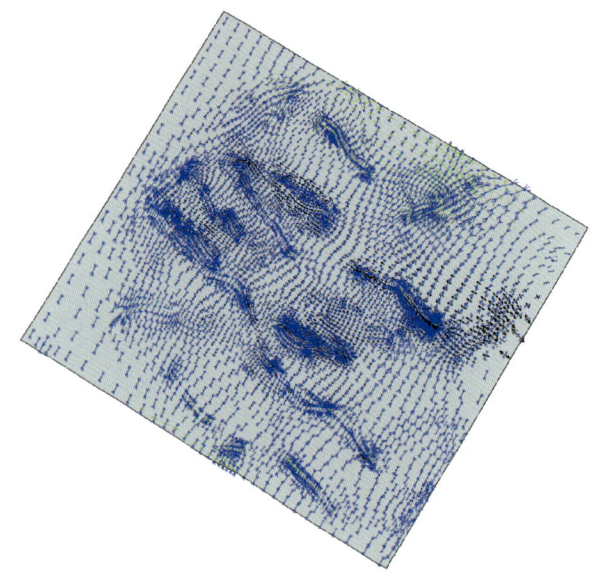

图5-23 柴西地区喜马拉雅中晚期主应力矢量图

2）剖面模拟结果

模拟结果表明，英西地区狮子沟组沉积末期构造应力剖面展布分层明显，最大主应力和差应力大小随深度增加而增加，不同层位之间应力分布差异明显（图5-26和图5-27）。目的层下干柴沟组上段（E_3^2）最大主压应力为110~170MPa。同一层位的最大主压应力一般在凹陷处相对较大，在背斜处相对较小。断裂带是低应力区，靠近断裂处应力值较小且变化大，特别是断裂带上盘。

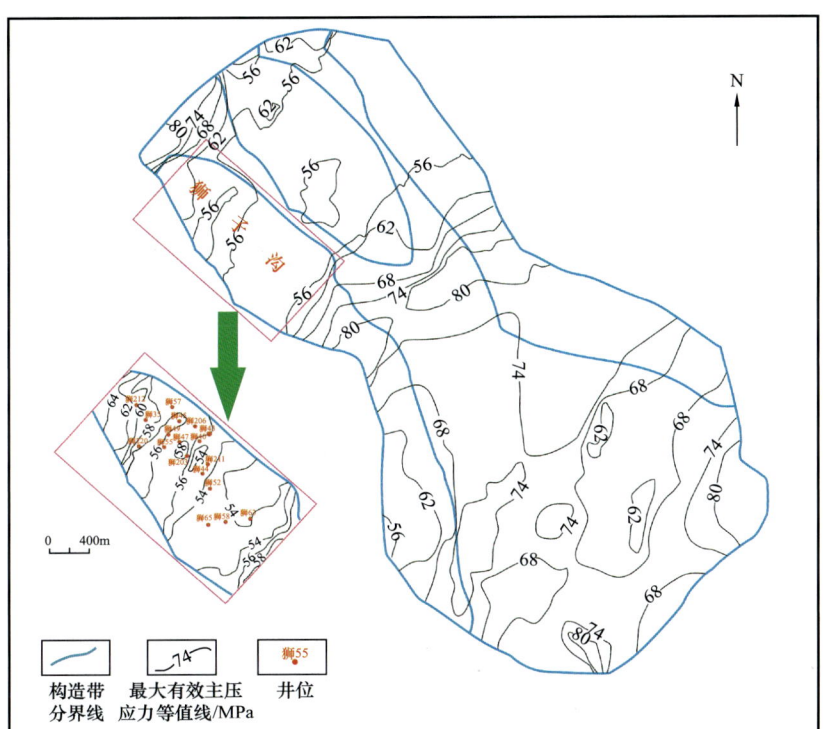

图 5-24 英雄岭构造带上油砂山组沉积末期水平最大有效主压应力平面分布图

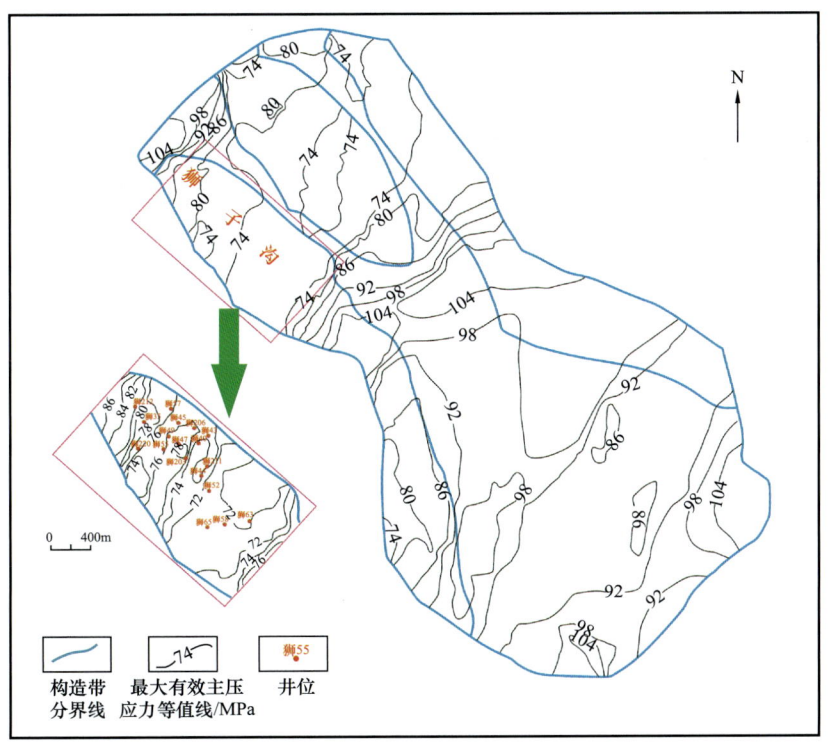

图 5-25 英雄岭构造带狮子沟组沉积末期水平最大有效主压应力平面分布图

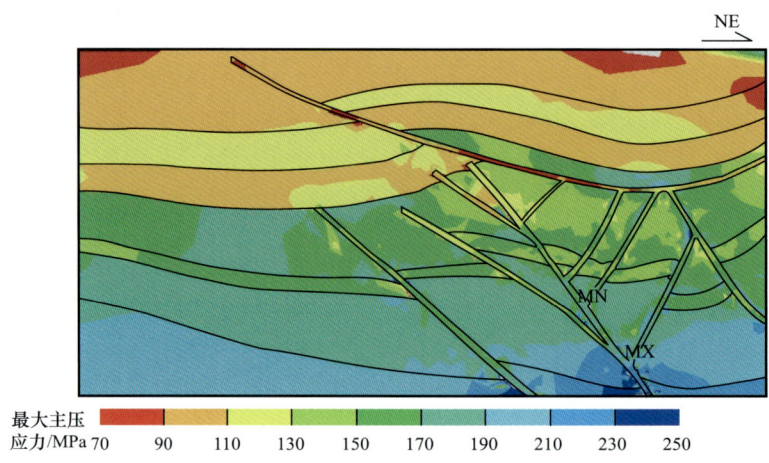

图 5-26　英西地区狮子沟组沉积末期最大主压应力剖面分布图

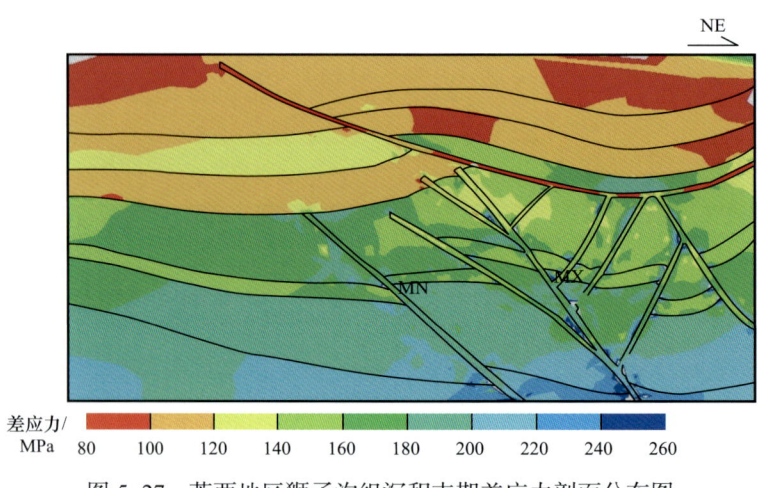

图 5-27　英西地区狮子沟组沉积末期差应力剖面分布图

差应力在断层附近变化明显，相对其他位置数值要大。由断层周边至远离断层的区域，同一位置差应力大小与最大主压应力相差无几，即距离断裂越远的梯度带上，应力强度逐渐减弱，应力集中度有所降低。差应力这一变化趋势也可能反映构造裂缝大概的分布状态，即越靠近断裂处，裂缝发育越多，特别是断裂带上盘；越远离断裂处，裂缝发育越差。

三、古压力恢复及流体压力数值模拟

1. 储层流体包裹体古压力恢复

根据上文所述，英西深层目的层下干柴沟组上段普遍发育超压，压力系数为 1.29～2.02，过剩压力为 12.08～39.61MPa，同一位置下干柴沟组上段压力纵向上变化较大，总体呈下干柴沟组上段中下部较大、向上部变小的趋势。

为恢复目的层储层的古压力,取狮49-1井、狮3-1井、狮41-6-1井的4块岩心,磨制包裹体薄片,利用偏光显微镜、显微冷热台和激光共聚焦显微镜观察油包裹体和与其同期的盐水包裹体,测定油包裹体和同期的盐水包裹体的均一温度、油气包裹体中的气液比,再利用VTFLINC软件来模拟地层的古压力。油包裹体主要发育在方解石脉体中(图5-28),用激光共聚焦显微镜测定并计算包裹体的气液比,狮49-1井下干柴沟组上段测得的5个油包裹体的气液比分别为12.4%、21.4%、14.6%、7.2%、28.5%。

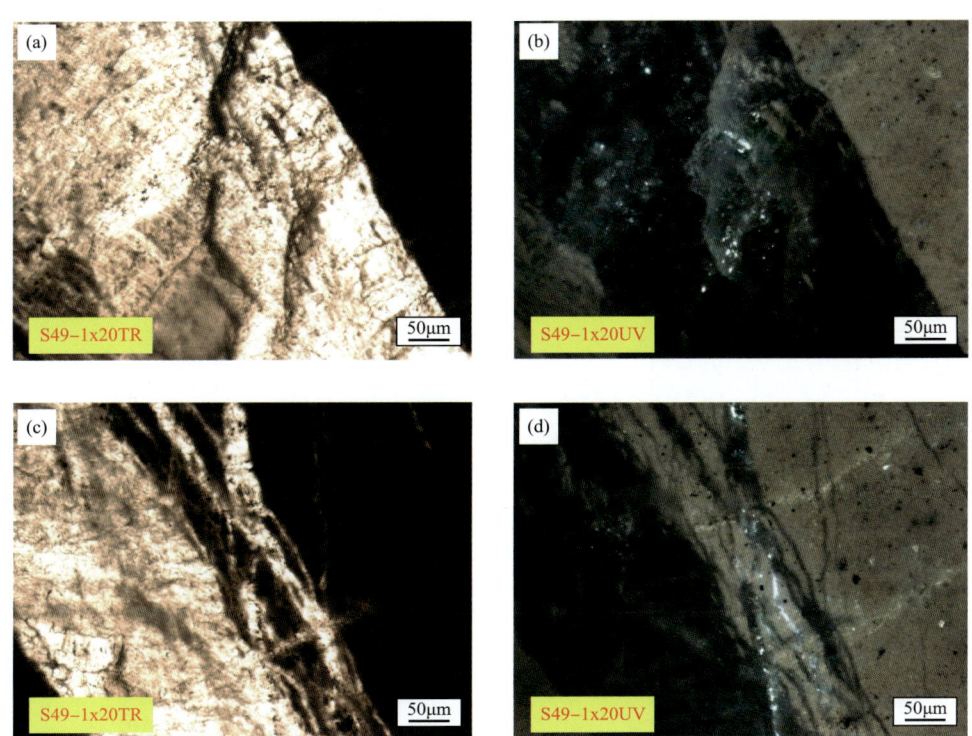

图5-28　柴西地区狮49-1井下干柴沟组上段储层油包裹体镜下特征

选用北美轻质油模型,利用VTFLINC软件模拟出狮49-1井下干柴沟组上段储层的古流体压力分别为63.13MPa、62.47MPa、54.69MPa、37.79MPa、44.12MPa(图5-29),其对应的古温度分别为136.4℃、190.5℃、123.2℃、92.5℃、104.9℃。

2. 超压形成机制

通过泥岩压实曲线编制、垂向有效应力与声波速度的关系、压力分布与烃源岩分布关系、数值模拟等方法,来综合判识英西地区目的层的超压形成机理。

1)不均衡压实作用

通过泥岩综合压实曲线的分布,可以看出泥岩密度和中子孔隙度在N_1(有些井在断层下盘的N_1)开始反转,泥岩密度异常低、中子孔隙度异常高,表明在该反转处及以深泥岩地层中出现了异常高孔隙度(图5-30和图5-31)。

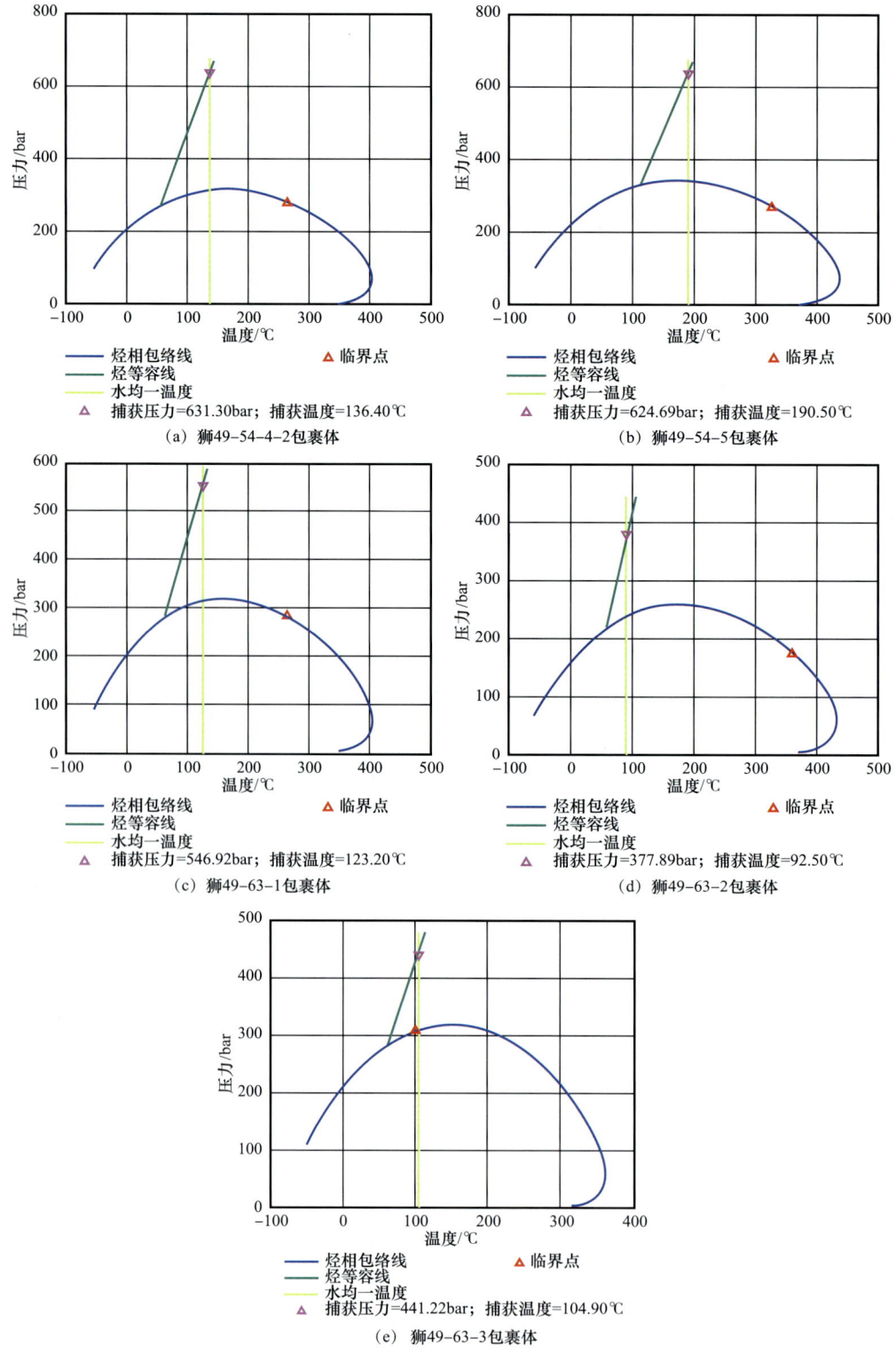

图 5-29 柴西地区狮 49-1 井下干柴沟组的古压力模拟

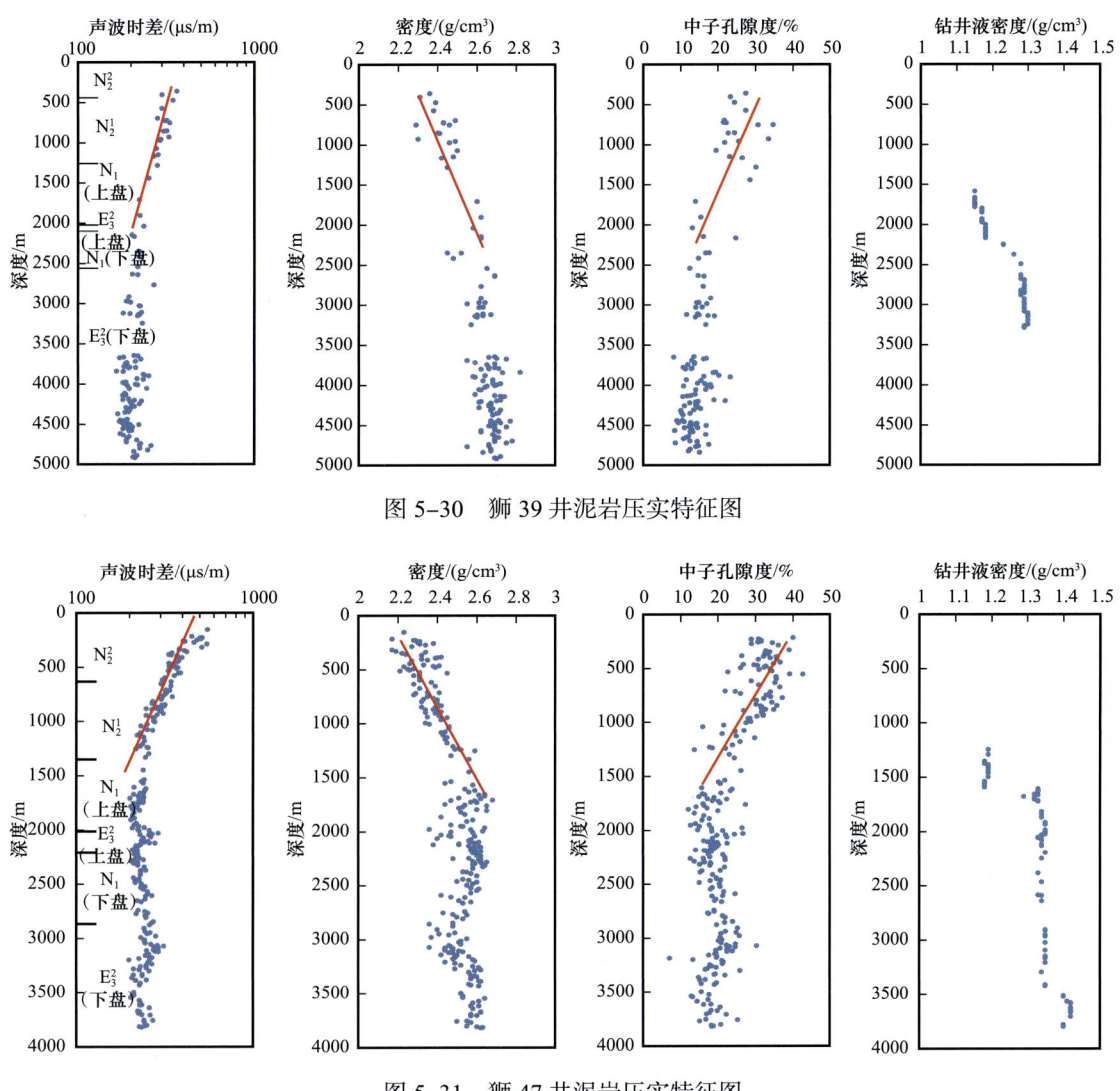

图 5-30 狮 39 井泥岩压实特征图

图 5-31 狮 47 井泥岩压实特征图

同时钻井资料揭示英西地区新近纪以来，沉积速率明显增大，一般可达 100m/Ma 以上，并且 N_1 底部和 E_3^2 发育有厚度不等的膏盐岩，其封闭性较好，表明这些异常高孔隙度的形成与垂向载荷引起的不均衡压实作用密切相关。同时，在新近纪以来，受到了强烈的构造挤压作用，该作用加剧了垂向载荷引起的不均衡压实程度。通过不均衡发生的深度与钻井液密度的分布，可以看出不均衡压实开始的深度与超压开始深度基本一致，表明新近纪以来的沉积和构造挤压共同作用引起的不均衡压实对该区超压的形成具有重要控制作用。

2）生烃作用和超压传递

英西地区 E_3^2 已发现油藏的生储盖组合多为自生自储自盖式，其烃源岩的生烃作用对目的层超压的形成具有重要贡献。烃源岩中生烃增压形成后增强了自身的超压强度，其自身的超压增大到一定程度后会形成微裂缝而排烃，油气进入邻近的灰质泥岩或泥质灰岩等储层之中，该过程中超压强度相对高的烃源岩部分超压会释放而降低，而邻近储层中超压会升高，两者会达到新的压力平衡，源储间会形成超压传递。因此，目的层烃源岩超压的形成除了有不均衡压实的贡献外，还有生烃增压的贡献，而储层超压的形成除了有不均衡压实的贡献外，还有邻近烃源岩层生烃增压后引起的超压传递作用。

判断该区烃源岩生烃增压形成的理由有以下几个方面：一是从典型井全烃录井和泥浆密度随埋深变化图上可以看出，在下干柴沟组上段中下部烃源岩生烃作用强的层段，地层超压往往有较大幅度的升高（图5-32）。超压的大幅度升高可能是生烃增压作用的结果。二是从典型井垂向有效应力与声波速度关系图上可以看出，目的层大多数超压点明显偏离正常压实趋势线（图5-33），说明这些位置点的超压有卸荷增压的贡献。结合实际地质条件，生烃作用最有可能引起该卸荷增压作用，其次为构造挤压作用。从典型井超压的数值模拟来看，生烃增压可占总超压的35%～65%（图5-34）。

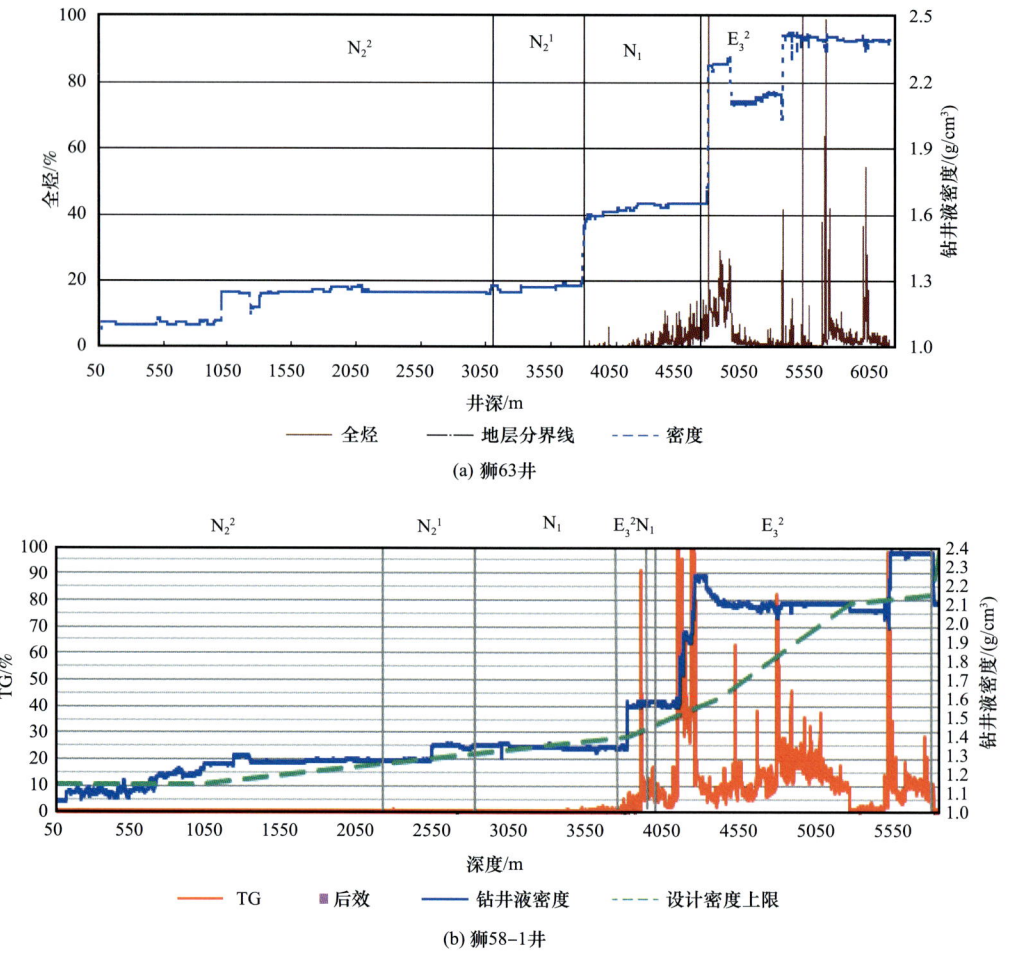

图 5-32 英西地区典型井全烃录井和钻井液密度随埋深变化图

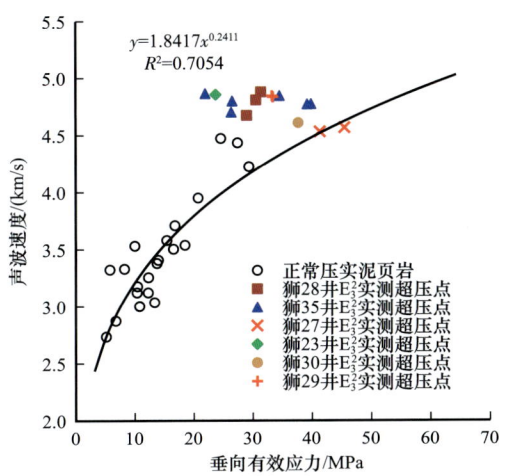
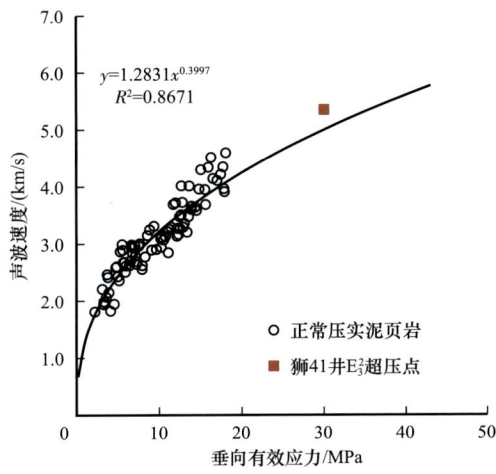

图 5-33 柴西地区典型井垂向有效应力与声波速度的关系

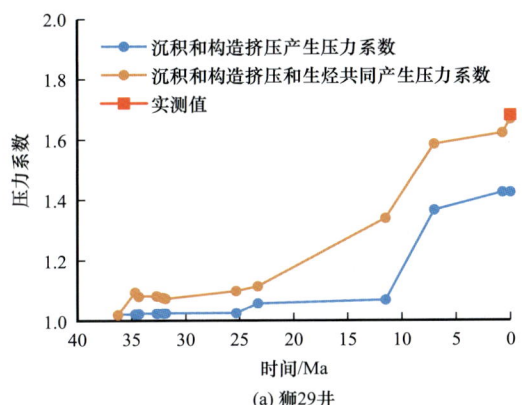
(a) 狮29井

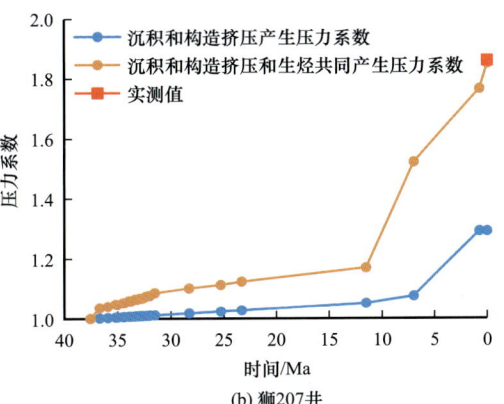
(b) 狮207井

图 5-34 柴西地区典型井目的层地层压力模拟演化图

3）构造挤压作用

英西地区在喜马拉雅晚期经历了强烈的构造挤压作用，将实测水平最大有效主压应力与垂向有效主应力相比（表 5-4），可得喜马拉雅晚期（狮子沟组剥蚀期以来）水平主应力大于垂向载荷应力。在狮子沟组沉积末期普遍达到最大埋深，从上述泥岩压实作用分析可知，该时期已形成了欠压实作用，已具有较好的封闭条件。狮子沟组沉积晚期以来，强烈的构造挤压作用很容易产生流体增压，根据上述数值模拟，可以看出构造挤压作用在英西地区干柴沟组上段普遍形成了一定幅度的流体增压，该增压对总超压的贡献可达 25%～50%。可见，构造挤压对下干柴沟组上段地层超压具有重要贡献。

依据上述超压形成机理可得，英西地区泥岩层中超压的主要形成机理为欠压实和构造挤压，烃源岩中除了这两种机制之外，还有生烃作用。储层中有欠压实、构造挤压及超压传递。

表 5-4 柴西声发射测试最大有效应力平均值统计结果

井名	样品层位	样品数	井段 / m	狮子沟组沉积末期水平最大有效主压应力 / MPa	估算垂向有效主应力 / MPa
狮 220 井	下干柴沟组上段	3	3946.13～3949.94	76.6	39.94
狮 49 井	下干柴沟组上段	4	3776.8	76.5	29.61
狮 3 井	下干柴沟组上段	3	4367～4367.9	54.0	34.24

3. 流体压力数值模拟及其特征

1）参数选取

依据上述超压形成机理的分析，流体压力数值模拟时需要对各单井发育的岩性进行精细解释，同时要获取各地层厚度、其沉积和剥蚀时期、剥蚀量、大地热流及地表温度等参数。剥蚀量采用郭泽清等（2017）的研究成果，大地热流采用邱楠生（2000）的研究成果，同时模拟的热历史利用实测 R_o 值进行了热校正（图 5-35），对各井加载的构造挤压应力参考了上述构造应力的数值模拟结果，烃源岩 TOC 含量采用了张道伟等（2020）的研究结果（图 5-36），模拟地层压力用实测地层压力和包裹体恢复的古压力进行约束（图 5-37）。

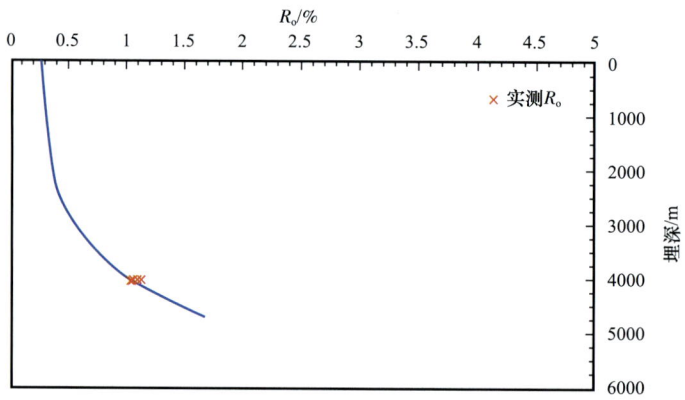

图 5-35 狮 41-2 井 R_o 随埋深的演化和实测 R_o 的关系图

2）现今流体压力垂向特征

常用数值模拟软件如 PetroMod 和 BasinMod 等在模拟地层压力时，均没有考虑构造挤压作用，本次主要利用自主开发的考虑构造挤压和生烃作用的数值模拟软件与地质综合分析，来定量表征英西地区目的层下干柴沟组上段超压的形成和演化特征。

结合上述参数，对 30 口井进行流体压力数值模拟，由典型井压力系数随深度演化特征图（图 5-38 至图 5-40）来看，目的层下干柴沟组上段普遍发育流体超压，压力纵向上变化较大，总体下干柴沟组上段压力系数随深度增加而增大，中上部压力系数相对较低，压力系数多小于 1.5；中部压力系数相对较高，多在 1.5~1.7 之间；下部压力系数最高，多大于 1.7；部分深度的压力系数在 2.0 以上。

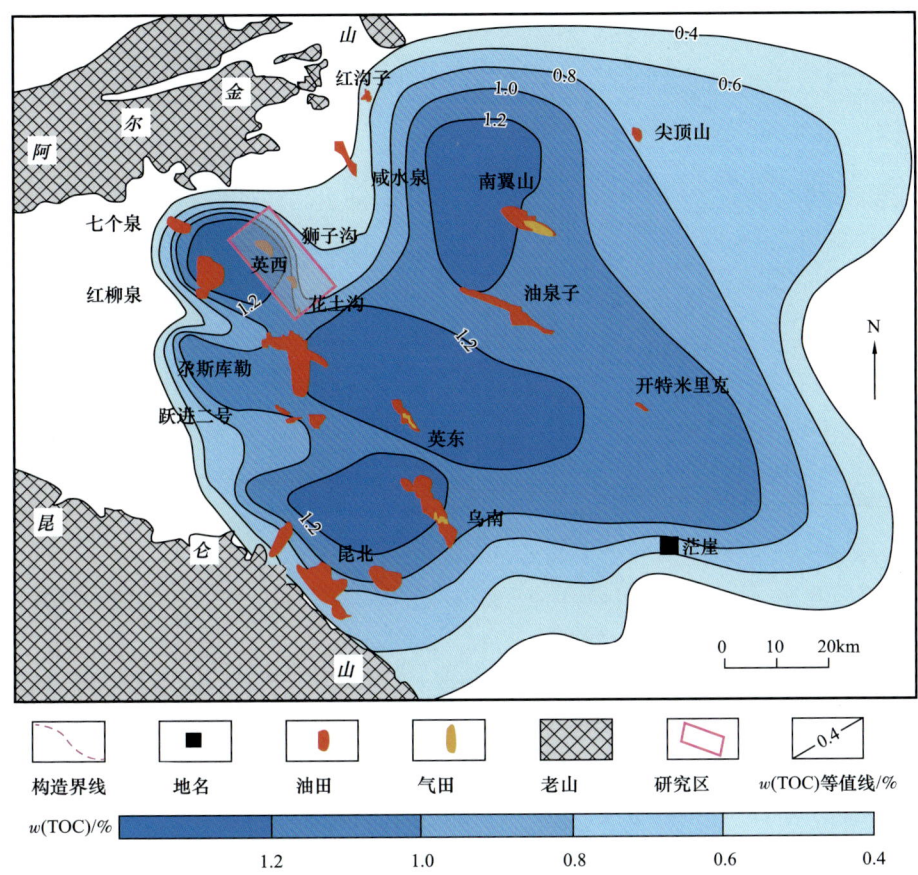

图 5-36　英西地区下干柴沟组上段 TOC 等值线图（据张道伟等，2020）

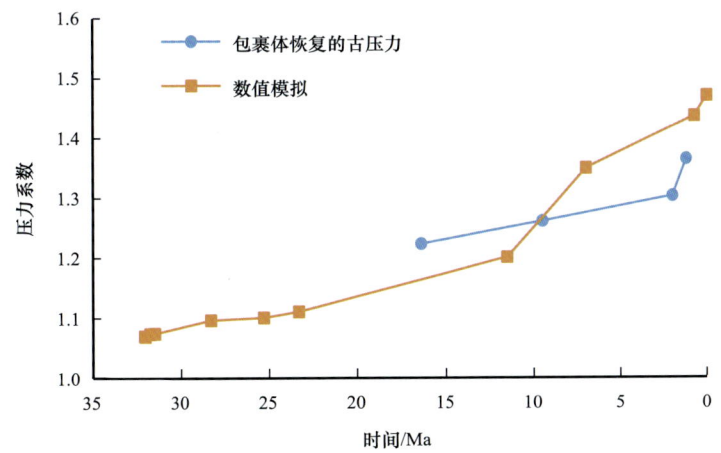

图 5-37　狮 49-1 井下干柴沟组上段地层压力数值模拟的古压力约束图

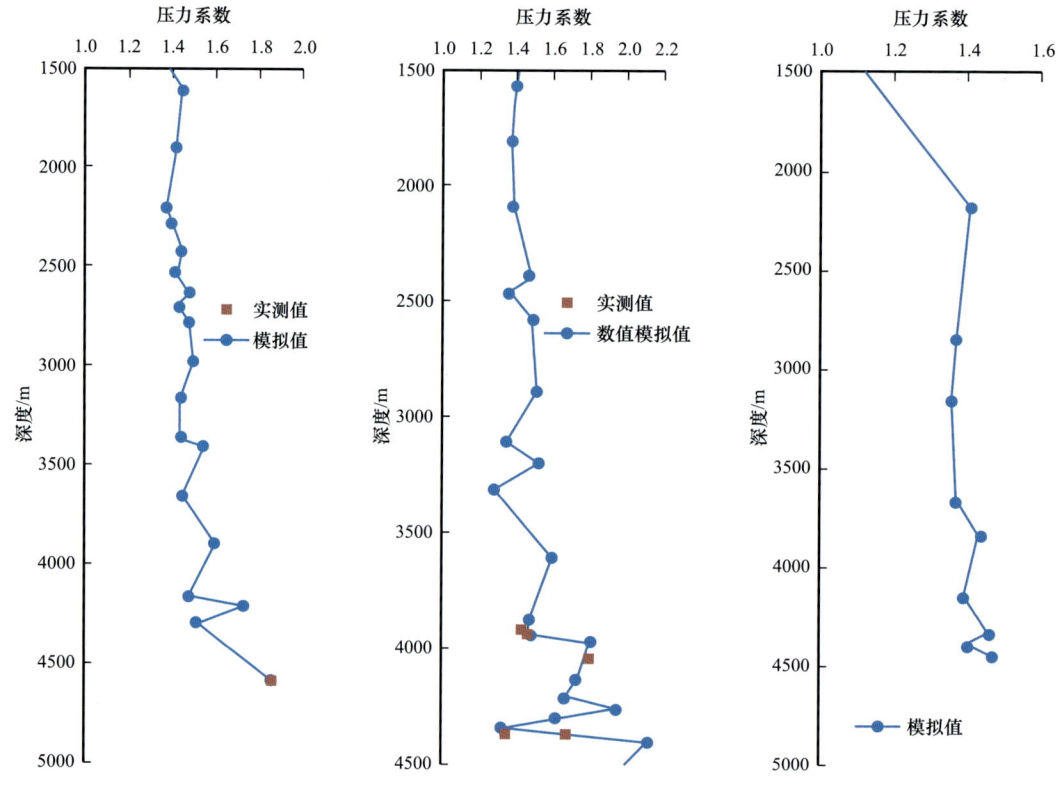

图 5-38 英西地区北带狮 207 井地层压力随深度演化特征图

图 5-39 英西地区中带狮 35 井地层压力随深度演化特征图

图 5-40 英西地区南带狮 52 井地层压力随深度演化特征图

3）单井目的层随时间的演化特征

根据典型井目的层地层压力随时间演化特征图和地层压力不同形成机理演化特征图（图 5-41 至图 5-46），可以将地层压力演化划分为 4 个阶段，第 1 阶段在 23.5Ma 以前，目的层由于不均衡压实作用存在弱超压。第 2 阶段在 23.5—11.5Ma 之间，烃源岩开始生烃，生烃作用对超压演化过程中有持续的贡献，此阶段地层压力增长缓慢。第 3 阶段在 11.5—7Ma 之间，在沉积和构造挤压共同作用下，整体上各类地层压力快速增大，特别是富含有机质的地层，生烃增压使得其地层压力增速更大。构造挤压下，烃源岩中构造裂缝、超压裂缝和断层发育，烃源岩流体超压向邻近各类储层中产生超压传递，使得邻近储层压力增加。第 4 阶段在 7Ma 到现今，构造抬升阶段，地层压力有小幅度降低，但压力系数有小幅度升高或不变。

目的层不同岩性中发育的超压大小也不相同。在目的层超压演化过程中，泥岩中的压力系数在超压演化过程中持续大于其他岩性；灰质泥岩、砂质泥岩压力系数在超压演化过程中相对较高；膏盐岩层中压力系数在超压演化过程中最低。

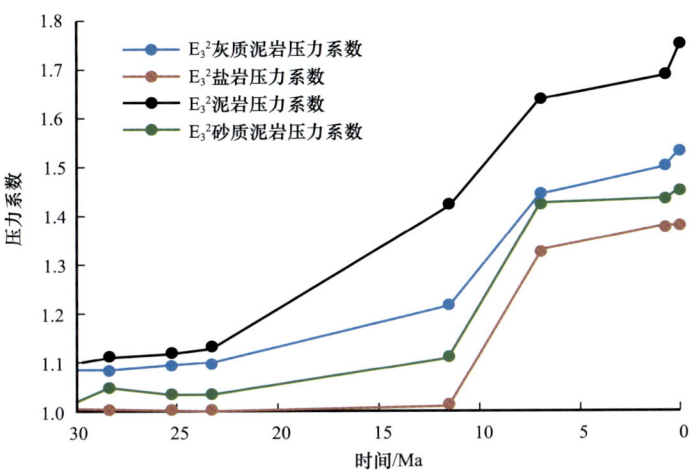

图 5-41　英西地区北带狮 207 井下干柴沟组上段地层压力随时间演化图

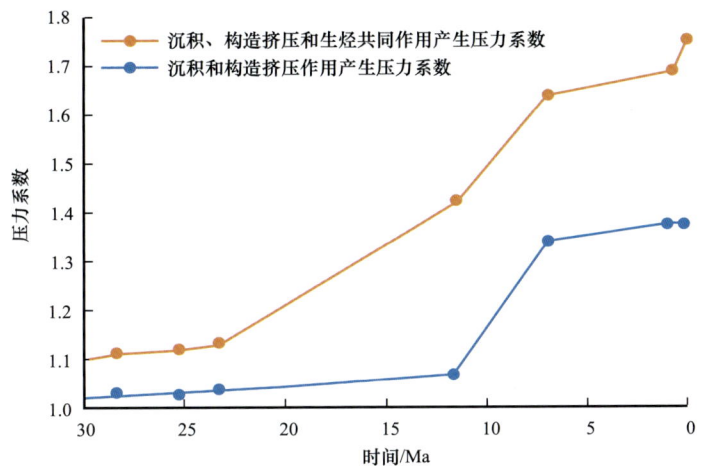

图 5-42　英西地区北带狮 207 井目的层泥岩不同形成机制压力的演化图

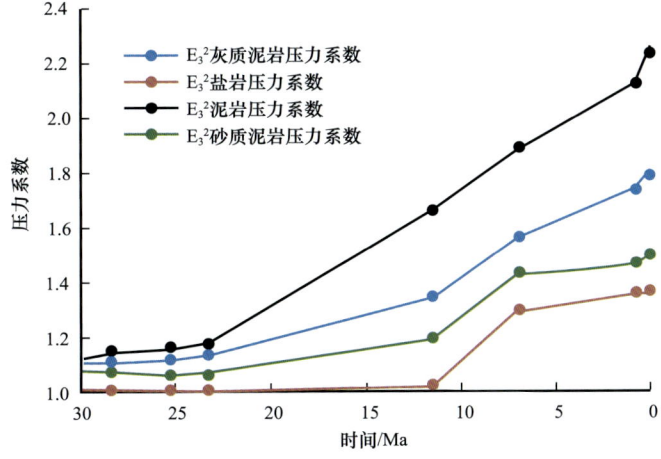

图 5-43　英西地区中带狮 41-2 井下干柴沟组上段地层压力随时间演化图

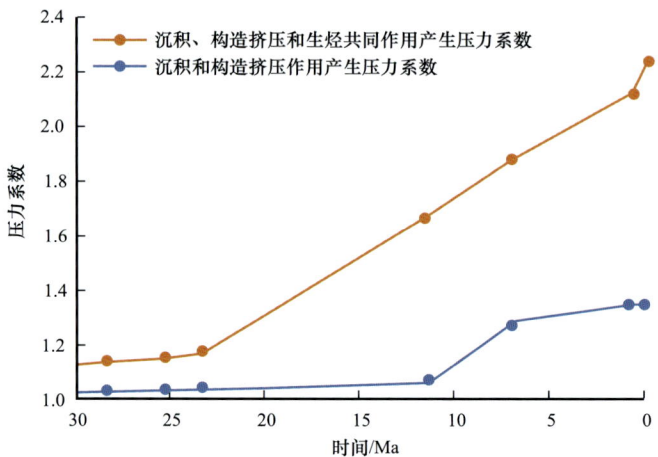

图 5-44　英西地区北带狮 41-2 井目的层泥岩不同形成机制压力的演化图

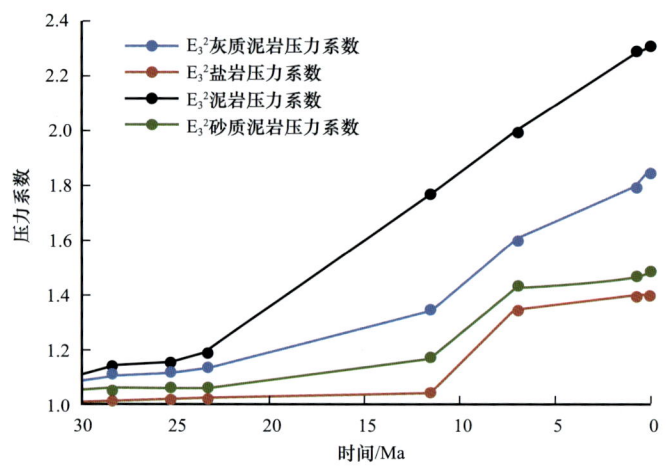

图 5-45　英西地区南带狮 65 井下干柴沟组上段地层压力随时间演化图

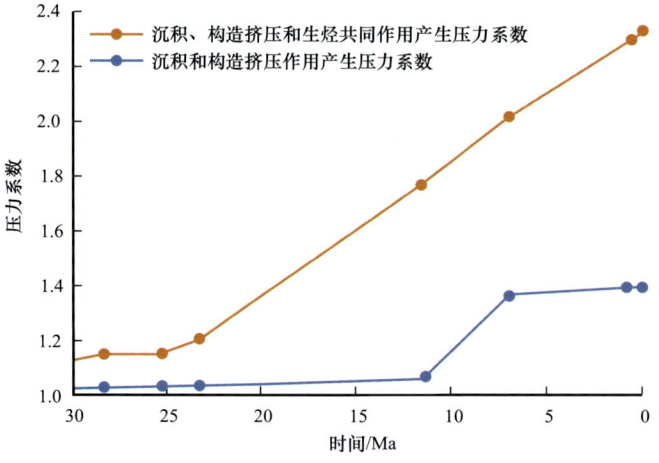

图 5-46　英西地区北带狮 65 井目的层泥岩不同形成机制压力的演化图

四、应—压—岩三元耦合控藏机制

大量的油气勘探实践表明,英西地区 E_3^2 已发现油藏的生储盖组合多为自生自储自盖式,裂缝和溶孔是这类油藏重要的储集空间和主要的渗流通道,不仅控制了优质储层的展布,而且控制了油气的富集高产。因此,裂缝分布规律研究对指导其油气勘探和开发具有重要意义。

裂缝的发育主要受构造应力、岩性、层厚、地层压力和沉积微相等因素综合控制。为了定量化地研究英西地区深层裂缝,主要通过三个因素来进行油藏的裂缝预测:一是用生储盖组合本身的岩石力学参数来预测裂缝的分布情况,岩石单轴抗压强度的大小决定了岩石自身的脆塑性,是裂缝发育的重要参数;二是流体压力的大小对微裂缝的形成及油气的运移具有重要影响作用,前文已经叙述了该区地层超压形成机理;三是差应力也是裂缝发育的主要因素,通过建立地质模型和力学模型,利用构造应力场数值模拟方法模拟差应力大小,进行储层裂缝预测。

结合以上 3 个因素,提出应(构造应力)—压(流体压力)—岩(岩石力学结构和产状)三元耦合控裂缝、控油气运聚成藏,并建立了定量化预测裂缝的 3 种方法。

1. 裂缝预测方法

本次研究,用 3 种方法进行目的层裂缝段预测。

1)方法 1:压力与岩石耦合系数法

在相同地层条件下,地层流体压力系数与裂缝发育呈正相关,岩石单轴抗压强度与裂缝发育为负相关,所以用地层压力系数与单轴抗压强度的比值来判别裂缝发育,它们的比值就是压力与岩石耦合系数。系数越大,在地层中裂缝越容易发育;系数越小,在地层中裂缝越难发育。

利用式(5-9)计算压力与岩石耦合系数:

$$PT = 100 \frac{P_{CO}}{\sigma} \quad (5-9)$$

式中 PT——压力与岩石耦合系数,MPa^{-1};

P_{CO}——压力系数;

σ——单轴抗压强度,MPa;

100——调整系数。

通过英西地区 30 口井的岩心观察,找到目的层对应深度的实际裂缝段,通过计算实际裂缝段的压力与岩石耦合系数,得到实际裂缝段的压力与岩石耦合系数均大于 $0.6MPa^{-1}$,因此,该区裂缝段预测的压力与岩石耦合系数下限为 $0.6MPa^{-1}$。

2）方法2：水力破裂系数法（应—压—岩三元耦合）

天然水力破裂及其伴生的流体泄放过程是超压层系产生裂缝的重要方式。以张性盆地为例，在超压环境，三轴有效应力分别由静水压力环境的 S_V（垂向应力，相当于静岩压力或负载压力）、S_H（最大水平应力）和 S_h（最小水平应力）变为 S_V-P_p、S_H-P_p 和 S_h-P_p，其中 P_p 为孔隙流体压力。当孔隙流体压力超过最小水平应力（S_h）和地层抗张强度（T）之和时，地层发生破裂并引起流体排放，即：

$$P_p > S_h + T \tag{5-10}$$

式中　P_p——孔隙流体压力，MPa；

　　　S_h——最小水平应力，MPa；

　　　T——地层抗张强度，MPa。

S_h+T 通常被视为可保存的最强超压，可视为地层的破裂压力（P_F）。

为了方便判别裂缝，我们将式（5-10）转换为式（5-11）：

$$WP = \frac{P_p}{S_h + T} \tag{5-11}$$

式中　WP——水力破裂系数；

　　　P_p——流体压力，MPa；

　　　S_h——最小主应力，MPa；

　　　T——岩石的抗张强度，MPa。

最小主应力 S_h 可由式（5-12）获得：

$$S_h = \nu \sigma_v \tag{5-12}$$

式中　ν——应力比系数；

　　　σ_v——垂直应力，MPa。

ν 值可由式（5-7）计算获得。

当水力破裂系数大于1，认为该地层易发育裂缝；当水力破裂系数小于1，认为该地层不易发育裂缝。

3）方法3：差应力法

为了确定岩石在应力作用下何时破裂形成裂缝，需要选用一定的破裂准则加以判断。为了使模拟预测更真实地反应实际情况，重点研究剪破裂的发育与构造应力场的关系。判断岩石在应力场的作用下是否发生剪破裂一般采用库伦准则：

$$[\tau] = (C + \sigma_n \tan\varphi) \cos\varphi \tag{5-13}$$

式中　$[\tau]$——抗剪强度；

　　　C——内聚力，Pa；

σ_n——考虑流体孔隙压力影响的有效正应力，MPa；

φ——内摩擦角，(°)。

C 和 φ 是两个材料常数；内聚力 C 是当 $\sigma_n=0$ 时的抗剪强度；并定义 $\mu=\tan\varphi$ 为内摩擦系数。

$$\sigma_n = \frac{\sigma_1 + \sigma_3}{2} \tag{5-14}$$

$$\tau_n = \frac{\sigma_1 - \sigma_3}{2} \tag{5-15}$$

式中　τ_n——剪破裂面上的剪应力；

σ_1——最大主应力，MPa；

σ_3——最小主应力，MPa。

按照库伦准则，当 $\tau_n=[\tau]$ 时，则认为岩石发生破裂；当 $\tau_n<[\tau]$ 时，则认为岩石不发生破裂。但是，按库伦剪破裂准则只能判断岩石是否发生剪破裂，而不能判断剪破裂的发育程度（鞠玮等，2013）。在理论上 $\tau_n>[\tau]$ 的情况不会出现，但实际的地质体并非均质体，包络线只能代表地质体的平均情况。有时即使 $\tau_n>[\tau]$，岩石可能也未发生破裂，而有时 $\tau_n<[\tau]$，岩石却发生破裂了。为了衡量岩石是否发生剪破裂的概率，这里引入剪破裂值的概念，剪破裂值 I 的定义为：

$$I = \frac{\tau_n}{[\tau]} \tag{5-16}$$

由式（5-13）至式（5-16），可得剪破裂值 I 的计算式：

$$I = \frac{\sigma_1 - \sigma_3}{2C\cos\varphi + (\sigma_1 + \sigma_3)\sin\varphi} \tag{5-17}$$

式中　I——剪破裂值。

显然，当某处的 I 值远低于 1，说明该处发生剪破裂的可能性极低；同样当某处的 I 值远高于 1，说明该处发生剪破裂的可能性极高。这样便可将剪破裂值 I 的大小与剪裂缝发育的程度定性联系了起来，并且认为高剪破裂值地区的构造裂缝比低剪破裂值处更发育（詹彦等，2014；于璇等，2016）。

具体的构造裂缝发育程度定量预测操作流程如图 5-47。依据上面得到的英西地区喜马拉雅晚期构造应力剖面模拟结果，导出模型中所有节点主应力 σ_1 和 σ_3 的大小，并结合相应的岩石力学参数，设定岩石的内聚力 C 和内摩擦角 φ，依照公式计算出剖面模型各层节点的破裂值（剪破裂值）。用所选的破裂准则判别节点破裂情况，从而预测得到英西地区喜马拉雅晚期裂缝的分布范围。

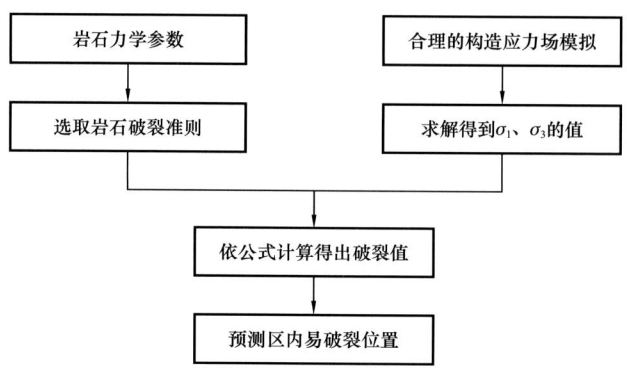

图 5-47 破裂值法预测构造裂缝发育程度的流程图

2. 裂缝发育特征

通过英西地区 30 口井的数据计算，用以上 3 种方法分别计算压力与岩石耦合系数、水力破裂系数和剪破裂值，以 3 种不同的方法共同约束裂缝的发育，达到对可能发育的裂缝段进行准确预测。由前文可知，当盖层和储层的压力与岩石耦合系数大于 0.6 时，水力破裂系数大于 1，剪破裂值 I 大于 1，我们认为裂缝容易发育；反之，压力与岩石耦合系数小于 0.6 时，水力破裂系数小于 1，剪破裂值 I 小于 1 裂缝不易发育。

1）裂缝垂向分布特征

由英西地区 30 口井 E_3^2 单井裂缝段预测图来看（图 5-48 至图 5-50），垂向上，E_3^2 上部储层和盖层的压力与岩石耦合系数整段多小于 0.6，水力破裂系数小于 1，破裂薄弱段发育相对较少；E_3^2 中部部分深度段压力与岩石耦合系数大于 0.6，水力破裂系数大于 1，储层和盖层的破裂薄弱段发育较好；E_3^2 下部储层和盖层的压力与岩石耦合系数整段多大于 0.6，水力破裂系数大于 1，破裂薄弱段发育最好。

古近系裂缝垂向发育特征与上部普遍发育膏盐岩、流体异常压力向深部逐渐增大、深部发育优质烃源岩有关。膏盐岩发育区裂缝易充填，远离膏盐岩层，裂缝充填变弱；异常高压的存在，既可以在挤压环境形成呈透镜状分布的拉张裂缝，还可以使早期闭合的裂缝再次张开；优质烃源岩生烃排出有机酸，有机酸沿裂缝溶蚀充填物，形成溶蚀孔洞。

2）裂缝平面分布特征

平面上英西地区深层以①号断层和②号断层为界（图 5-22），从南西向北东依次划分为南带、中带和北带（张永庶等，2018），统计英西地区 29 口井的裂缝预测厚度，绘制英西地区 29 口井裂缝预测厚度柱状图（图 5-51）和英西地区裂缝平面分布图（图 5-52）和英西地区 E_3^2 的裂缝预测剖面图（图 5-53 和图 5-54）。由图可见，英西地区北带裂缝发育相对较好；中带裂缝发育厚度最大，南带裂缝发育程度相对较低。

从英西地区 E_3^2 的裂缝预测剖面图也可以看出，英西地区目的层中、下部裂缝相对于上部发育较好，其中下部裂缝厚度大于中部。

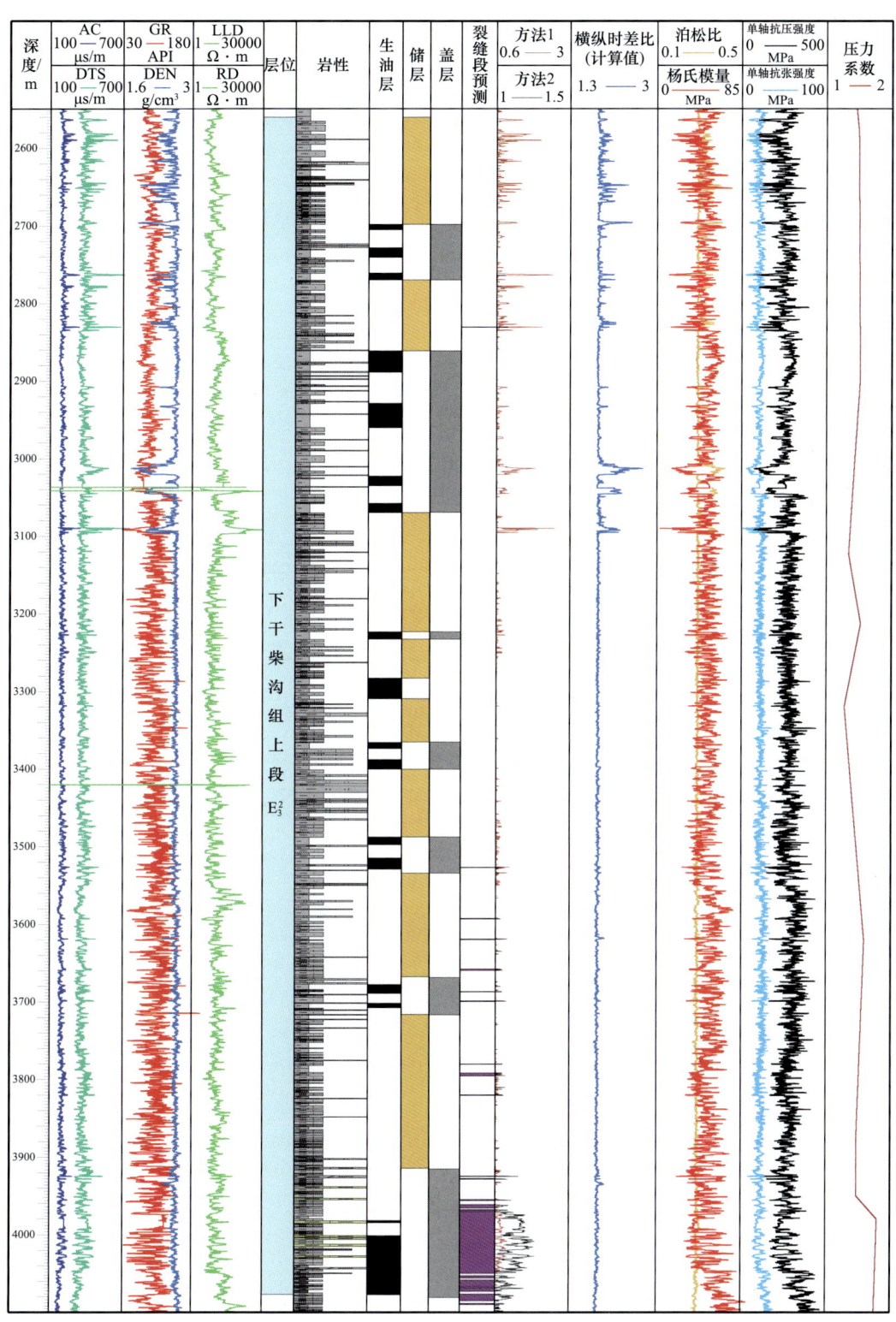

图 5-48 狮 203 井 E_3^2 裂缝段预测图

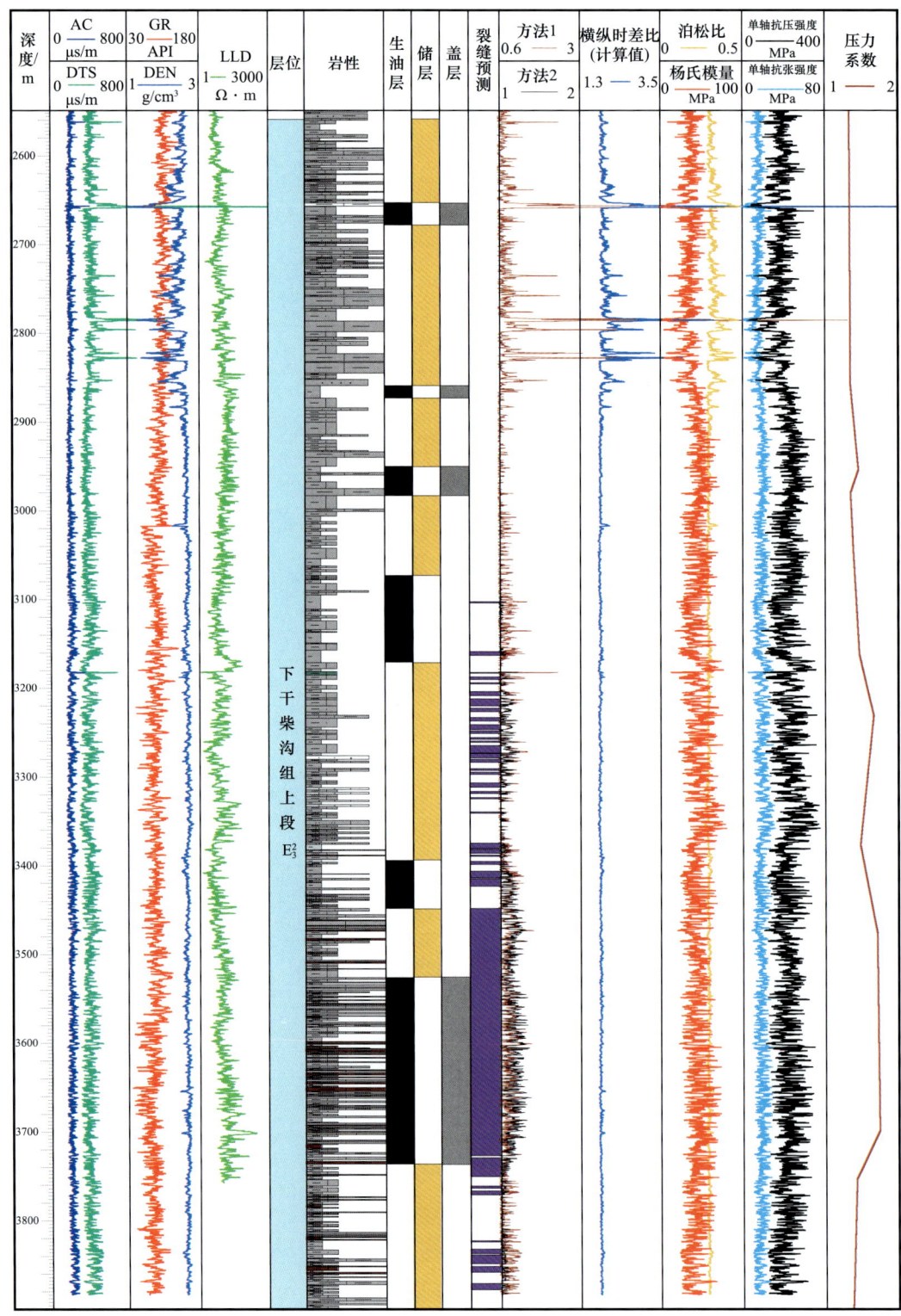

图 5-49 狮 27 井 E_3^2 裂缝段预测

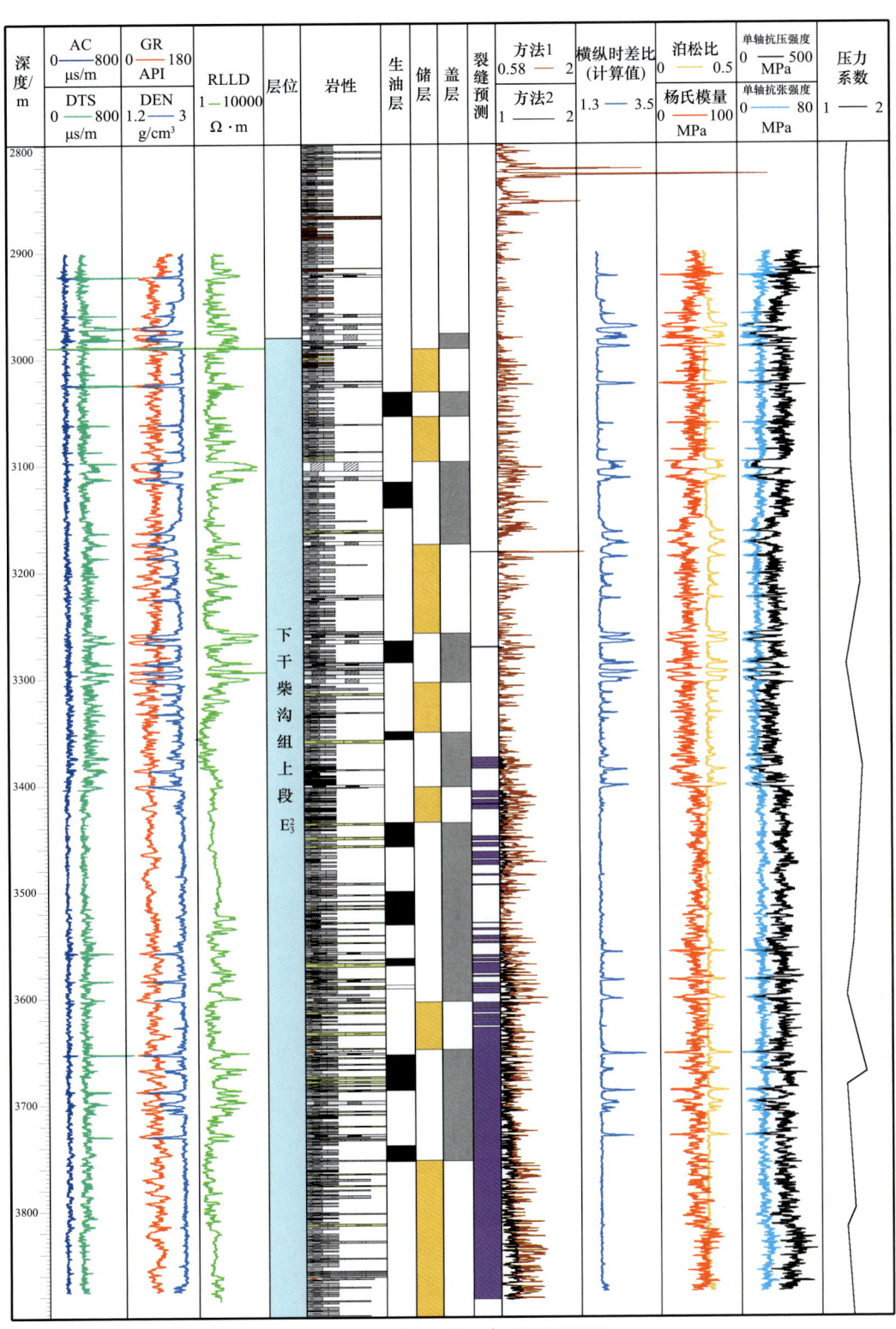

图 5-50 狮 24 井 E_3^2 裂缝段预测

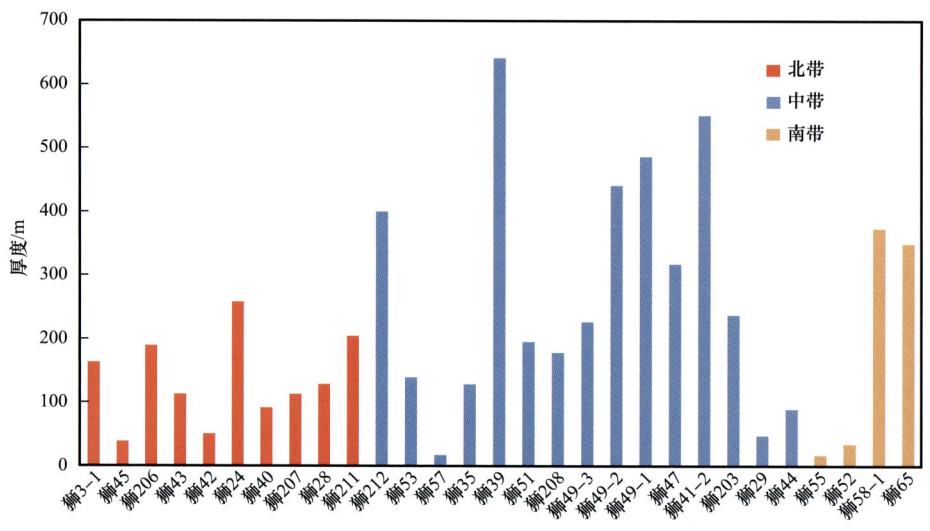

图 5-51　英西地区 29 口井裂缝发育段预测厚度柱状图

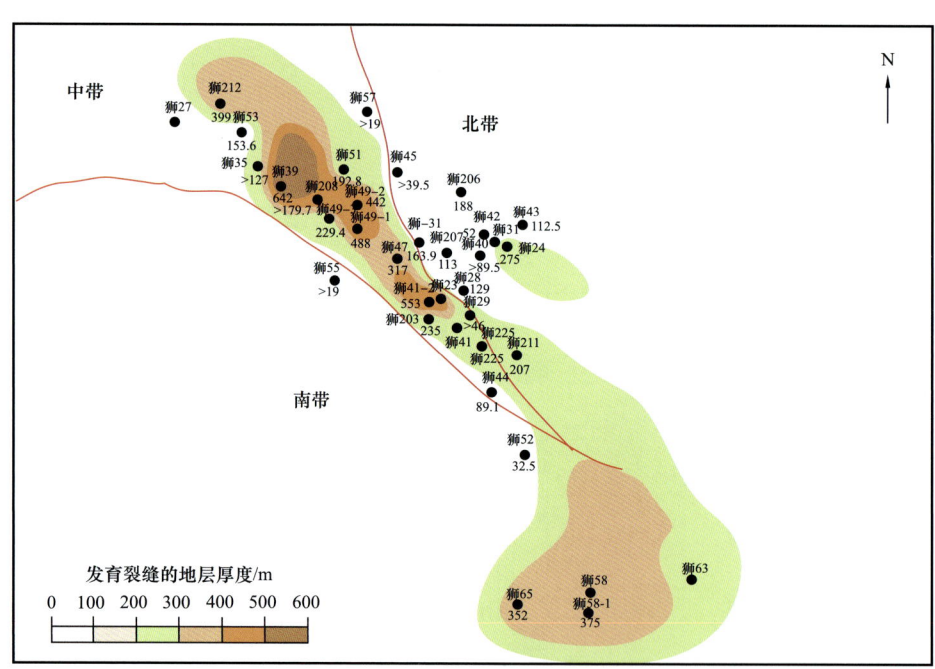

图 5-52　英西地区裂缝平面分布图

3. 油气富集成藏规律

柴西英雄岭构造带英西地区古近系发育以泥岩为主、夹薄层膏盐岩的一套区域盖层，E_3^2 上部薄层膏盐岩较发育，在盐层上部形成滑脱冲断构造，盐下形成叠瓦冲断构造，与库车冲断带类似，但由于膏盐岩岩层薄，且不连续，上下断裂体系中油源断裂和调整断裂局部相连，原油垂向运移、盐下近源和盐上远源层系均富集成藏（图 5-55）。

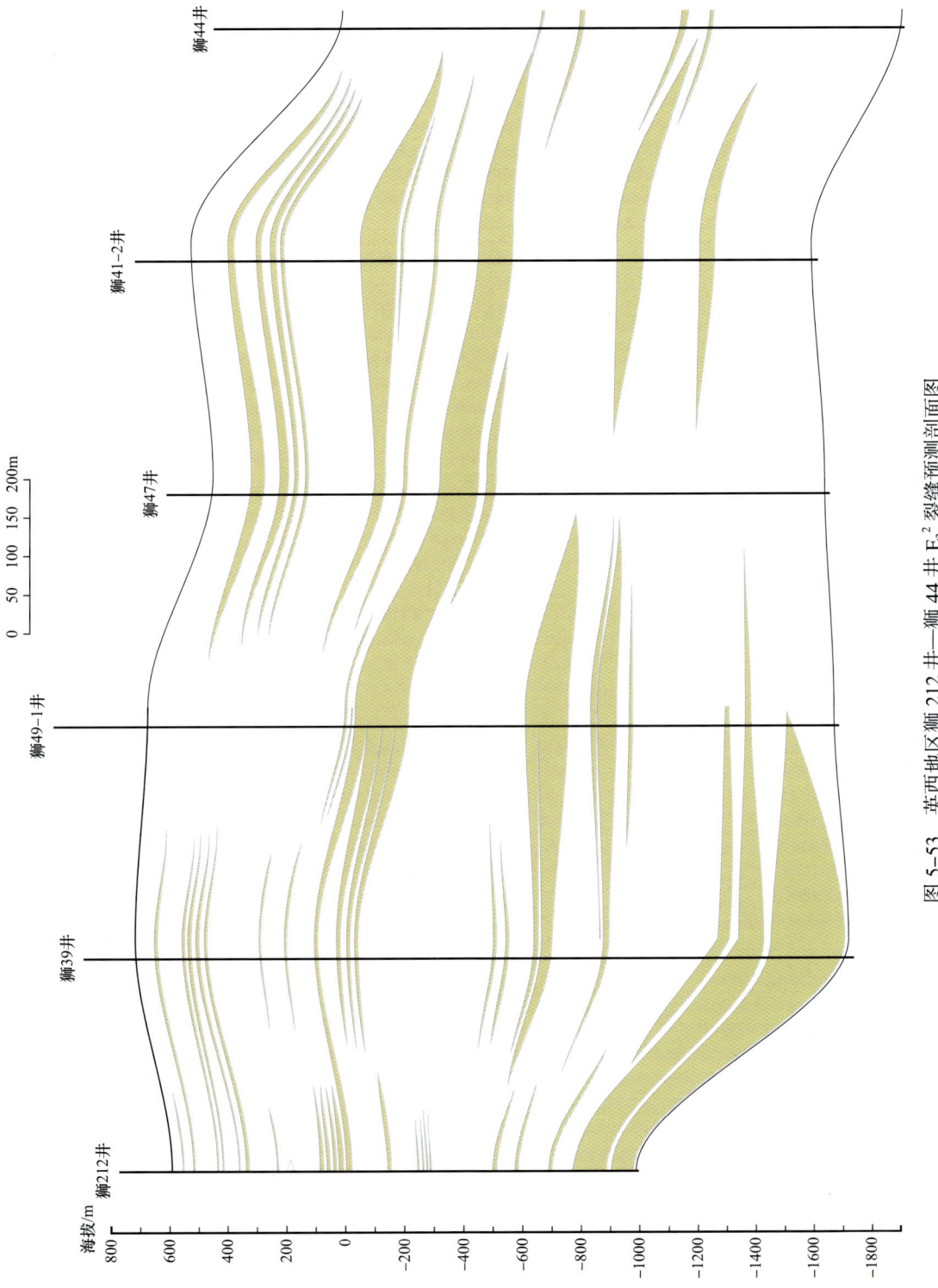

图 5-53 英西地区狮 212 井—狮 44 井 E_3^2 裂缝预测剖面图

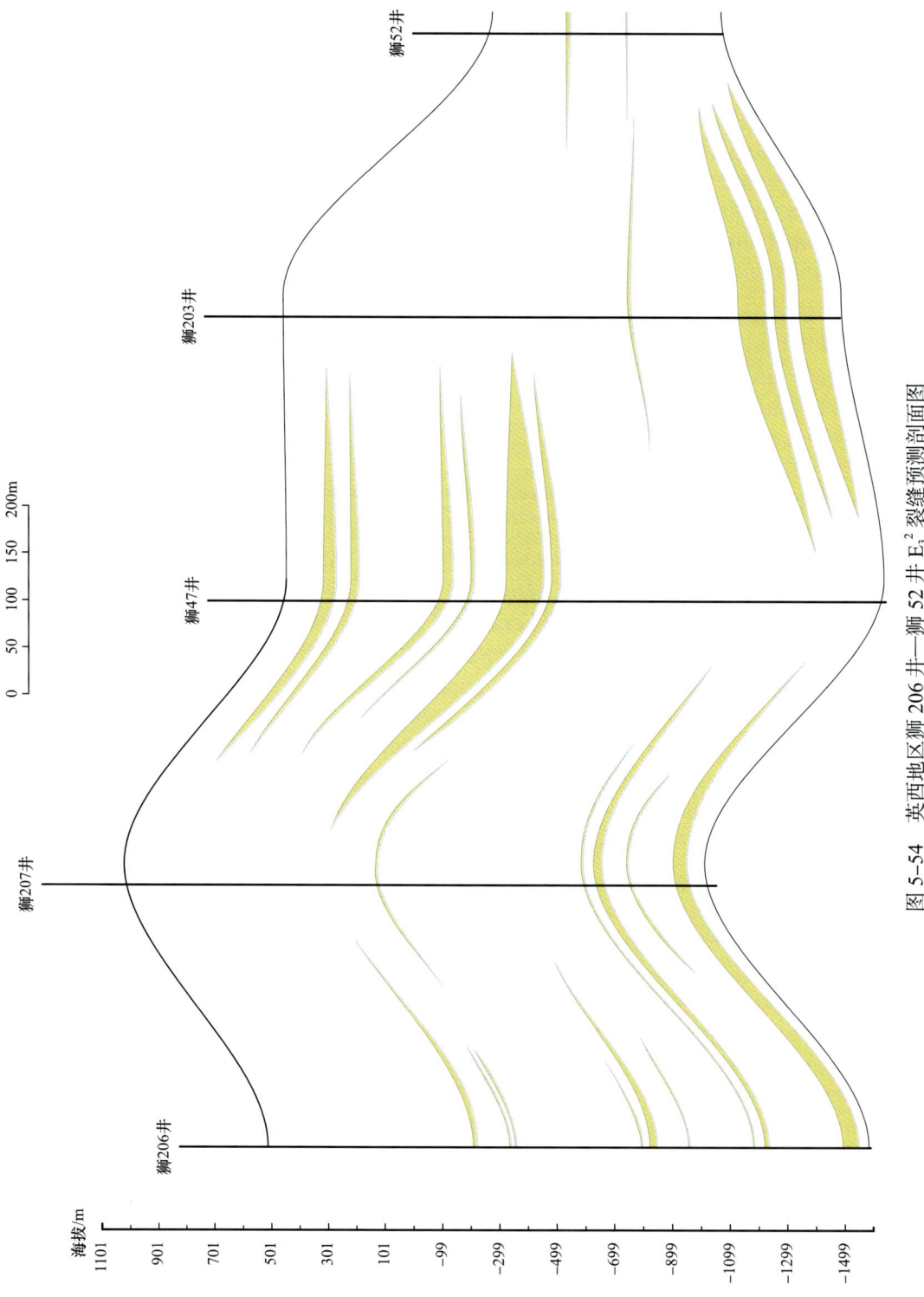

图 5-54 英西地区狮 206 井—狮 52 井 E_3^2 裂缝预测剖面图

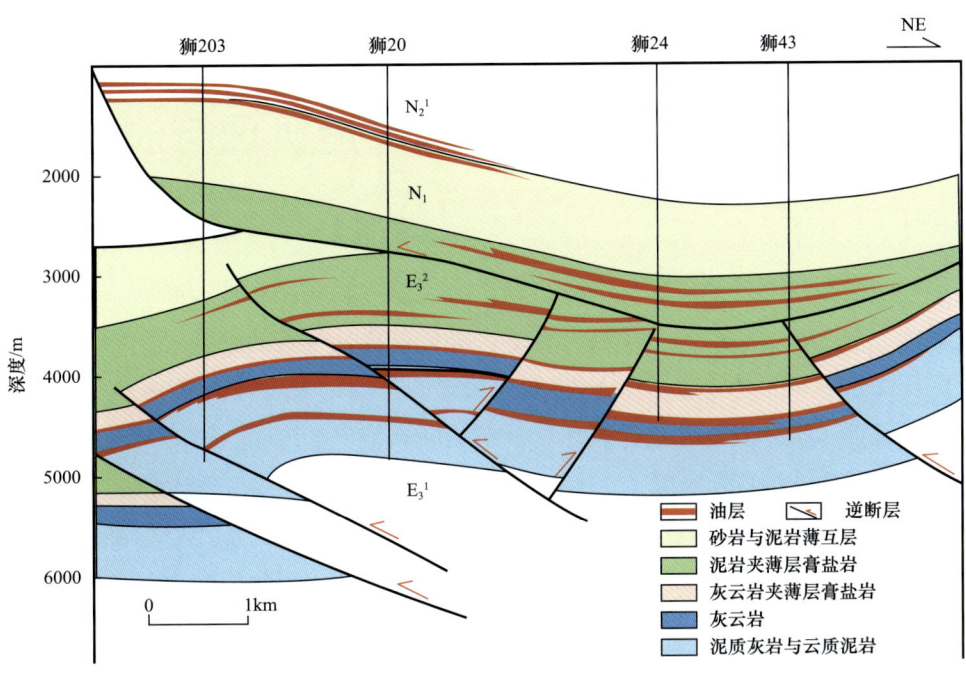

图 5-55 英西地区富油构造带形成模式图

盐上断背斜成藏，油气藏沿滑脱冲断断层展布；盐下深层发育优质烃源岩和裂缝段，储层邻近优质烃源岩。尤其是英西地区深层中带，近源高效运聚成藏，空间上叠置连片，油气相对富集，在一定的构造背景上可形成大型油气田。

第六章　前陆盆地构造叠加改造机理与油气调整

伸展环境向挤压环境的反转在前陆盆地产生了众多新圈闭和油源断裂，并使深层烃源岩快速埋藏、进入新的生油和生气高峰，促进晚期规模油气藏的形成。同时，新构造运动对早期圈闭或油气藏的改造、调整也起着很关键的作用（宋岩等，2008），一是山前断阶带多期构造叠加，抬升剥蚀、盖层破坏，油苗沿断裂带广泛分布，同时下盘高成熟油气再次充注，完整背斜或低断阶成藏；二是古构造或古油气藏被晚期构造叠加改造，形成多个断块、断背斜，油气水分布复杂化；三是盆缘古隆起构造挠曲形成单斜，油气重新运聚成藏。因此，深入分析构造叠加改造对油气藏的调整、破坏、保存机理对于预测油气勘探有利区具有重要意义。

第一节　库车山前断阶带构造叠加改造与油气动态成藏

山前断阶带属于前陆冲断带的第一排构造带，为基底卷入型冲断推覆构造，多期构造叠加改造，特别是受新构造运动强烈挤压抬升的影响，靠近山前的高断阶带盖层被剥蚀，或盖层脆性破裂形成断裂、微裂缝，大量出露油砂或油苗，油气成藏的关键是保存条件；而低断阶带处于晚期高成熟油气的迎烃面，有利于油气的聚集和保存。

库车东部山前带发育吐格尔明断层、吐孜洛克断层及其相关褶皱背斜带。其中，吐格尔明断层为早期逆断层，从侏罗纪末开始陆续活动至今，具有小规模、多期次的活动特征，控制形成吐格尔明古背斜，并与本区烃源岩生油期匹配，形成古油藏；吐孜洛克断层为晚期大型逆冲断层，主要从库车组沉积期开始活动，活动强度大，控制形成深部大背斜，并使古背斜抬升剥蚀，古油藏多被破坏。大背斜南翼膝折带为低断阶带，处于凹陷带晚期高成熟油气的迎烃面，且保存条件好，为有利勘探区带。

一、区域概况

库车北部构造带构造挤压强烈，中西部形成单斜构造，东部形成近东西向展布的依奇克里克—吐孜洛克—吐格尔明背斜带（图 6-1），油气勘探最有利区在东部。

由吐格尔明背斜出露的地层来看，该区地层整体缺失下白垩统上部至古新统库姆格列木群地层，可划分为元古宇变质岩基底及中—新生界沉积盖层两部分。背斜核部出露元古宇片岩，发育局部逆断层及走滑断层，断距较小；背斜南、北翼中—新生界地层发育特征差异较大，北翼三叠系至第四系均发育，地层倾角为45°～60°；南翼地层缺失中侏罗统上部至古近系，地层倾角为30°～35°；可见多组不整合接触与背斜核部吉迪克组明显生长地层特征，表明该区有多期构造活动。

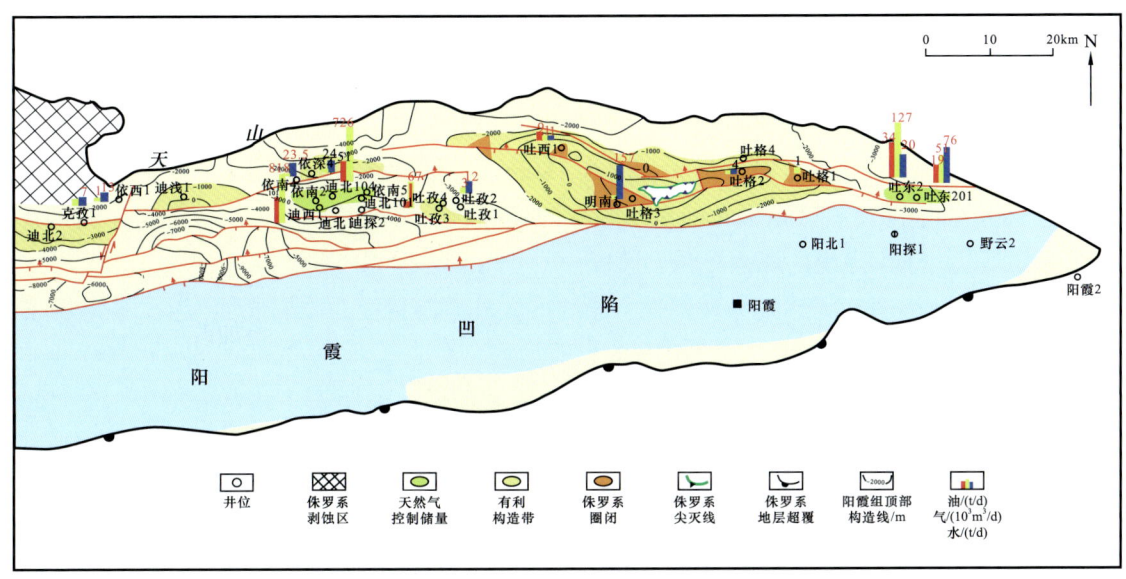

图 6-1　库车前陆盆地东部勘探成果图（据塔里木油田，2020）

该区主要发育三叠系至第四系，以古近系上部吉迪克组膏泥岩为分隔层，可划分为膏泥岩上构造层、膏泥岩层、膏泥岩下构造层和基底4个构造层。不整合接触是划分构造活动期次的基础，背斜两侧出现的多组不整合面说明了该区存在多期构造活动。通过区域地质、钻井资料及野外观察，确定了4套地层不整合面：三叠系塔里奇克组（T_3t）—黄山街组（T_3h）/元古界基底、库姆格列木群（$E_{1-2}km$）—苏维依组（$E_{2-3}s$）/下伏地层、吉迪克组（N_1j）/下伏地层、上更新统—全新统（Q_{3-4}）/西域组（Q_1x）。

库车东部地区发育砂岩与煤系地层岩石组合，在依奇克里克背斜、吐孜洛克背斜、吐格尔明背斜核部发育逆断层，破坏了背斜盖层的完整性，尤其是吐格尔明背斜核部抬升剥蚀强烈，出露大量油苗和油砂，如依奇克里克油苗和吐格尔明背斜阿合组油砂。背斜的南翼斜坡带构造应力减弱，煤系地层内部顺层滑脱消减应力，较少发育穿煤系地层的破坏断层，下部阿合组厚层砂岩和中部阳霞组、克孜勒努尔组内部薄砂层，甚至三叠系砂层均可成藏。

2013年在依奇克里克背斜南翼斜坡带发现迪西1气藏。2017年在吐格尔明背斜东部倾伏端吐东2井获高产工业气流（日产气$12.6×10^4m^3$，日产油$31.7m^3$）。吐格尔明背斜周缘的明南1井阿合组产水（日产水$156.6m^3$），吐西1井阳霞组和阿合组为低产凝析气层（中途测试日产气$471m^3$），克孜勒努尔组为差凝析气层。该区勘探程度低、潜力大。盖层保存条件是控制该区油气成藏的关键因素之一。

二、供烃区与成藏过程分析

1. 供烃区分析

库车东部主力烃源岩为三叠系黄山街组湖相泥岩、三叠系塔里奇克组和侏罗系阳霞组—克孜勒努尔组碳质泥岩、煤层,其中湖相烃源岩以生油为主,煤系烃源岩以生气为主。对钻井岩心烃源岩厚度进行统计,侏罗系烃源岩的总厚度为80~180m,其中北翼斜坡区(吐格4井)的烃源岩厚度最大,厚为180m,中部背斜区(吐西1井)的烃源岩总厚度是100m,中部背斜区东翼(吐东2井)的烃源岩总厚度约80m。克孜勒努尔组的煤系烃源岩厚度大于阳霞组的煤系烃源岩厚度。

油气源对比表明,天然气为煤型气,原油多数具混源特征,以煤成油为主,混有湖相原油。

从烃源岩热演化来看,背斜核部烃源岩成熟度较低,如明南1井克孜勒努尔组烃源岩R_o约0.58%,阳霞组烃源岩R_o为0.78%,烃源岩不成熟,不能大量生烃。其余地区侏罗系埋深达到了4000m左右,均处于成熟阶段,如吐西1井阳霞组底部和阿合组顶部的烃源岩R_o分别为0.73%和0.75%,吐格4井埋深为3851.5m的阿合组黑色碳质泥岩R_o为0.89%,依南2井黄山街组和塔里奇克组烃源岩R_o值为1.1%~1.2%,吐东2井阳霞组烃源岩R_o约0.99%,能够生成凝析油和少量天然气。南部阳霞凹陷埋深达到了6000~7000m,是主力生烃中心,以生气为主。

库车东部凝析油密度为0.79~0.82g/cm^3,原油含硫量在0.05%左右,含蜡量小于10%,族组成含量中70%以上是饱和烃,芳烃含量占17%,非烃和沥青质含量不足10%。原油甾烷C_{29}-20S/(20S+20R)为0.48~0.54,C_{29}-ββ/(αα+ββ)为0.40~0.64,处于成熟油范畴。由原油芳烃甲基菲MPR指数计算成熟度,R_o为0.78%~1.11%,如吐东2井阳霞组原油、吐西1井阳霞组油砂和明南1井阳霞组油砂成熟度分别为1.02%、0.9%和0.82%,为成熟原油,与该区三叠系—侏罗系烃源岩目前成熟度接近,判断原油来自本区烃源岩。凝析油金刚烷参数MAI和MDI分别为0.7172、0.3925,相当于R_o为1.2%~1.3%,高于本区烃源岩现今成熟度,应来自南部阳霞凹陷带。

精细油源对比表明,阳霞组原油为阳霞组和黄山街组湖相原油与煤系原油混合,同一口井部分油砂抽提物三环萜烷以C_{19}为主峰,向高碳数依次递减,富含C_{30}重排藿烷,为煤成油特征,部分油砂抽提物三环萜烷为正态分布,与黄山街组湖相烃源岩相似;阿合组原油主要来自上三叠统黄山街组湖相泥岩,三环萜烷呈正态分布,含有一定量的伽马蜡烷和重排甾烷。

天然气甲烷碳同位素值为-38.4‰~-30.67‰,依据包建平在库车前陆盆地建立的天然气成熟度计算方法,天然气成熟度为1.04%~1.65%,明显大于原油和本区烃源岩的成熟度。

由此表明库车东部经历了早油晚气充注过程，原油主要为背斜带本地烃源岩的贡献，晚期高成熟的原油和天然气来自吐孜洛克断层下盘即阳霞凹陷三叠系—侏罗系煤系烃源岩。

2. 油气成藏过程分析

明南 1 井阿合组储层中见到 2 期烃类包裹体，呈黄色荧光和蓝白色荧光烃（图 6-2），主要分布于石英颗粒内部和裂缝中。根据流体包裹体均一温度结合埋藏史，推测油气成藏时间为 6~7Ma 和 2~3Ma。

 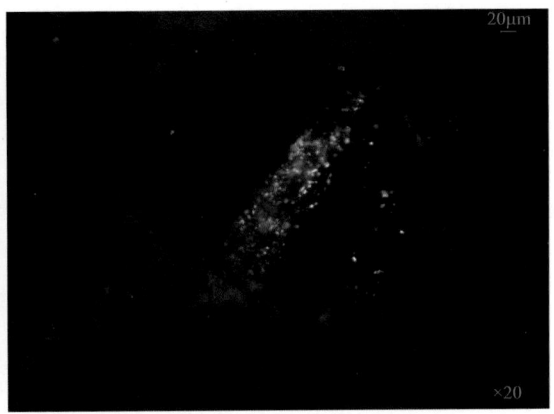

(a) 1032.2m，J_1a，上砂砾岩段，砂砾岩，黄色荧光烃类包裹体　　(b) 1081.3m，J_1a，下砂砾岩段，含砾粗砂岩，群体分布的蓝白色荧光烃类包裹体

图 6-2　明南 1 井侏罗系储层烃类包裹体

吐东 2 井阳霞组产气储层中发现了大量油包裹体，以黄色荧光油包裹体为主，气液比低，部分为黄绿色荧光，成熟度较低；还观察到少量蓝白色荧光的油包裹体，成熟度较高。烃类包裹体赋存在石英颗粒裂缝中。吐东 2 井产水层砂岩裂缝中发现以蓝白色荧光为主的油包裹体。蓝白色荧光油包裹体切穿黄色荧光原油包裹体，表明吐东 2 井有两期油气充注（图 6-3）。

三、油气保存条件评价

背斜高部位明南 1 井储层岩屑颗粒荧光分析表明（图 6-4），自克孜勒努尔组、阳霞组薄层砂岩到阿合组厚层砂体，1080m 以上砂岩层 QGF 值均大于 4，1080m 以下储层 QGF 值小于 1，古油水界面位于 1080m。表明明南 1 井侏罗系储层普遍发育古原油充注，但 QGF-E 值大多小于 40pc，表明后期古油藏被破坏，故而现今测试为水层。另外背斜核部被抬升剥蚀，大量出露阿合组油砂，背斜核部形成油气泄露窗口，这些均反映该区的油气保存条件十分关键。

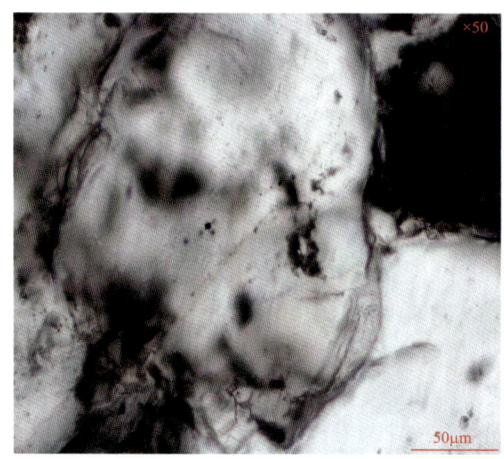
(a) 3985.1m，J_1y，上泥岩煤层段，灰色细砂岩（透光）

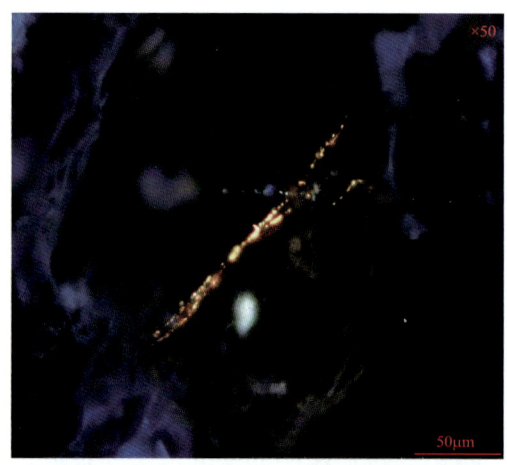
(b) 蓝白色油包裹体切穿黄色油包裹体镜下表征（荧光）

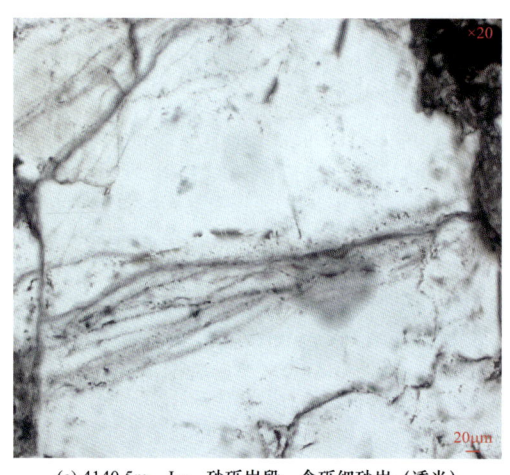
(c) 4140.5m，J_1y，砂砾岩段，含砾细砂岩（透光）

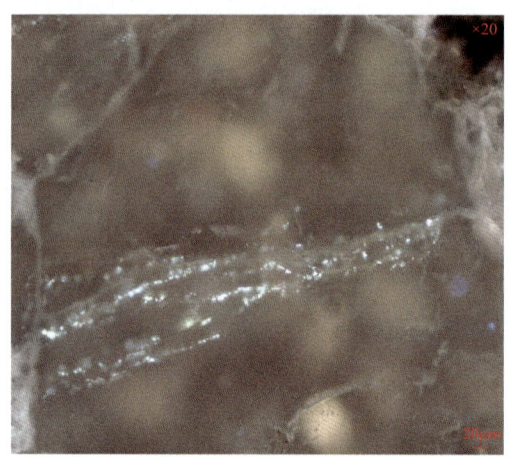
(d) 裂缝中线性分布的蓝白色包体（荧光）

图 6-3 吐东 2 井侏罗系储层烃类包裹体

构造挤压抬升阶段高演化泥岩脆性进一步增强，容易发生脆性破裂，造成盖层失效。

此处采用 OCR 参数描述抬升卸载作用下泥岩盖层的破裂情况，当 OCR 值大于 2.5 时认为盖层无效。首先，根据单井泥岩层声波速度求取名义前期固结应力，如依南 2 井阳霞组埋深为 4551.8m，泥岩声波速度平均值为 4207m/s，换算名义前期固结应力为 105MPa。

依此类推，分别求取了吐东 2 井、吐东 201 井等 10 口井泥岩段的名义前期固结应力值。并取岩石平均密度为 2.5g/cm³，地层水平均密度为 1.0g/cm³，分别计算有效围压，名义前期固结应力与有效围压比值为 OCR 值（表 6-1）。其中，吐东 2 井、吐东 201 井、依南 2 井等井泥岩盖层 OCR 值小于 2.5，盖层有效；而明南 1、吐西 1 井泥岩段 OCR 值分别达到 4.98、4.06，远大于 2.5，盖层无效。以上评价与目前勘探成果吻合。OCR 值为 2.5，对应埋深为 3200m，由此确定吐格尔明背斜区现今埋深 3200m 为盖层脆性破裂风险临界值，3200m 以浅盖层无效，3200m 以深泥岩盖层为有效盖层。由此明确了吐格尔明背斜油气有效成藏范围（图 6-5）。

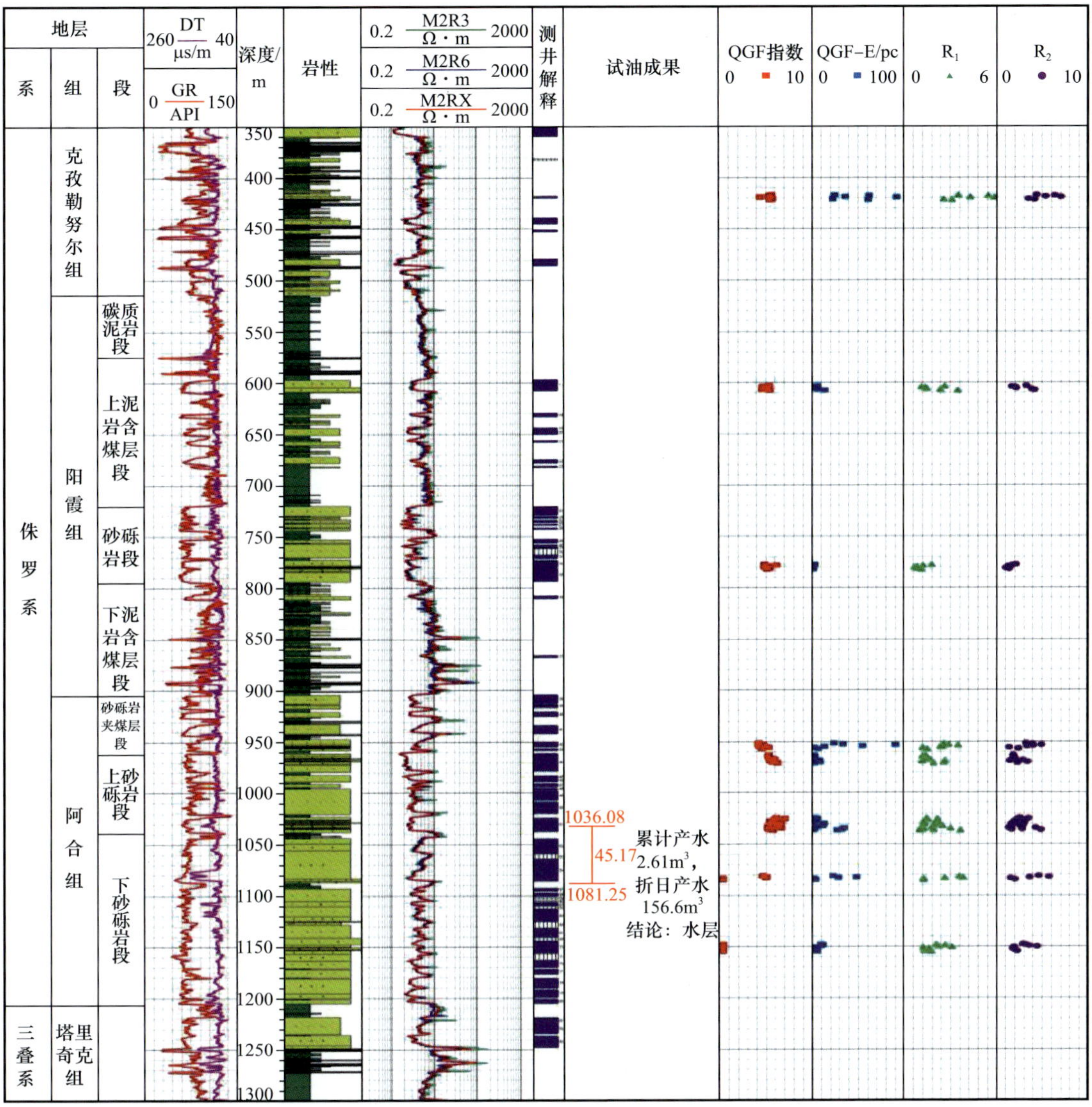

图 6-4　明南 1 井侏罗系储层岩屑颗粒荧光分析

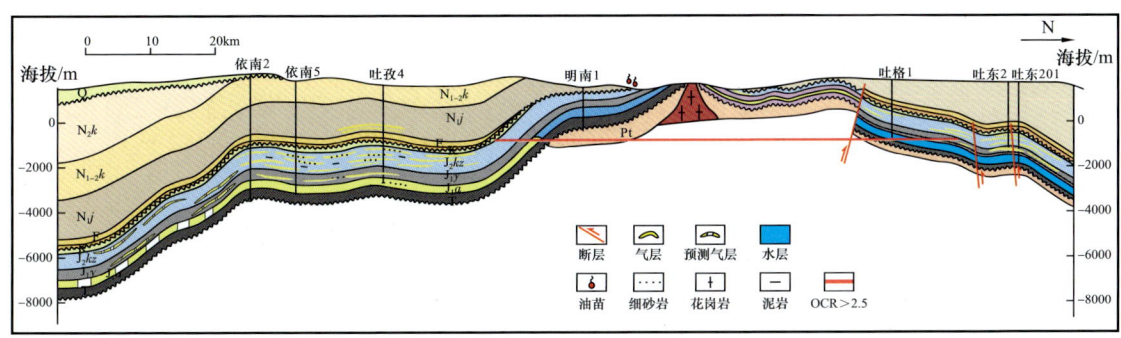

图 6-5　吐格尔明背斜油气有效成藏范围（据塔里木油田实验研究中心，2020；红线对应 OCR=2.5，埋深 3200m）

表 6-1　库车东部重点探井泥岩盖层 OCR 计算表

井号	埋深 /m	中部埋深 /m	有效围压 /MPa	声波速度 /(m/s)	名义前期固结应力 /MPa	OCR
吐东 2	3852～3898	3875	56.96	4328	115.5	2.03
吐东 201	3947～3978	3963	58.25	4371	119.4	2.05
吐格 1	3188～3238	3213	47.23	4342	116.7	2.47
吐格 4	3281～3322	3302	48.53	4045	91.7	1.89
明南 1	514～567	541	7.95	3159	39.6	4.98
吐西 1	972～1058	1015	14.92	3581	60.6	4.06
依南 2	4380～4438	4409	64.81	4112	96.9	1.50
依南 5	4378～4443	4411	64.83	4298	112.7	1.74
依南 4	3436～3478	3457	50.82	3884	79.9	1.57

四、构造演化过程与油气有利勘探区带

库车东部构造样式主要包括深部大背斜和浅部吐格尔明背斜，由吐孜洛克断层（F1）和吐格尔明断层（F2）两条断裂分隔（图 6-6），空间上自南向北可划分下盘凹陷带、上盘南翼膝折带、古背斜带和北翼斜坡带。F2 断层从侏罗纪末开始陆续活动至今，局部与 F3 共同形成浅部吐格尔明背斜，具有小规模、多期次的活动特征；F1 断层主要从库车组沉积开始活动，活动强度大，控制了巨厚的库车组生长地层，形成深部大背

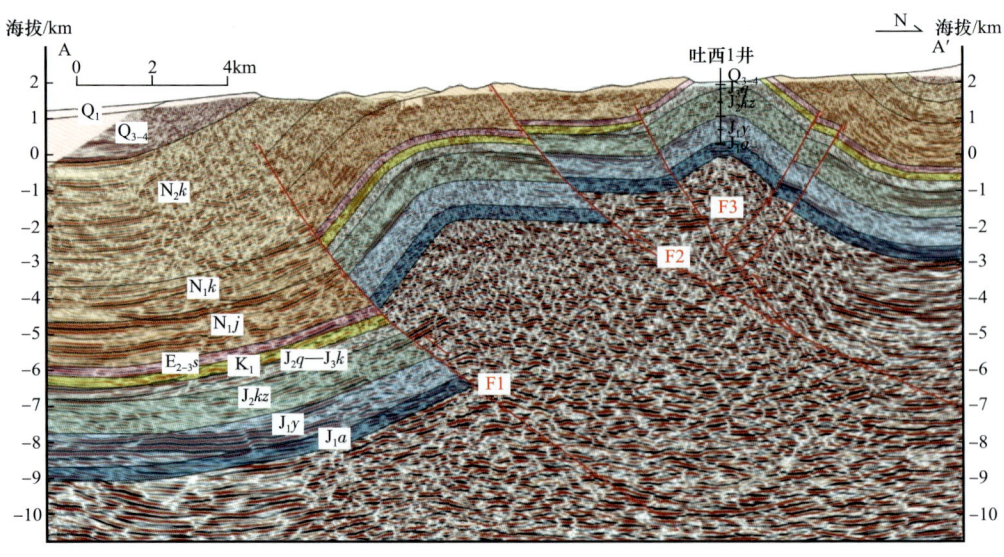

图 6-6　过吐西 1 井南北向地震剖面构造解析图

斜。现今构造高部位由F1产生的大背斜和翼后吐格尔明背斜叠加产生，平面上构造高位从东向西转移。上盘古背斜带在库车组沉积前形成油藏，新构造运动叠加形成大背斜带，古背斜抬升剥蚀，油藏多被破坏，南翼膝折带处于晚期高成熟油气的迎烃面，为有利勘探区带。

1. 地震剖面解析

吐西1井井深1733.45m，主要钻遇侏罗系，从过吐西1井南北向地震剖面上，识别出三条不同级次断层及两个不同级次背斜（深部大背斜和浅部吐格尔明背斜），构造变形主要受吐孜洛克断层（F1）和吐格尔明断层（F2）控制，由两断层分隔深部大背斜，从南向北可将剖面划分为翼前深埋段、膝折带段和翼后背斜段三个构造单元。剖面中F1断层倾角在为37°～58°，水平断距为1415.9m，垂直断距为2320.2m，总断距2704.8m，断层上盘库车组厚为1300m，断层下盘可达3500m左右，符合生长地层特征，侏罗系至康村组在F1上下盘基本等厚，断层上盘与下盘的地层倾角分别在54°与20°左右，吉迪克组基本未变形，地层发育较全；F2断层倾角为26°～53°，断层上盘缺失部分中侏罗统克孜勒努尔组至喀拉扎组，浅部总断距为351.3m，深部总断距为1115.2m，断层上盘白垩系与侏罗系交互尖灭，白垩系与侏罗系为角度不整合接触，地层产状基本水平；F3为一反"y"字形断层系统，倾角为50°～60°，最大断距为150m左右，是断距较小的调节断层，形成了地表出露的吐格尔明背斜，背斜南翼较北翼缺失白垩系，古近系与下伏侏罗系恰克马克组为角度不整合接触，地层倾角为25°～42°。

2. 构造演化过程

运用Move 2018软件对上述地震剖面进行平衡恢复，在恢复过程中遵循层长及面积守恒原理，以膏泥岩层系吉迪克组顶面为界，将地层划分为上段、下段，分别恢复，以减小膏泥岩形变产生的影响。

侏罗纪末期至白垩系沉积前构造挤压，形成F2逆断层（图6-7），剖面收缩率为1.40%，表现为薄皮断层转折褶皱形态，背斜抬升，中侏罗统克孜勒努尔组上段至喀拉扎组部分遭受剥蚀；白垩纪末期整体抬升，剖面收缩率为0.42%，全区缺失上白垩统，背斜局部K_1剥蚀；库车组沉积至今，剖面强烈收缩，收缩率为10.96%，形成库车组差异巨大的生长地层，其中第四系也可见生长地层特征，说明挤压持续至今，F2断层在此时期也有活动，但断距较小；剖面总收缩率为12.86%，主要变形期次在库车组沉积时期。

3. 有利勘探区带

吐格尔明背斜南翼膝折带为首选有利勘探区带，原因有三：一是南翼紧邻阳霞生气中心，且处于有利的迎烃面；二是南翼储层物性相对较好；三是南翼油气保存条件好。其中，克孜勒努尔组与阳霞组有利区（图6-8）主要分布在迪北—吐孜及吐东2局部构造，

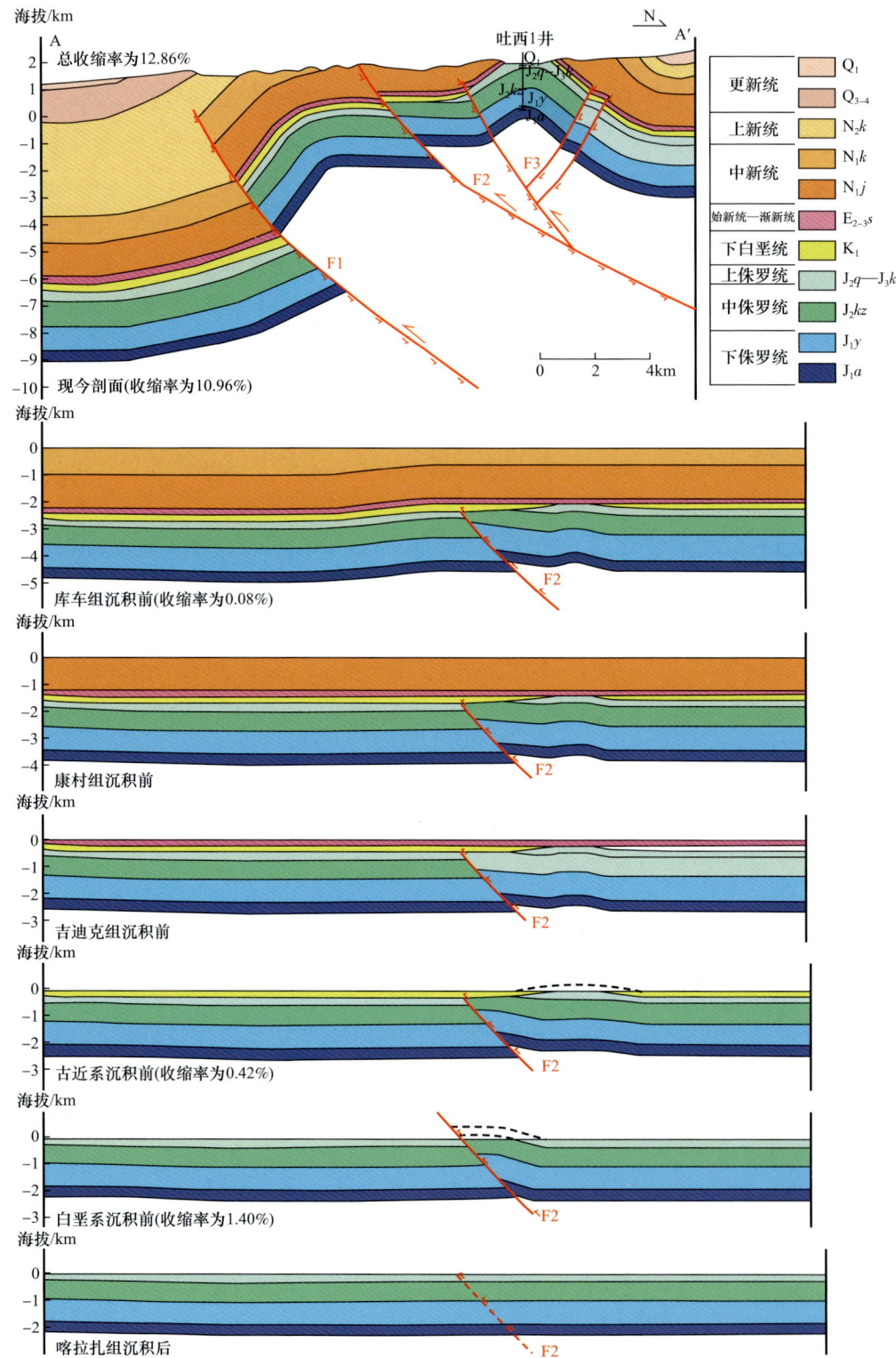

图 6-7　库车前陆盆地东部过吐西 1 井平衡剖面演化图

靠近阳霞凹陷生烃中心。储层主要为三角洲前缘相，砂地比高，发育一定厚度的砂体，储层物性相对较好，孔隙度为6%~10%。同时局部构造圈闭条件有利，主要为构造油气藏，有利区埋深不超过5000~6000m，勘探开发难度低，是目前已经取得勘探突破的现实有利区。吐东2井区已经发现天然气藏且提交了天然气控制储量，有利区面积约为525km^2。

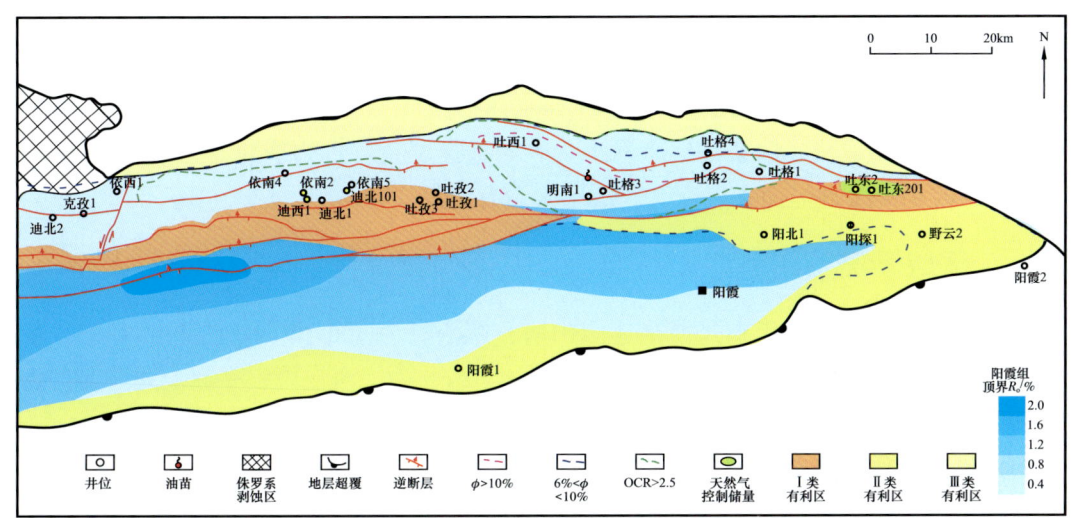

图6-8 库车前陆盆地东部侏罗系阳霞组勘探有利区综合评价图

同样，阿合组有利区主要分布在迪北—吐孜及南翼膝折带（图6-9），靠近阳霞凹陷生烃中心，储层孔隙度为6%~12%，埋深一般不超过6000m，是目前已经取得勘探突破的现实有利区，特别是在迪北地区已经发现迪西1气藏，且提交了控制储量，有利区面积约为700km^2。

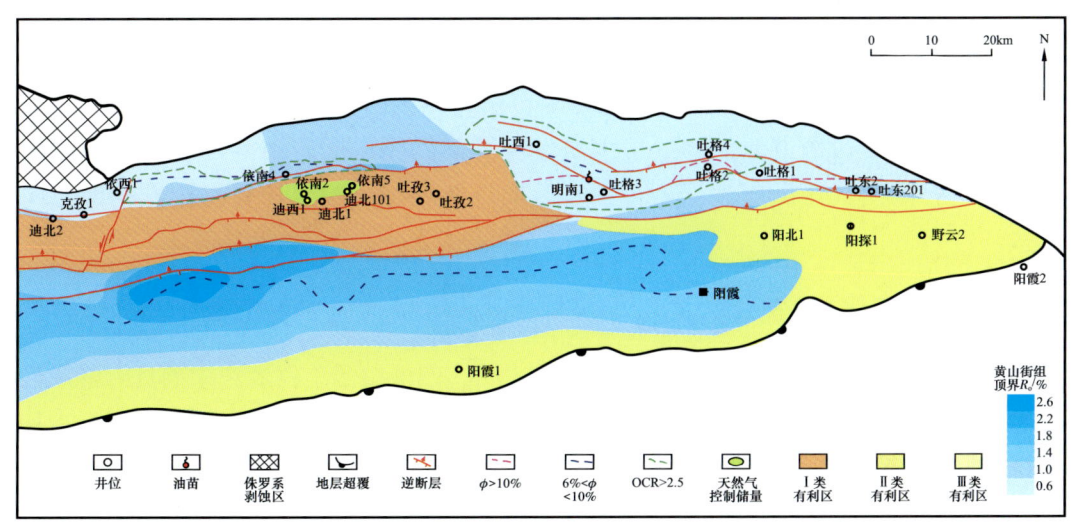

图6-9 库车前陆盆地东部侏罗系阿合组勘探有利区综合评价图

第二节　准南古构造叠加改造与油气动态成藏

前陆冲断带深层早期发育古背斜构造，晚期叠加滑脱冲断构造，背斜构造高点向挤压背斜后翼迁移，并将原有古构造（古油气藏）断块化，形成多个构造圈闭，包括断块、断背斜，导致油气水分布复杂化，油气甚至分布于背斜构造的前翼，油气勘探有利区为近生烃中心的背斜前翼断块。

准南四棵树凹陷高泉古构造受晚期挤压冲断构造的叠加改造，形成多个断块、断背斜圈闭，油气多圈闭成藏，白垩系清水河组为有利勘探层系。古构造北翼为早期构造高点，原油充注，晚期处于迎烃面，发育有利储层，为有利勘探领域。

一、区域概况

准南前陆冲断带位于天山与博格达山山前，东西长为400km，南北宽为40km，依据发育的褶皱轴向及构造特征的不同，可将其划分为东、中、西三段，平面上划分为四棵树凹陷、乌奎背斜带和齐古断褶带、阜康断裂带四个次级构造单元。

四棵树凹陷位于准噶尔盆地西北缘与南缘构造体系的交会区（何海清等，2019），经历中生代走滑、新生代逆冲推覆两期构造演化变形，以古近系安集海河组泥岩滑脱层为界，发育深、浅两个构造层。中生代深层构造发育艾卡断裂、高泉断裂和南缘断裂3条北西—南东向高陡走滑断裂及相关褶皱（图6-10）；新生代浅构造层发育逆冲推覆构造，发育低角度逆冲断裂和断层传播褶皱；两期构造垂向叠置，平面展布继承中生代雁列式构造格局。四棵树凹陷受艾卡断裂和高泉断裂控制形成艾卡构造带、高泉构造带两个雁列式背斜构造带，各构造带背斜平面分布特征展示右旋压扭构造特征。

艾卡构造带自西向东依次发育卡西背斜、卡因迪克背斜、卡东背斜、西湖背斜和独山子背斜；高泉构造带自西向东依次发育高泉北背斜、高泉背斜、高泉东断鼻、托斯台北断鼻。艾卡构造带深部构造层主要发育断鼻圈闭、断块圈闭及断层—地层圈闭，圈闭面积小；高泉构造带深部构造层主要发育背斜圈闭、断背斜圈闭、断鼻圈闭。背斜构造下组合圈闭具燕山期古构造背景，后期持续稳定，新生代喜马拉雅期南北向挤压改造。

二、构造演化过程

露头、钻井及地震资料沉积体系综合研究表明，四棵树凹陷侏罗纪末期具有继承性沉降的古地形。高泉构造早期（侏罗纪末期）形成低幅度背斜构造，白垩纪至新近纪古构造持续稳定保存，晚期（喜马拉雅期）挤压构造继承性叠加改造。受晚期构造的叠加改造，高泉古构造发生了两种明显的变化，一是构造高点由北向南发生了迁移，古背斜的高点成为现今背斜的北翼；二是塔西河组沉积至今，古构造被破坏，可能形成多个断块、断背斜。

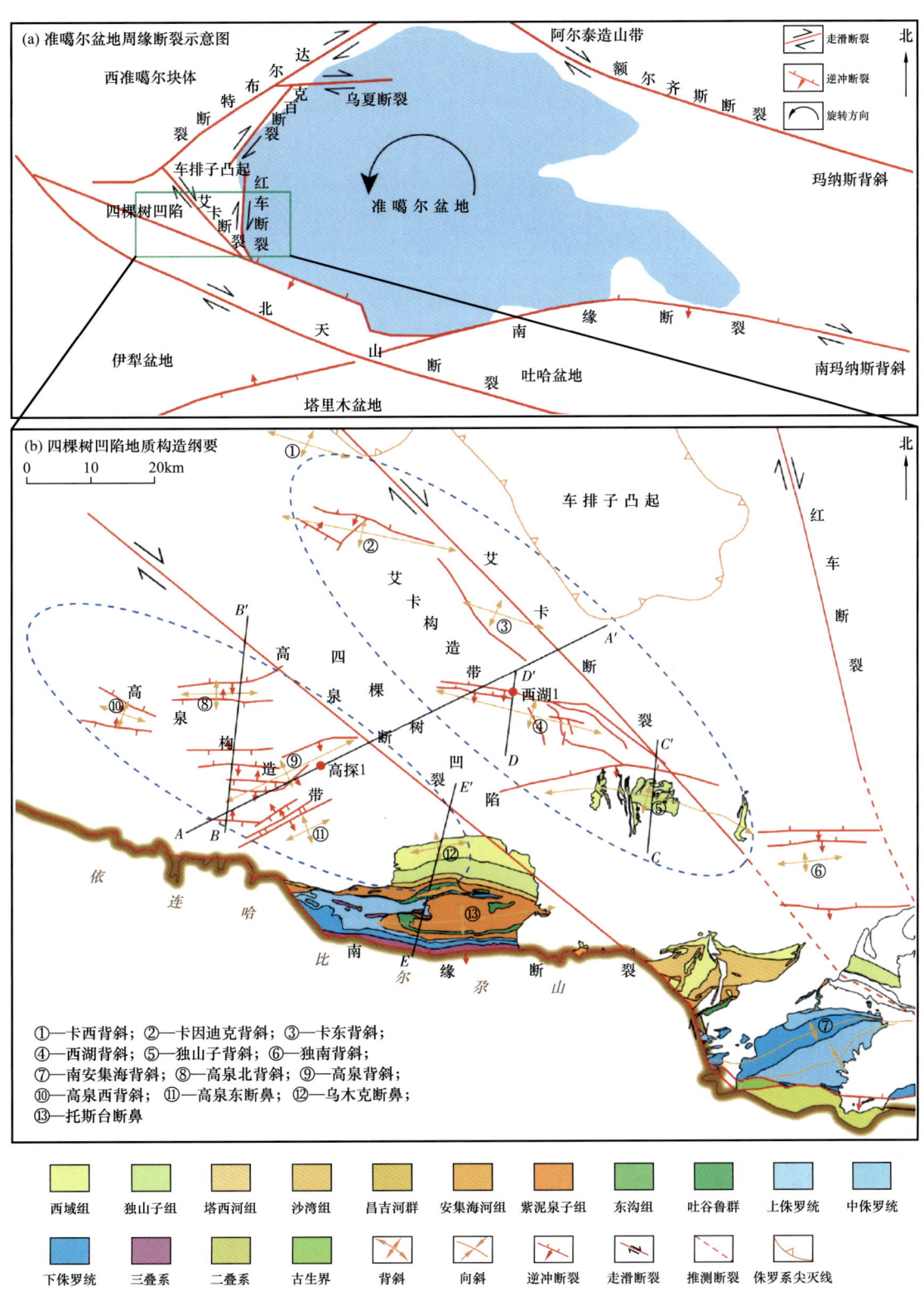

图 6-10 准噶尔盆地四棵树凹陷地质构造纲要图

高泉构造白垩系沉积前，剖面收缩率为1.54%，地层残留厚度小，产生逆冲断层上盘古背斜；古近系沉积前，剖面收缩率为1.22%，下部岩层厚度向构造高部位逐渐减薄，两个构造带隆起幅度发生反转；沙河湾组沉积前，剖面收缩率为1.14%；塔西河组沉积至今，剖面收缩率为5.19%；剖面总收缩率为9.09%，背斜构造宽缓，具有一定的双重构造特点，深层为中生代压扭走滑构造，浅层为新生代滑脱冲断构造。

西湖构造形成及定型晚，主要在喜马拉雅晚期，受挤压构造和岩石应力应变的控制，西湖背斜前翼地层产状陡、后翼缓，为不对称背斜构造，因此背斜的轴部和北翼易于产生穿层破坏断层。

相对而言，西湖1构造为晚期形成的断背斜，虽然也紧临生烃凹陷，但圈闭形成晚，且背斜轴部发育逆断层，对油气藏保存不利，因此，西湖1井下组合油气勘探失利，但储层含油性评价认为曾有油气充注，那么古油藏晚期被断层破坏，原油运移到什么地方去了呢？随着高探1井勘探的成功，在高泉背斜上部署了高101井和高102井，但钻探揭示储层含油性较差，原因是什么？

三、油气动态成藏模拟与有利勘探区带

为了揭示四棵树凹陷早、晚期构造叠加型圈闭和晚期构造型圈闭油气的运聚成藏特征，采用KronosFlow+TemisFlow模拟技术，数值模拟此剖面构造演化与油气运聚过程，明确勘探失利的原因及下一步勘探方向。

1. 参数定义

对应现今构造地质剖面，定义地层构造和岩性，其中，自上而下钻遇地层为第四系（Q），新近系独山子组（N_2d）、塔西河组（N_1t）、沙湾组（N_1s），古近系安海河组（$E_{2-3}a$）、紫泥泉子组（$E_{1-2}z$），白垩系（K），侏罗系齐古组（J_3q）、头屯河组（J_2t）、西山窑组（J_2x）和八道湾组（J_1b）。

侏罗系烃源岩为南缘主力烃源岩，主要分布于中—下侏罗统，发育3组2类烃源岩，层系上主要分布在八道湾组、西山窑组和三工河组，岩性主要有暗色泥岩和煤两大类。八道湾组和三工河组烃源岩主要为暗色泥岩，以生油为主；西山窑组烃源岩为碳质泥岩夹薄煤层，以生油气为主，如西湖1井钻揭西山窑组上部72m，上部岩性为灰黑色碳质泥岩，上下部为深灰色泥岩夹薄层碳质泥岩和薄层煤。

储层主要发育白垩系底部清水河组、侏罗系头屯河组砂岩，其次为八道湾组和三工河组砂岩。白垩系清水河组发育中低孔、中高渗储层，四棵树凹陷南部的高泉背斜和西湖背斜为南部物源，以辫状河三角洲和扇三角洲前缘砂体为主。高探1井钻遇白垩系清水河组粉—细砂岩，厚31m；北部卡因迪克等构造区为北部物源，同样，侏罗系头屯河组储层发育南、北两个物源体系，以辫状河三角洲前缘砂体为主，如西湖1井钻遇头屯河

组228m，下段为200m厚层粉—细砂岩；高探1井钻揭头屯河组71m（未穿），中下部为18m厚层粉—细砂岩。

盖层为白垩系吐谷鲁群泥岩和侏罗系头屯河组顶部风化壳泥岩，如高探1井白垩系上泥下砂，上部呼图壁河组泥岩厚为371m；头屯河组顶部为10m厚的风化壳泥岩。西湖1井同样，白垩系上泥下砂，东沟组、连木沁组、胜金口组、呼图壁河组和清水河组上部累计泥岩厚度达1052m；头屯河组上部为28m厚的风化壳泥岩。白垩系厚层泥岩为南缘下组合区域盖层，分布稳定，且发育异常高压，压力系数普遍在1.80以上，高探1井白垩系泥岩压力系数为2.20。头屯河组顶部风化壳泥岩为局部盖层，分隔清水河组和头屯河组油藏。

八道湾组和三工河组泥质烃源岩有机碳含量模拟取值分别为3%、2.46%，有机质类型主要为II_2型，生烃潜量平均值为11.45mg/g。西山窑组碳质泥岩有机碳含量模拟取值为22%，生烃潜量为19.88~50.71mg/g，有机质类型为III型。

四棵树凹陷地温梯度从古至今是不断降低的，侏罗纪、白垩纪、古近纪、新近纪、第四纪地温梯度分别为32.9℃/km、32.6℃/km、27.3℃/km、23.5℃/km、20.1℃/km。

2. 模拟结果

该区中深层均发育断层，断层是油气运移和油藏破坏的关键，因此，断层开启性设置了两种情况，即断层全部开启状态和断层全闭合状态。

1）断层全部开启

设置断层全部开启，模拟结果见图6-11至图6-14，其中，高泉构造侏罗系和白垩系清水河组砂体油气多层系、多断背斜成藏；西湖构造有原油充注，但规模始终很小，油气向上倾方向运移，在类似卡因迪克背斜古近系和上侏罗统成藏。油气开始规模聚集始于新近纪塔西河组沉积期，为晚期成藏。

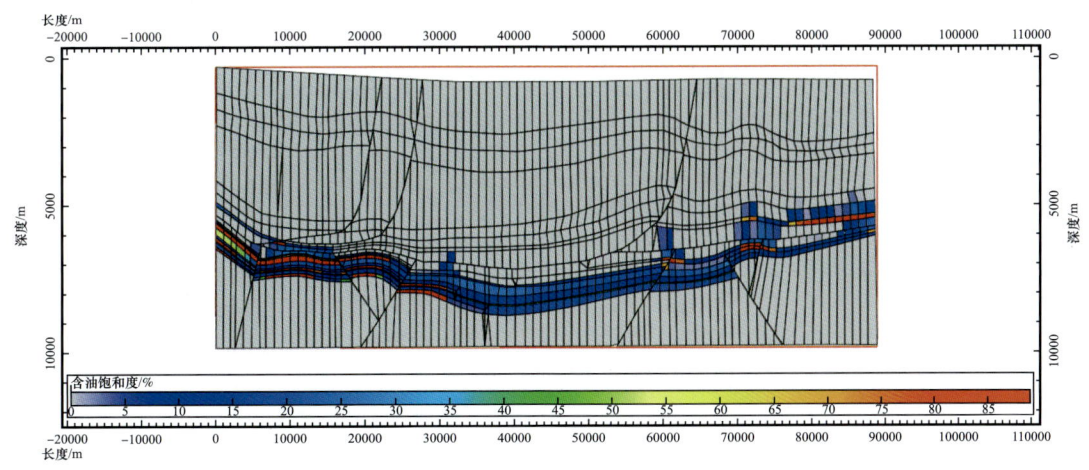

图6-11 四棵树凹陷二维剖面断层全部开启时现今含油饱和度分布图

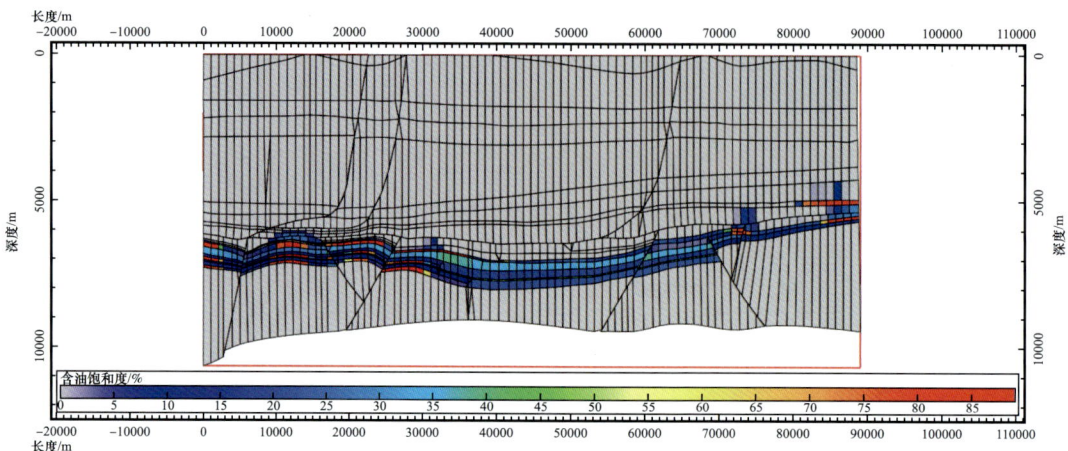

图 6-12　四棵树凹陷二维剖面断层全部开启时 2Ma（Q_1x）含油饱和度分布图

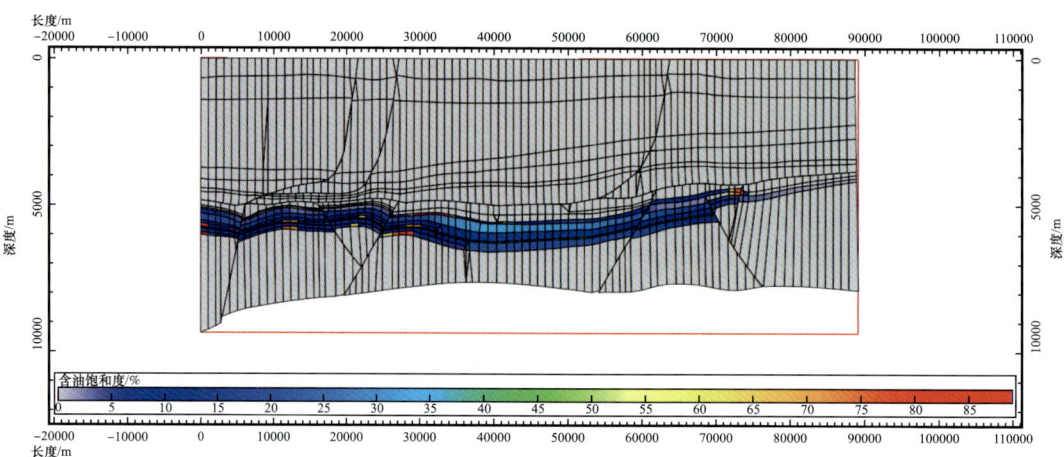

图 6-13　四棵树凹陷二维剖面断层全部开启时 5.33Ma（N_2t）含油饱和度分布图

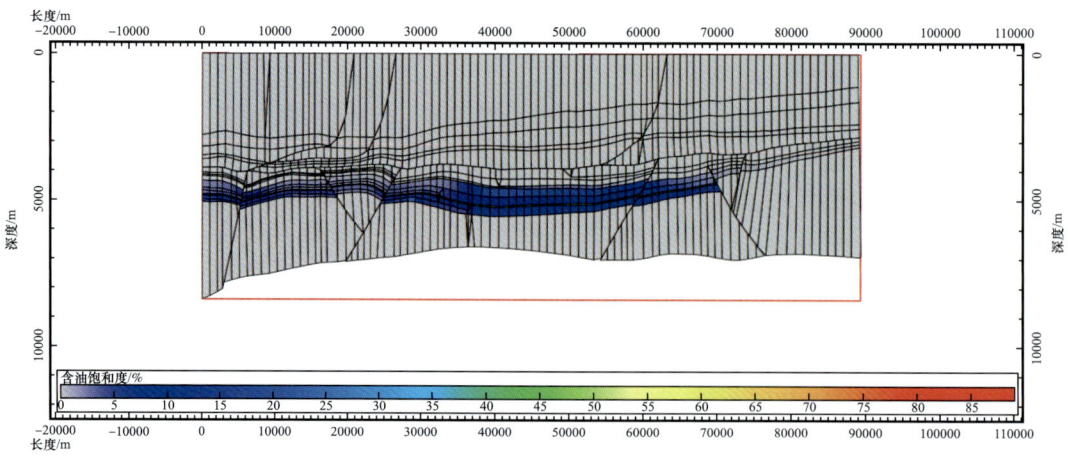

图 6-14　四棵树凹陷二维剖面断层全部开启时 11.6Ma（N_1t）含油饱和度分布图

2）断层全部闭合

设置断层全部为闭合状态，主要目的是模拟评价晚期西湖背斜断层破坏与油气保存情况。由模拟结果图（图6-15）可见，高泉构造虽然油气多层、多构造成藏，但油气聚集规模较小，而西湖1构造油气规模聚集。这与目前勘探现状不符，从而证实西湖1背斜轴部断层晚期是活动的，不利于该区油气的聚集成藏。

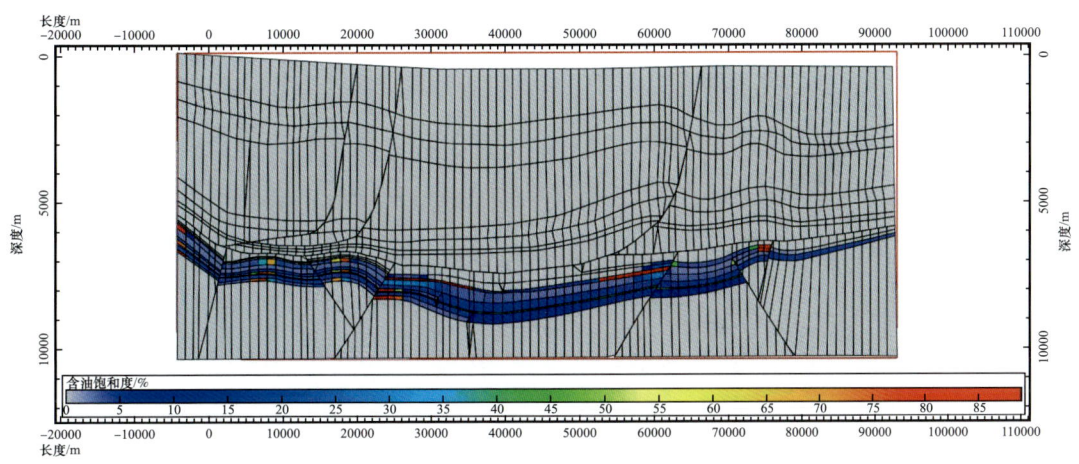

图6-15　四棵树凹陷二维剖面断层全部闭合时现今含油饱和度分布图

3. 油气动态成藏过程及有利勘探区带

油气运聚动态模拟结果表明，高泉构造中浅层没有来自侏罗系烃源岩的油气运聚，说明白垩系泥岩盖层保存条件好。

高101井位于高泉构造高探1井的东南部（图6-16），钻探结果油气显示差。高102井位于高泉构造高探1井的西北部，钻探结果油气显示亦较差。清水河组和头屯河组储层为南部物源，储层具有粒度南粗北细、物性南差北好的特征，因此高102井目的层储层物性相对较好，岩心实测孔隙度分别为11.1%、7.9%，但清水河组试油出水，为水层；头屯河组试油日产油1.21t、日产水134.57t，为含油水层。

假定高探1井和高102井为同一油藏，高部位出油、低部位出水，根据二者清水河组压力测试计算油藏油柱高度和油藏规模。高探1井和高102井清水河组地层流体压力分别为134.249MPa和129.5MPa，储层中部埋深海拔分别为–5098.3m和–5161.35m，垂向高差为63.05m，地下原油密度实测为0.6992g/cm^3，地层水密度为1.008g/cm^3，计算二者之间的油柱高度为48.8m，加上高探1井储层中部埋深距圈闭顶点的高度，推测K_1q烃柱高度最大为73.5m，含油面积约4km^2（图6-16和图6-17），油藏规模不大。

高101井清水河组和头屯河组砂砾岩储层物性差，岩心孔隙度分别为4.9%～6.1%。镜下观察，高101井清水河组6019.75m储层以粒间孔和微裂隙为主，整体面孔率为3.32%，局部较高，面孔率为5.19%；头屯河组6197.6m储层整体面孔率为3.36%，局部为5.38%。砾石呈棱角状，磨圆中等，砾石间充填砂质碎屑，砂砾岩段可见大量硬石膏胶结。

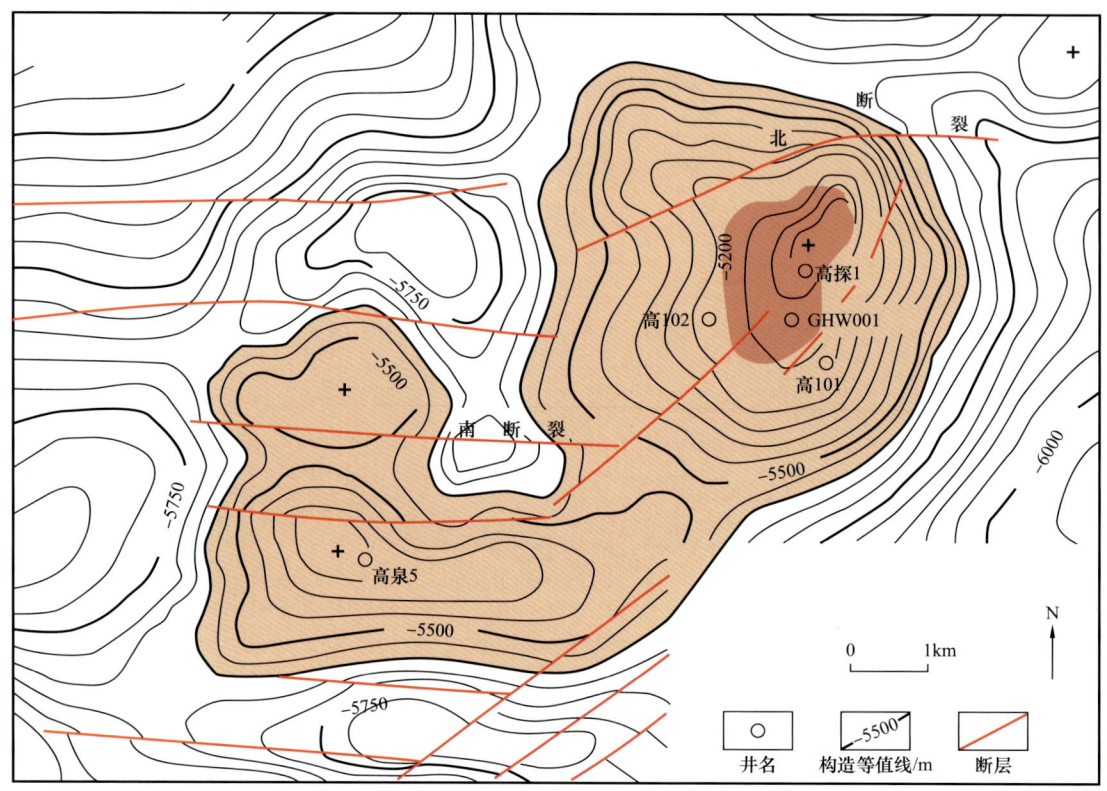

图 6-16　高泉构造井位图（据新疆油田勘探开发研究院，2020）

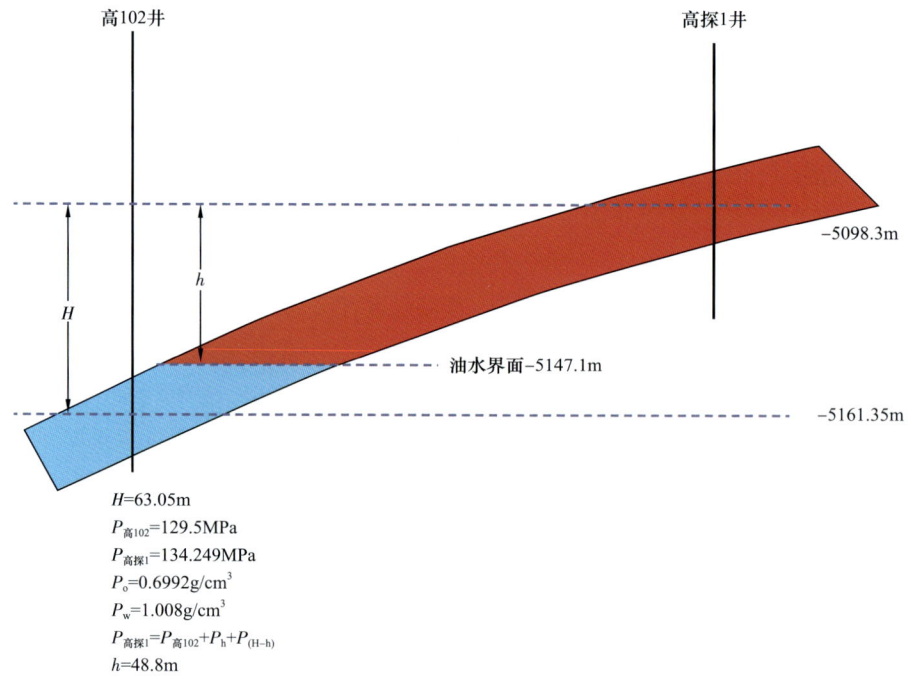

$H=63.05 \text{m}$
$P_{高102}=129.5 \text{MPa}$
$P_{高探1}=134.249 \text{MPa}$
$P_o=0.6992 \text{g/cm}^3$
$P_w=1.008 \text{g/cm}^3$
$P_{高探1}=P_{高102}+P_h+P_{(H-h)}$
$h=48.8 \text{m}$

图 6-17　高探 1 油藏烃柱高度预测图

高101井清水河组和头屯河组储层粒间孔多发育硬石膏胶结，清水河组储层硬石膏胶结物可见局部被溶蚀，溶蚀孔充填沥青（图6-18）。硬石膏为碱性矿物，油气充注，遇酸易溶蚀。说明高101井区晚期曾有过油充注，但充注量较少，且后期原油没有聚集。鉴于上述盖层保存条件的分析，油气散失的原因不是油藏被破坏，而是油气向圈闭高部位调整。高101井位于高泉古构造的南翼，早期无油气充注，晚期位于圈闭的低部位，储层油气充注量少，硬石膏溶蚀量少，这也许是储层物性差的另一个原因。

 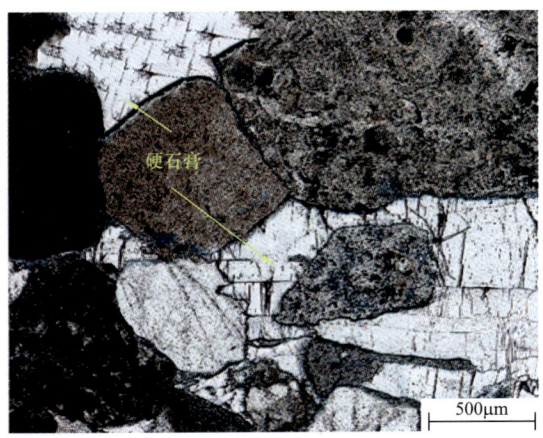

(a) 高101井，6019.75m，K_1q　　　　　(b) 高101井，6197.6m，J_2t

图6-18　高101井清水河组和头屯河组砾岩储层镜下特征

结合构造演化特征和油气动态成藏数值模拟结果，建立高泉构造—西湖构造油气动态成藏模式图（图6-19）。垂向上，高探1油藏为多层系成藏，白垩系清水河组和侏罗系头屯河组为两套独立的压力系统，压力系数分别为2.32和2.20，侏罗系头屯河组也有油气聚集。横向上，高泉构造由多个圈闭组成，形成多个油气藏，高泉构造北侧断块圈闭近油源，处于迎烃面，早期有油气充注，发育有利储层，可形成构造—岩性油藏，为油气有利勘探目标。西湖背斜为晚期构造，且轴部发育穿层断裂，油气保存条件差，油气成藏规模较小。受晚期断层活动的影响，断层垂向不封闭，油气沿砂体向北侧高部位运移，在艾卡断裂带中组合和下组合多层聚集成藏，为油气有利勘探区带。

前陆冲断带及复杂构造区晚期强烈构造挤压，将原有古构造断块化，形成多个构造圈闭，包括断块、断背斜，由此油气水分布复杂化。如果按照一个构造圈闭来勘探，往往造成勘探失利（圈闭不落实）。类似的如库车前陆冲断带大北1气田，新近系康村组沉积末期，即5Ma前，大北1号构造为一大型背斜，源自上三叠统黄山街组湖相烃源岩的成熟原油充注成藏，大北102井储层颗粒荧光分析证实大北1号构造白垩系储层曾存在古油藏。晚期前陆构造挤压使大北1古构造产生多个叠瓦冲断构造，在该构造随后钻探大北103井、大北201井等分属于不同的断块、断背斜，气水界面均不同，大北104井钻到了大北1断块的边水，试油出水（赵孟军等，2017）。

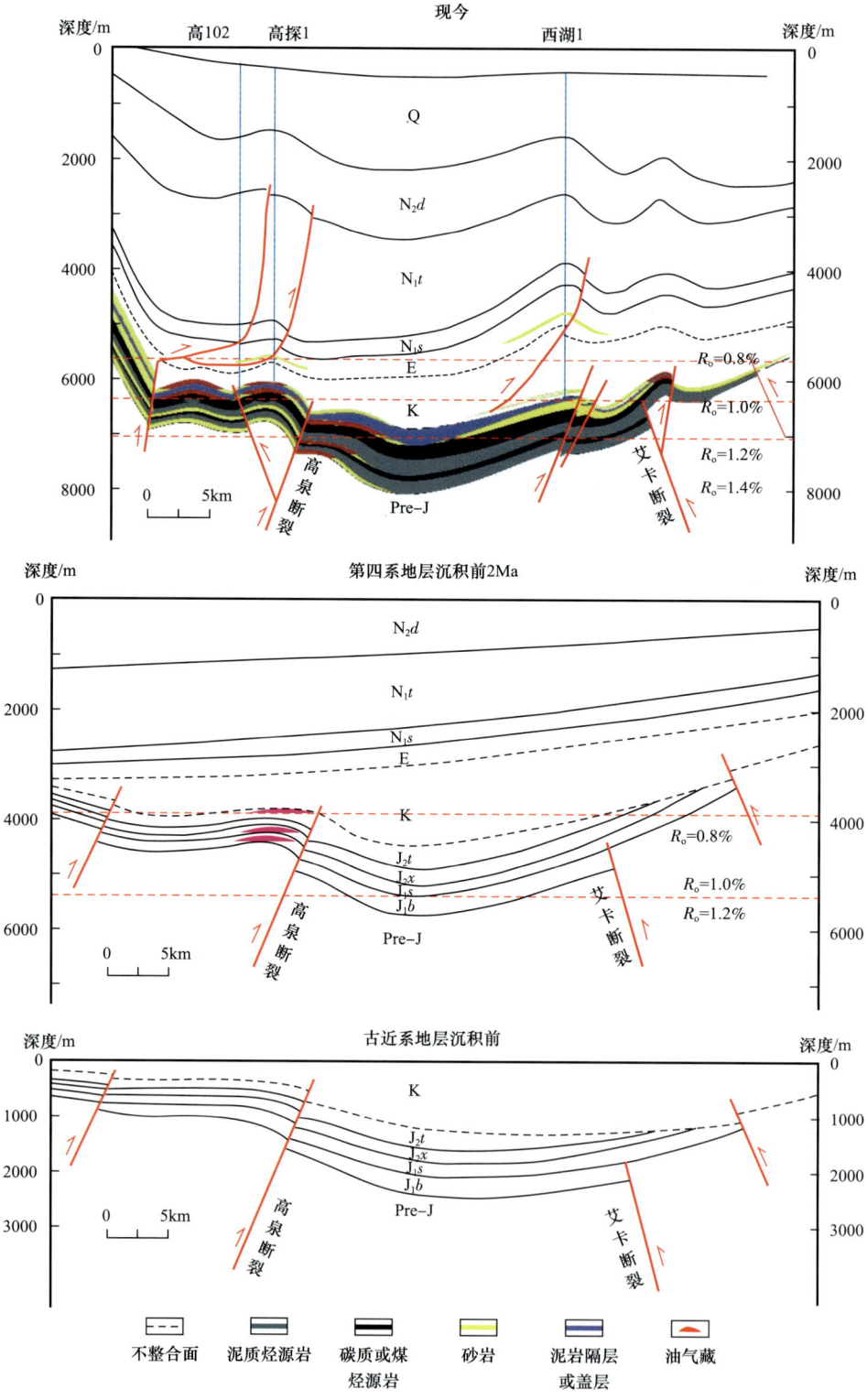

图 6-19 四棵树凹陷高泉构造—西湖构造油气动态成藏模式图

第三节　准南古隆起构造叠加改造与油气动态成藏

前陆斜坡—隆起带早期基底隆升，晚期前陆挤压挠曲，古隆起掀斜，古背斜油气藏或油气充注亦将发生相应的调整，油气向高部位运移，单斜区上倾尖灭岩性圈闭或稳定的古隆起构造圈闭可聚集成藏。典型的古隆起构造如准南莫索湾古隆起、川西北地区九龙山古隆起等。

一、莫索湾古隆起油气成藏过程

前陆斜坡带早期为大型古隆起构造带，前陆期形成单斜带。准南斜坡带莫索湾古隆起西南为沙湾凹陷、东南邻阜康凹陷、西邻盆1西凹陷，均为较好的生烃凹陷，油源充足。该区侏罗系三工河组、八道湾组和白垩系清水河组砂岩分布均稳定，为较好储层。油源对比表明，原油主要来自南部凹陷的二叠系下乌尔禾组和风城组，混有少量侏罗系原油。侏罗系三工河组上部泥岩、八道湾组顶部泥岩和白垩系清水河组上部泥岩分布稳定，为良好的区域盖层。

储层流体包裹体分析表明，莫索湾古隆起油气成藏有两期，第一期为白垩纪，是二叠系下乌尔禾组烃源岩的排烃高峰期，该区为隆起高部位，是油气聚集主要场所，形成原生油气藏；第二期为古近纪末期，即喜马拉雅期，由于构造运动使该区掀斜形成南倾斜坡，原构造圈闭被破坏，且断层两盘砂体与砂体对接，从而使原油发生调整，沿砂体向北运移（图6-20），形成现今的莫西庄油田、莫索湾油田。

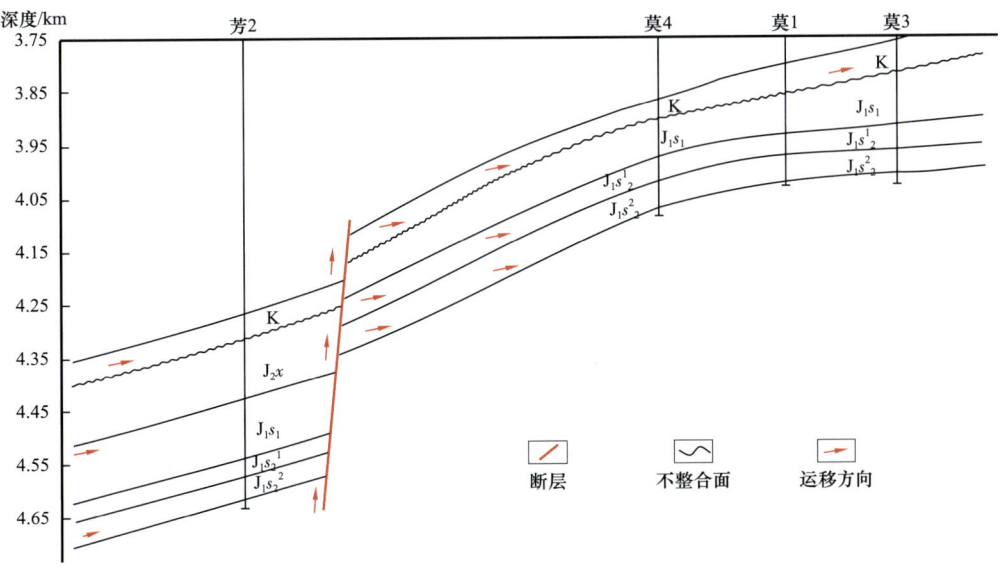

图6-20　莫索湾古隆起斜坡带过芳2井—莫1井连井剖面图

调整散失型古油层是指古油气层中油气基本遭受散失，残留部分极少的古油气层。通常这类砂体最厚、物性最好，古油气充满度与含油饱和度最高，由于砂体厚、规模较大，砂层的侧向遮挡条件差，因此，古油气层遭受调整的程度最高，油气基本已散失。总体上具有以下特征：

（1）岩心观察可见到油斑，镜下流体包裹体GOI值大于4%，且通常大于8%；

（2）砂层通常较厚，物性较好；

（3）测井解释含油水层，试油为水层，由于古油气层遭受散失的程度高，残余油饱和度极低，因此测试结果基本不含油气；

（4）储层抽提物非烃+沥青质含量高，油气在调整过程中遭受散失的程度最大，残余油中的轻质组分基本散失。

对莫索湾地区储层开展了大量的流体包裹体观测，烃类包裹体GOI指数（烃类包裹体丰度）进行统计，总体储层GOI指数较大，大多样品GOI指数大于5%，说明储层都有油气充注的痕迹；现今储层含油性好的样品，其GOI指数也相对较高，如油浸级别的储层样品GOI指数都大于9%。而同一口井的储层样品中，含油样品GOI指数明显高于不含油样品的。有些样品GOI指数较高，但是钻井显示不含油，说明早期的古油层受到构造运动影响而被破坏，导致古油层的油气散失，如芳2井侏罗系西山窑组和三工河组，莫1井白垩系清水河组和齐古组，储层中非烃+沥青质含量高达21.75%。

二、构造演化过程与油气有利勘探区带

车—莫古隆起构造演化控制了油气藏的调整。中晚侏罗世，受燕山运动影响，盆地腹部演变为压扭构造环境。压扭作用使车排子—莫索湾一带逐渐隆升，形成车—莫古隆起。由于古隆起隆升，使该区中、上侏罗统遭受不同程度剥蚀。燕山运动晚期，盆内表现为以腹部为中心的整体下沉，白垩系沉积厚度大且稳定，凹陷开始向南掀斜。喜马拉雅期，强大的挤压应力使北天山快速大幅隆升，并向盆地冲断，使盆地腹部整体向北抬升，至车—莫古隆起消失。该区主要勘探层系下侏罗统三工河组整体演变为南倾单斜构造，断裂系统不发育，构造形态简单。由于车—莫古隆起的演化作用，使腹部地区原来稳定的构造格局发生变化，车—莫古隆起南翼如永进地区地层下倾深埋，北翼如莫西庄、沙窝地地区地层抬升，原来在车—莫古隆起背斜构造中形成的油气藏发生调整改造（图6-21），向北散逸到陆梁、莫北等油田中，在莫西庄、沙窝地、莫南东侧等斜坡带发育调整后的上倾尖灭岩性油气藏。

清水河组底砂岩在莫索湾凸起南斜坡区发育大范围地层超覆尖灭带，且上覆高伽马泥岩和下伏侏罗系顶部厚层泥岩稳定分布，具有良好顶底板条件，井下钻探表明清水河组底砂岩段广泛分布，且在深层发育规模有效储层，因此，沿该超覆尖灭带可发育成带成片分布的上倾尖灭岩性圈闭，为油气有利勘探区带。

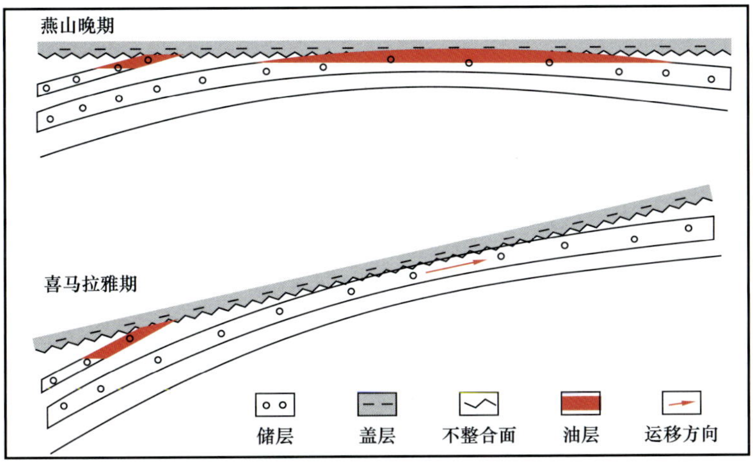

图 6-21 古隆起晚期掀斜油气成藏模式示意图

白垩系清水河组底部砂岩层均有明显的气测显示，董 1 井、董 3 井、永 6 井、芳 1 井、芳 2 井、芳 3 井、芳草 1 井、莫 24 井白垩系清水河组底砂岩段均有荧光显示。特别是位于莫索湾凸起上的莫 24 井，在白垩系清水河组底部钻遇约 20m 厚砂层，且气测异常明显，已获含油岩心。

通过该区地震反演成果的解释，在反演剖面上解释出清水河组底砂岩的顶、底界面，对顶界面进行构造成图，并绘制相应的底砂岩顶面构造图和砂岩厚度图（图 6-22 和图 6-23）。

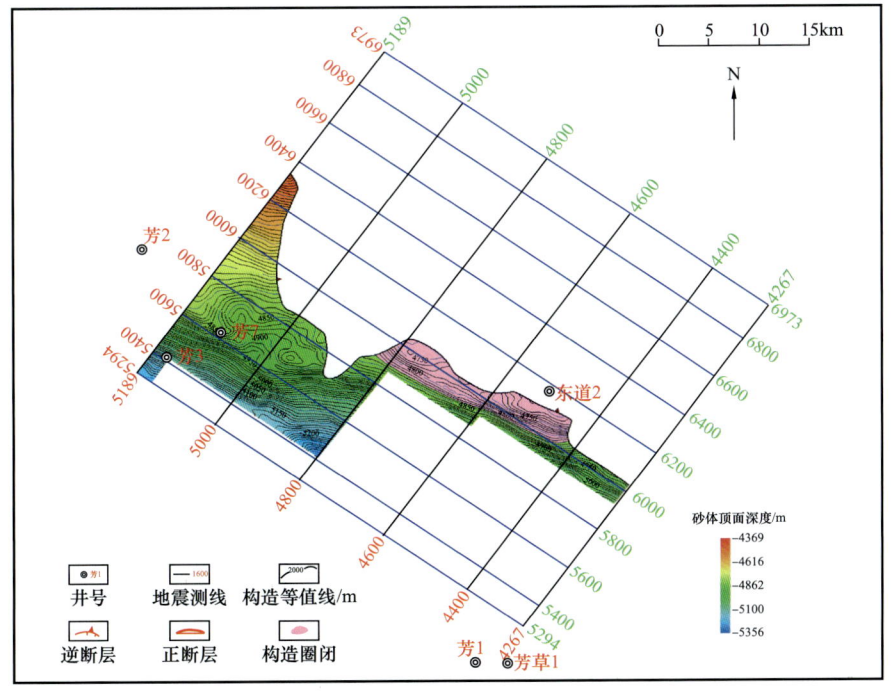

图 6-22 莫东斜坡区白垩系清水河组底砂岩顶面构造图

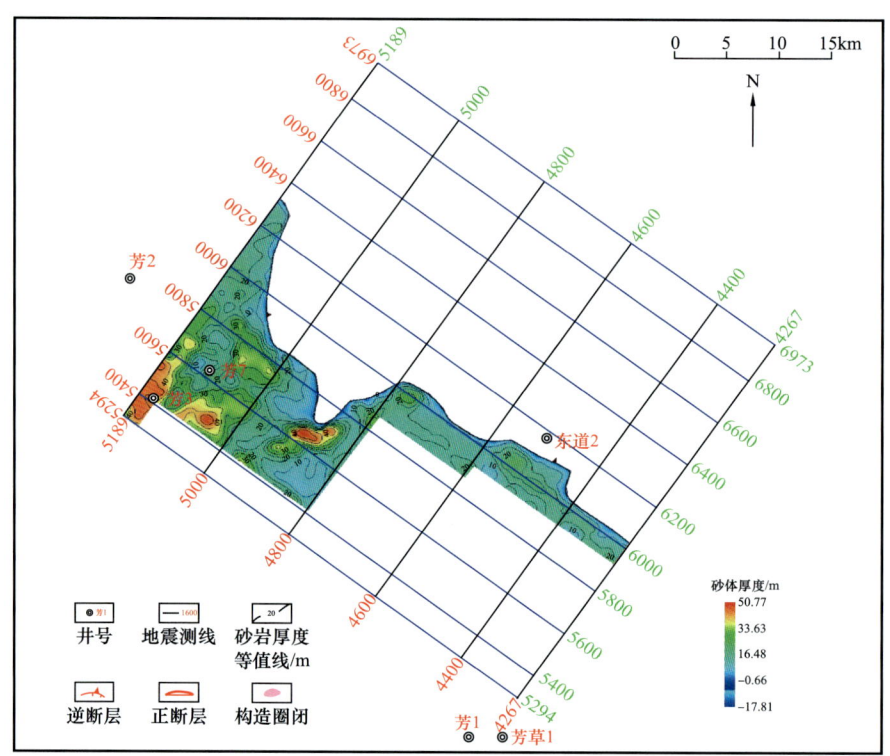

图 6-23　莫东斜坡区白垩系清水河组底砂岩厚度图

从构造图上看，清水河组底部砂岩呈南倾的单斜构造，北高南低，在东道 2 井南形成了一个上倾尖灭的岩性圈闭，清水河底砂岩厚度为 10~25m，圈闭高点埋深为 4700m，幅度为 130m，面积为 57.4km²。

第七章 前陆盆地及复杂构造区油气分布规律

前陆盆地及复杂构造区油气分布规律是指油气在空间分布上内在的必然趋势。综合圈源时空匹配控藏、断—盖组合控藏、应—压—岩三元耦合控藏研究成果，明确了中国中西部前陆盆地及复杂构造区油气分布规律，一是油气呈半环状分布；二是冲断带中段油气富集；三是冲断带深层油气富集。

第一节 油气呈半环状分布

前陆盆地一般包括冲断带、前渊坳陷带、斜坡带和前缘隆起带，在构造沉积响应方面，前陆盆地典型特征就是伴随着造山带的隆升，在冲断带、前渊坳陷带沉积巨厚的陆相磨拉石沉积，这套巨厚的砾岩沉积使深部烃源岩快速成熟，进入生油或生气高峰，随着逆冲作用向前推进，由冲断带、前渊坳陷带向斜坡带，烃源岩依次进入生油窗或生气窗，如东委内瑞拉前陆盆地上白垩统烃源岩由北往南依次进入生油窗，油气运移方向亦是如此（法贵方等，2010；图7-1）。库车前陆盆地侏罗系烃源岩底界在16Ma和2Ma时最高成熟度均位于冲断带中段或拜城凹陷和阳霞凹陷以北克深5井区，R_o分别为2.0%、3.4%，拜城凹陷—阳霞凹陷南部斜坡烃源岩R_o分别为0.6%~0.8%、0.6%~1.0%。因此，前陆冲断带烃源岩成熟度最高，特别是冲断带中段，往往以生气为主，斜坡带烃源岩以生油为主。

前陆盆地早期烃源岩进入生油阶段，晚期前陆冲断带—坳陷带进入生气阶段，且烃源岩演化程度随挤压冲断方向向盆地扩展。早期生油阶段，盆地处于前前陆阶段或前陆盆地早期，冲断带构造圈闭尚未形成或后期被改造，油气主要向山前古构造带、斜坡带—隆起带运聚；晚期前陆盆地生气阶段，冲断带构造圈闭形成与生气中心在时间、空间上匹配，故而冲断带主要形成高成熟的油气藏（图7-2）。横向上，前陆盆地冲断带—坳陷带聚集高成熟的油气，主要形成气田或气藏；斜坡带主要形成油气田或油气藏，从而形成前陆盆地外环油内环气的分布格局。如扎格罗斯前陆盆地坳陷带为气田，斜坡带为油田（图7-3）；库车前陆盆地冲断带气油比高，甚至为纯干气藏，斜坡带气油比低，甚至为油藏（图7-4）。

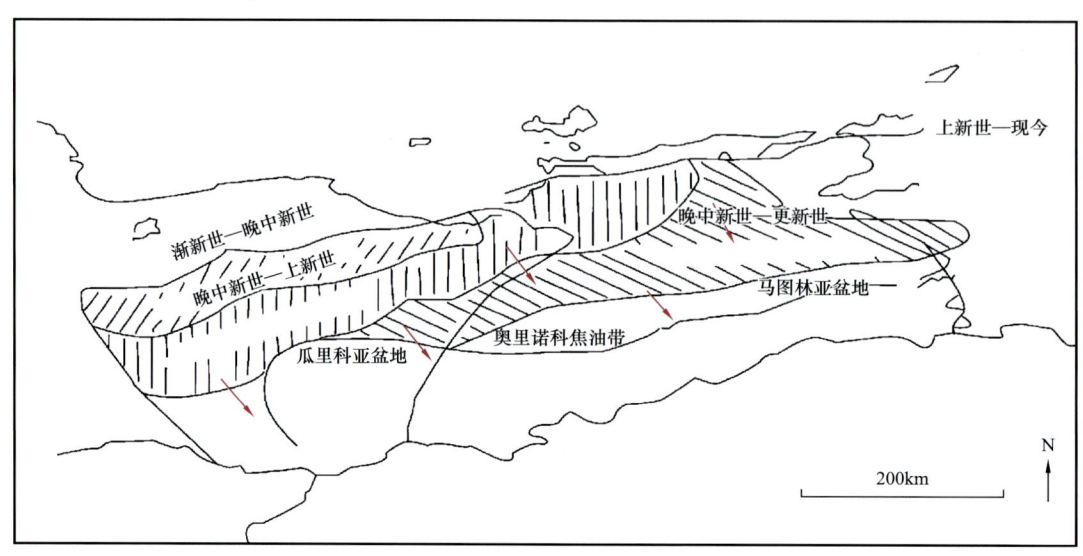

图 7-1　东委内瑞拉前陆盆地上白垩统烃源岩进入生油窗时间序列图

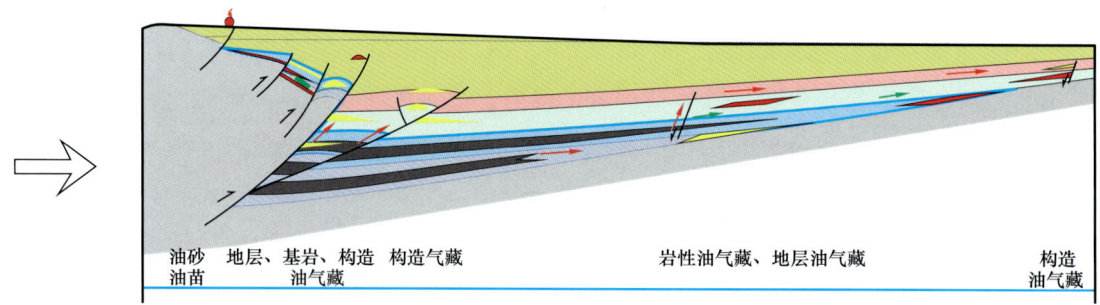

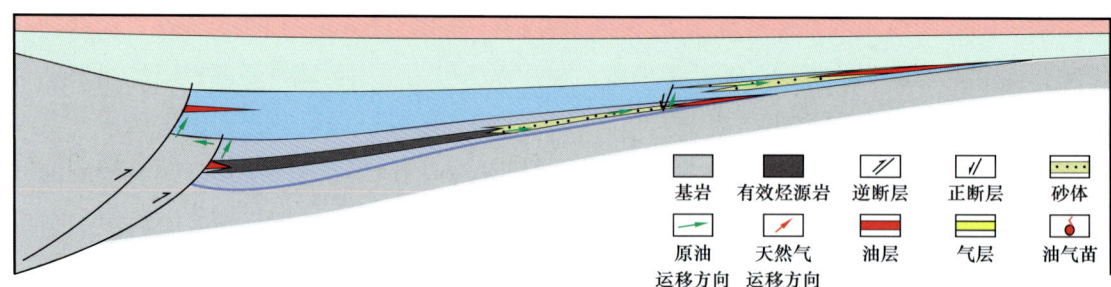

图 7-2　前陆盆地油气成藏与分布模式剖面图

烃源岩多期生烃、多层系聚集，浅层以聚集早期油气为主；深层以聚集晚期高成熟油气为主。受强烈构造挤压抬升作用影响，冲断带靠近山前带一侧，抬升剥蚀强烈，保存条件差，或存在改造后的残余油藏，或早期形成的油气藏被破坏，出露大量油苗、油砂，故而受圈源匹配控藏机理控制，前陆盆地形成外油内气、呈半环状的分布格局。

第七章 前陆盆地及复杂构造区油气分布规律

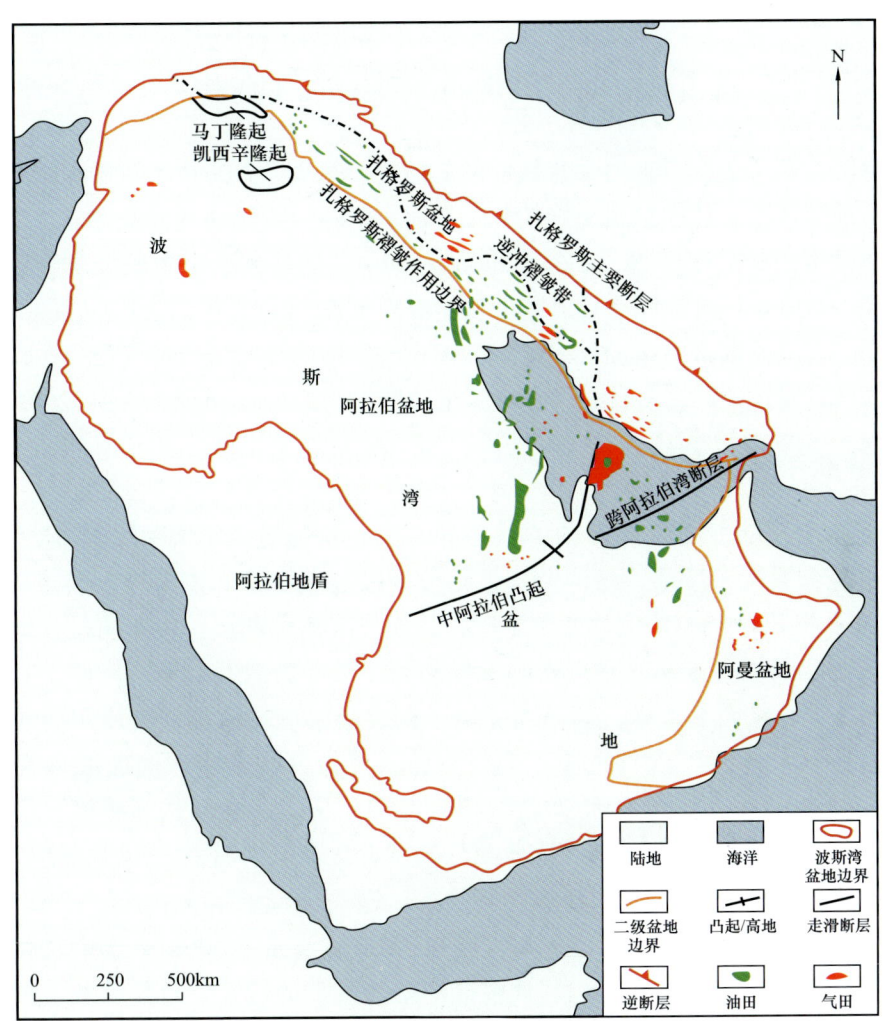

图 7-3 扎格罗斯前陆盆地油气布图

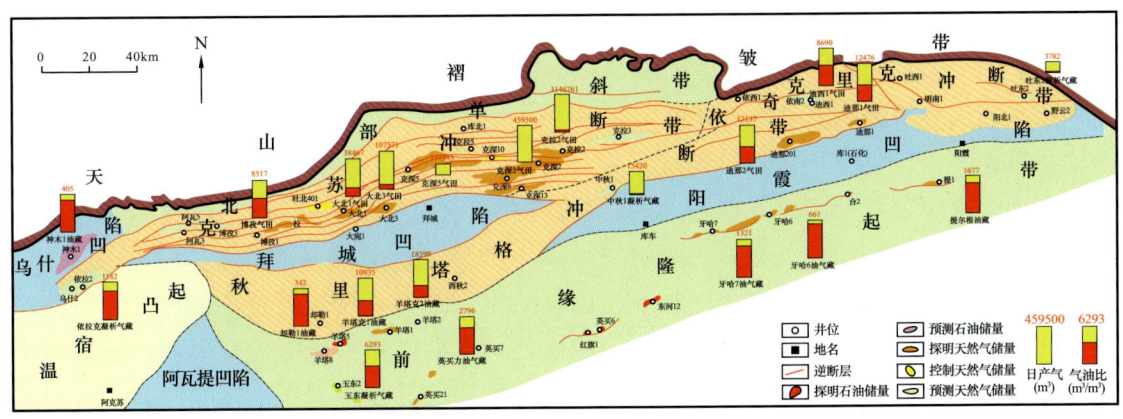

图 7-4 库车前陆盆地油气分布图

- 205 -

第二节 冲断带中段油气富集

由于前陆冲断带受构造动力学背景、调节构造、基底边界条件及变形程度等因素的差异性影响，前陆冲断带往往呈现明确的分段特征，不同构造段油气成藏特征、油气分布规律、油气丰度有差异（宋岩等，2005，2008）。其中，前陆冲断带中段烃源岩最发育，演化程度最高，且多烃源灶空间叠置，晚期构造圈闭群位于生烃中心之上，因此，受烃源岩分布的控制，前陆冲断带中段油气最富集。如扎格罗斯前陆盆地大油气田分布在迪兹富勒坳陷油源区及其附近地区，多数集中在坳陷中段背斜构造（Michal，et al.，2005）。

一、冲断带分段特征

转换带调节前陆冲断带内部的位移差异，起着构造分段的作用。根据形成机制的差异以及主控断裂分布特征，将调节构造划分为撕裂断层型和侧断坡型转换带（Gibbs，1984），其中，断层两侧断块运动速率不同，从而形成撕裂断层。库车前陆盆地西部北西向的喀拉玉尔衮断裂、东部北北东向的康村断裂，二者均为大型走滑断层，其两侧构造样式及变形方式存在明显差异，两条断裂属于撕裂断层型转换带，将库车前陆冲断带划分为西段、中段和东段三大构造段，中段主体为克拉苏构造带。侧断坡型转换带属于"硬连接"型转换带，其早期为转换斜坡型转换带，是指两断层相互叠覆，但仍未连接形成一条断层的阶段，随着断裂继续活动，断层分段生长，连接形成侧断坡型转换带。克拉苏构造带调节构造主要为侧断坡型转换带。断裂的形成演化经历了"孤立""软连接""硬连接"3个阶段（Peacock et al.，1994；Soliva et al.，2008）。断裂位移—距离曲线是识别转换带的重要方法之一，其低值区即是转换带的位置，也是断裂生长连接的部位（Peacock，1991；Peacock，1994；Fossen，2010；Giba，et al.，2012）。根据克拉苏构造带地震剖面上主断裂沿其走向的断距分布，制作了主断裂的位移—距离曲线，自北向南依次为近东西向的克拉苏北断裂和克拉苏断裂。由两条断裂的位移—距离曲线（图7-5）可见，克拉苏北断裂主要识别出了5个转换带，克拉苏断裂主要识别出了3个转换带。东西向发育的转换带将克拉苏构造带进一步分割为博孜、大北、克深、克拉3南4个构造段。

同样，准噶尔盆地西北缘前陆冲断带自南向北，以近东西向的红山嘴断裂和北西西向黄羊泉断裂为界，划分为红—车构造带、克—乌构造带和乌—夏构造带3个构造段。川西前陆盆地龙门山冲断带沿走向自北向南以北川—安县一线和卧龙—怀远一线为界划分为北段、中段和南段3个构造段，北段中生代构造变形强，新生代变形弱，以出露轿子顶基底杂岩和唐王寨向斜及前缘叠瓦冲断系为主要特征；南段中生代变形弱，新生代变形强，以出露五龙、宝兴基底杂岩及其前缘发育飞来峰为典型特征；中段为过渡段，以出露彭灌基底杂岩及其前缘发育飞来峰为典型特征。准南前陆冲断带分别以北北西向红车断裂和北东向乌鲁木齐—米泉断裂为界,划分为西段、中段和东段3个构造段,西段主体为四棵树凹陷区,中—上三叠统(小泉沟群)至新近系发育齐全;中段发育二叠系至新近系,具近东西向展布的三排背斜构造和三排向斜构造;东段发育二叠系至新近系,地层变形强烈。

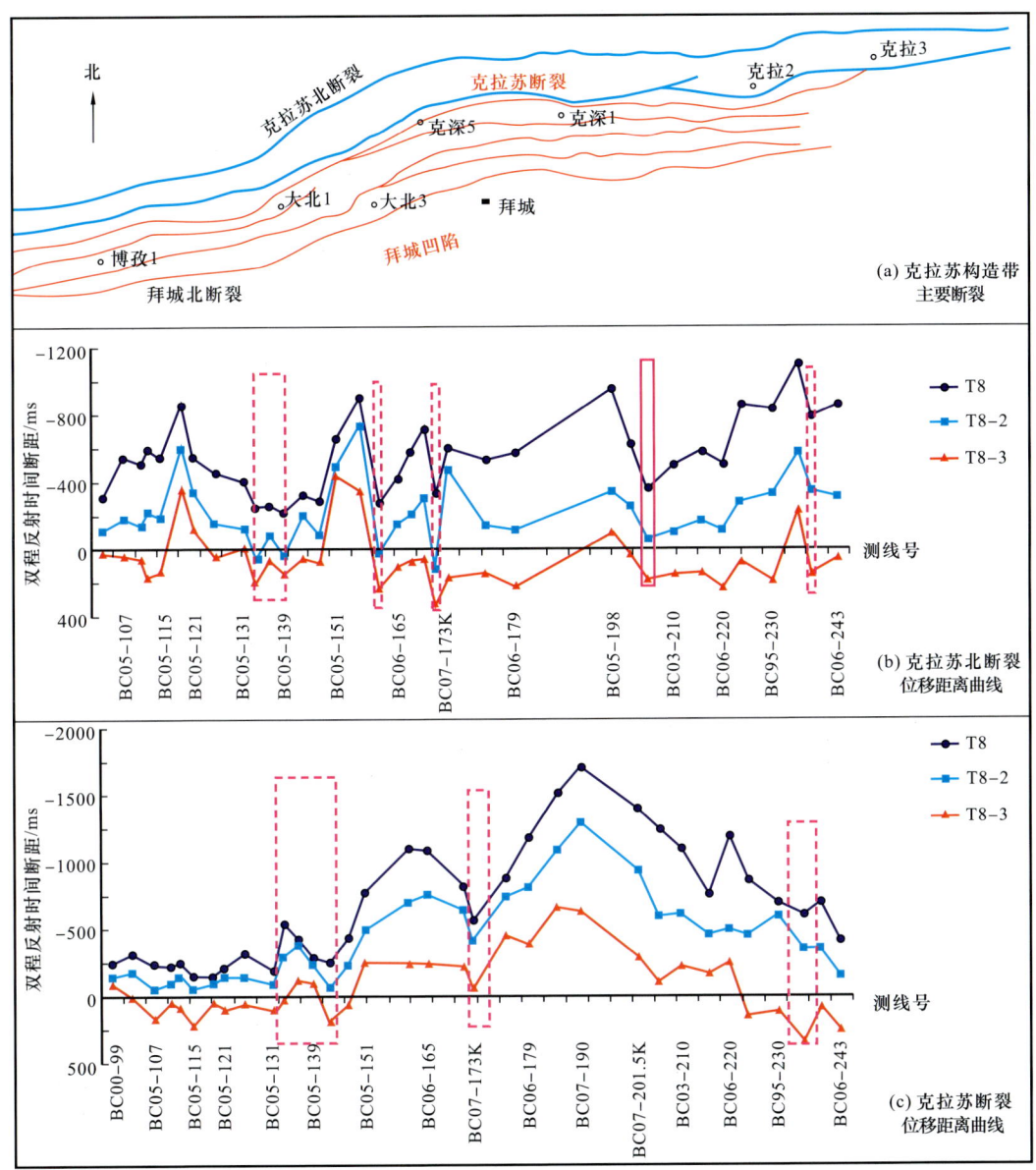

图 7-5　库车前陆冲断带克拉苏北断裂和克拉苏断裂的位移—距离曲线

二、冲断带中段油气富集

中西部前陆冲断变形最强烈的活动期是喜马拉雅运动晚期的上新世—第四纪,主要变形期大约在20Ma以来，现今天山、博格达山、祁连山、昆仑山山顶上古近系普遍存在，并且形成了统一的夷平面，反映新近纪以来中西部主要山脉才开始快速隆升。此时印藏持续的陆陆俯冲和碰撞作用，引起欧亚大陆的强烈变形，使得已经被剥蚀了的古天山、祁连山、昆仑山等造山带重新活动，形成陆内造山带。由此，山前前陆冲断带无论是非前陆层系还是前陆层系均卷入到晚期前陆构造活动中，形成了大量规模构造圈闭群和油源断裂。前陆冲断带，在晚期前陆构造活动时发育巨厚沉积，不但非前陆层系和后期前陆层系同时卷入构造变形，而且早期烃源岩层快速埋藏演化生烃，特别是前陆冲断带中段，处于生烃中心。

库车前陆盆地侏罗系—三叠系烃源岩厚0~1700m，面积达$2.16×10^4km^2$，沉积厚度中心位于大北—克拉苏冲断带主体一线。主力烃源岩生气强度和生油强度呈带状展布，高值区位于克—依构造带和东秋构造带。其中，最大生气区位于迪那地区和大北—克深地区（赵孟军等，2018），生气强度高达$350×10^8$~$400×10^8m^3/km^2$；最大生油区位于大北地区、克拉3南区和迪那地区，生油强度高达$1000×10^4t/km^2$；恰克马克组烃源岩生油区主要分布在库车前陆盆地的中西部，特别是大北—博孜地区，生油强度可达$160×10^4$~$200×10^4t/km^2$。因此，冲断带中段位于最大生烃中心，且新近纪盐下发育成排成带的叠瓦冲断构造圈闭，烃源岩大规模生排烃主要在新生代晚期（N_2），断裂沟通，持续高效充注，冲断带中段最大生烃中心与构造圈闭、储层有效叠合，有利于油气聚集，特别是晚期天然气的汇聚。

准西北缘前陆冲断带和准南前陆冲断带与之类似。准噶尔盆地南缘前陆冲断带中段也是多套烃源岩空间叠置，包括二叠系、侏罗系、白垩系三套主力烃源灶，烃源灶空间和时间上发生多次迁移。其中，二叠系烃源岩主要分布在前陆冲断带中段、东段，靠近山前带和北部斜坡区；侏罗系烃源岩在整个工区范围内均有分布，但主要分布在前陆冲断带中西段；白垩系泥质烃源岩主要分布在前陆冲断带中段乌奎背斜带。因此，准噶尔盆地南缘前陆冲断带中段应是油气最富集的构造段。由于冲断带中段往往位于生烃中心，因此冲断带中段油气最富集。

截至2019年底已探明油气储量统计表明，勘探程度较高的库车前陆冲断带和准西北缘前陆冲断带中段油气储量最多（图7-6），准南前陆冲断带亦是如此。油气勘探发现规律表明：与其他构造段相比，冲断带中段油气相对富集（图7-7）。

库车前陆冲断带，天然气最富集的部位集中在冲断带中段的克拉苏构造带上，已探明的克拉2、大北1、克深2等大型气藏均分布在该区域，中段天然气探明储量分别占冲断带总探明储量80%以上。对于准南前陆冲断带，探明的玛河气田、呼图壁气田等也都集中在准南前陆冲断带的中段。在准噶尔西北缘冲断带，目前主要的产油区也分布在冲断带中段的克—乌断裂带，油和气探明储量均占冲断带总探明储量的69%以上。

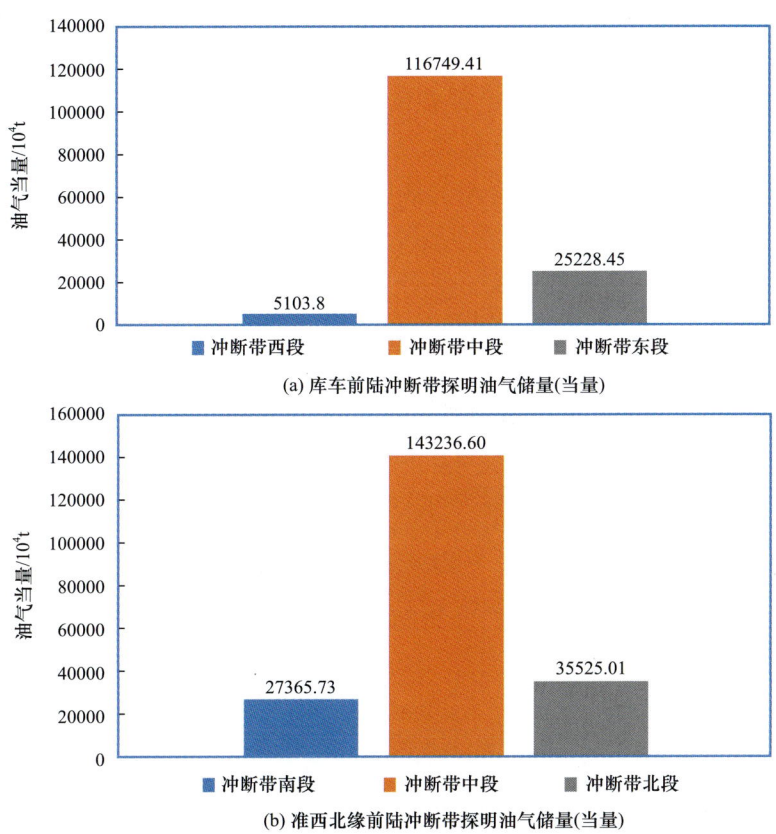

图 7-6 典型前陆冲断带不同构造段探明油气储量分布情况

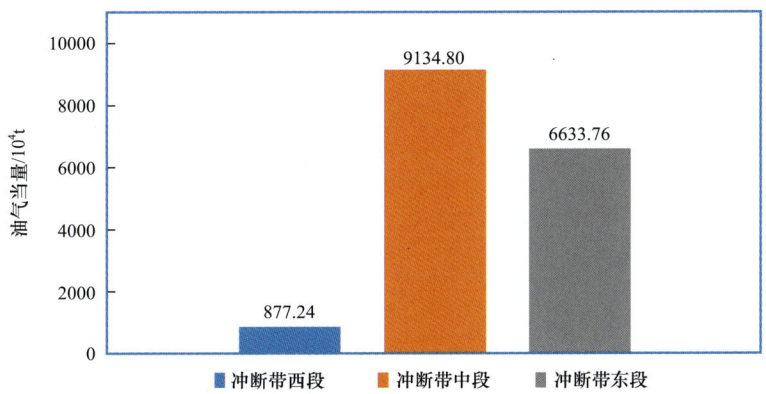

图 7-7 准南前陆冲断带不同构造段探明油气储量分布情况

第三节 冲断带深层油气富集

前陆冲断带发育多套有效烃源岩、多套滑脱层、多套储盖组合和沟通油气的断层，油气必然是多层系成藏，但在深层近源区域盖层之下油气富集。

一、两大成藏体系

前陆冲断带均发育远源成藏和近源成藏两大成藏体系（图7-8）。主力烃源岩层分布于深层前前陆层系，断裂是油气垂向运移的通道，断裂垂向运移距离越短油气越富集，近源优质区域盖层之下第一套储盖组合油气富集。而中浅层受多套区域盖层的分隔，一般缺乏规模有效烃源岩和直接沟通深层主力烃源岩的油源断裂，往往形成大构造、小油气藏。因此，规模有效烃源岩和良好的断裂—盖层组合决定了冲断带深层近源成藏潜力大。

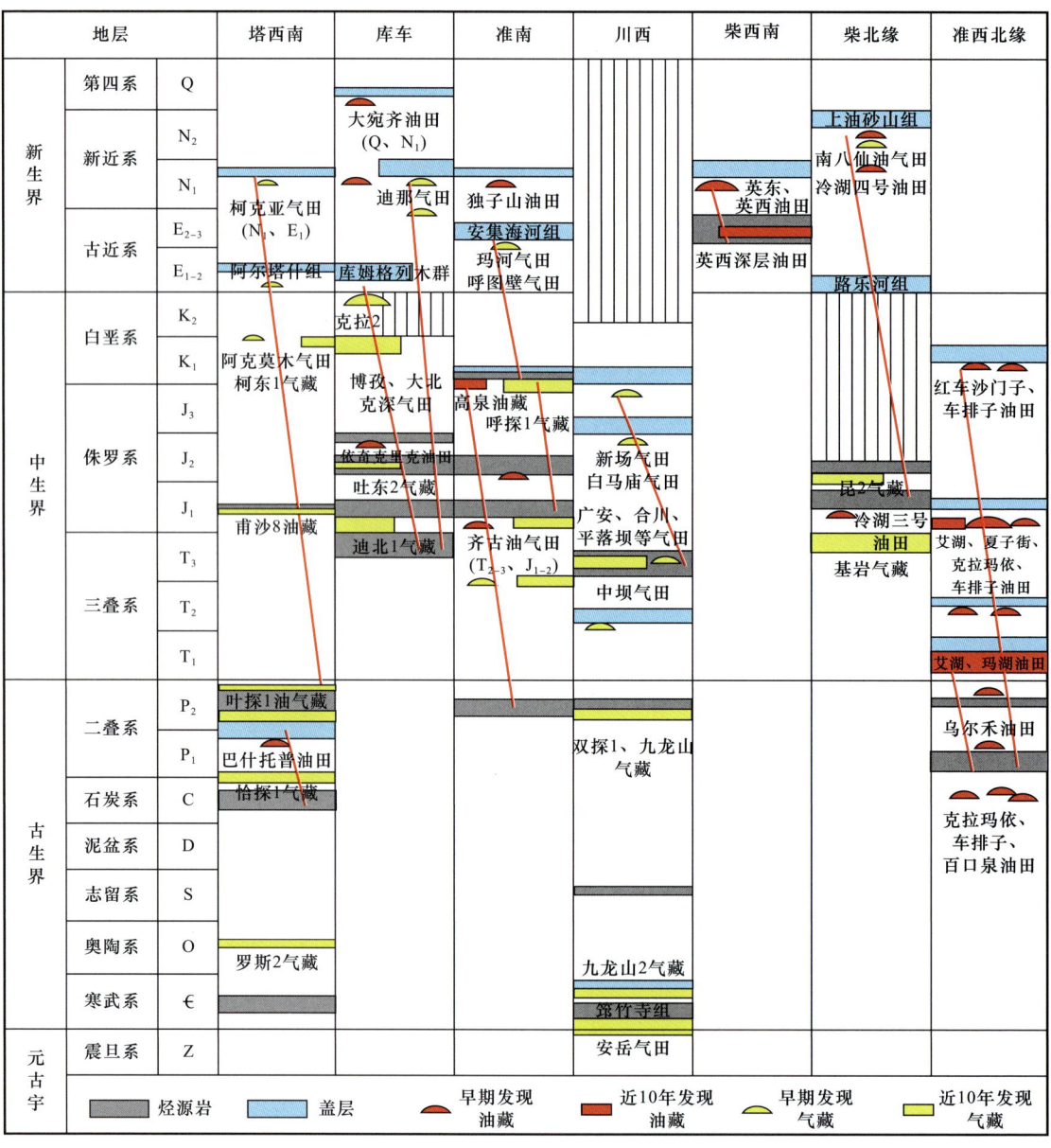

图7-8 前陆盆地及复杂构造区两类成藏体系及油气分布图

多套烃源岩层向多层系供烃，首先是源内或近源供烃成藏，如川西须家河组煤系烃源岩互层的须2、4、6段致密气藏、库车东部侏罗系阿合组致密气藏、准南东部二叠系致密油藏等；再有断裂沟通与区域盖层封闭的远源成藏，如库车盐下气田、准南古近系玛河气田等。

随着前陆盆地深层油气勘探力度的加大，近源油气藏发现越来越多，如库车前陆冲断带的迪西1气藏、吐东2气藏，准南前陆冲断带下组合的高探1油气藏、呼探1气藏，柴西复杂构造区英西深层油藏和柴北缘昆2气藏等。前陆盆地四套成藏组合中，以往认为组合Ⅲ油气发现占绝对多数（宋岩等，2008），目前组合Ⅰ和组合Ⅱ近源油气发现逐渐增多（图7-9），毕竟近源成藏效率高，深层油气保存条件好，勘探潜力巨大。

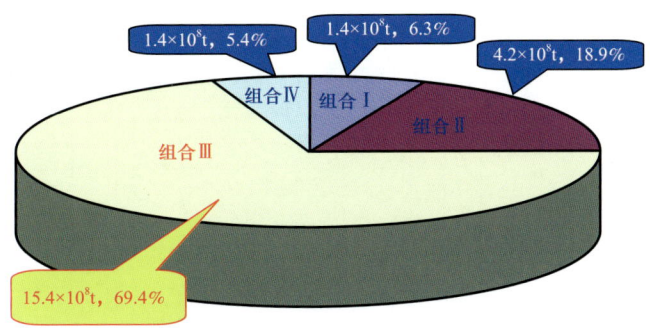

(a) 2008年前的统计结果（据宋岩等，2008）

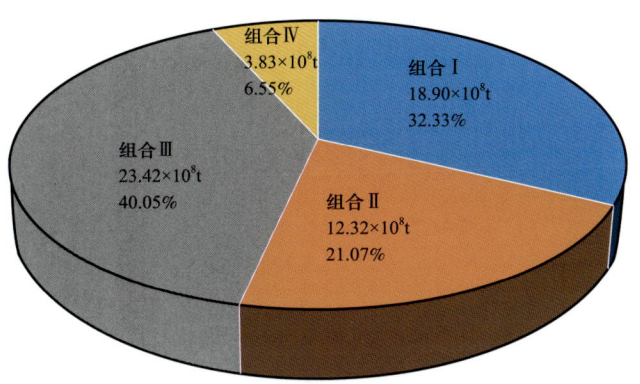

(b) 截至2019年底的统计结果

图7-9 前陆盆地及复杂构造区三级油气储量（当量）在各组合的分配对比图

二、油气成藏序列

对比前陆冲断带不同区带油气成藏过程，由造山带三排构造带依次为破坏、散失、油苗或完整背斜成藏，多期、调整、多层系聚集成藏，到深层晚期聚集成藏（图7-10）。深层区域盖层塑性强，抗压强度大，优质区域盖层是前陆冲断带深层富含油气的另一个主要原因。因此冲断带深层油气有利于成藏与保存，特别是塑性膏盐岩盖层下、深部厚层泥岩盖层下、主力烃源岩近源或源内油气富集。

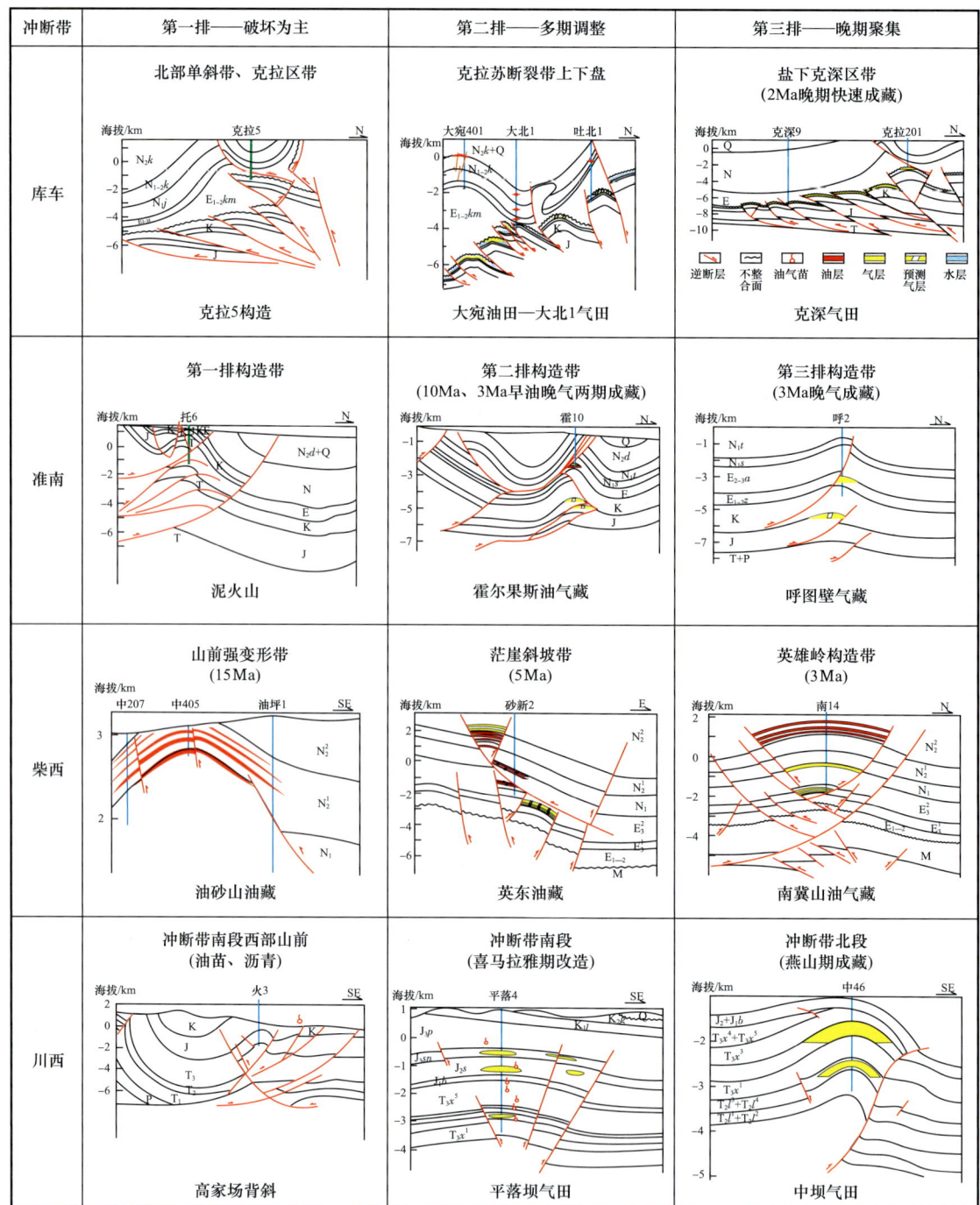

图 7-10 前陆冲断带油气成藏时空有序分布图

三、三类富油气构造带

前陆冲断带不同构造带构造演化、变形样式不同，油气富集程度存在明显差异。按照有利于油气聚集和保存的构造样式，依次划分为山前断阶构造、盆内滑脱冲断构造和盆缘古隆起派生构造等三类富油气构造带，由此明确了中西部前陆冲断带及复杂构造区规模油气富集区（表7-1）。

表7-1　中西部前陆冲断带3类富油气构造带油气成藏特征

富油气构造带	深层地质结构	油气富集区	油气成藏关键要素	典型实例	接替与潜在区带
山前断阶带	基底卷入构造	上盘推覆带	（1）盖层保存；（2）下盘供烃；（3）位于构造脊上的圈闭	准西北缘上盘阿尔金山前带昆北断阶带	库车北部构造带齐古断阶带
		下盘掩伏带	（1）圈闭完整性；（2）深层发育超压和裂缝	酒泉南缘	准西北缘掩覆带龙门山北段齐古北断裂下盘昆北、阿尔金深凹陷
盆内滑脱冲断带	叠瓦冲断构造	盆内晚期构造带	（1）断—盐组合有效性；（2）深层发育超压和裂缝	克拉苏构造带	中秋构造带米仓山前缘大巴山前缘
	多滑脱冲断构造		（1）断—泥组合有效性；（2）深层发育超压和裂缝	英雄岭构造带	乌奎背斜带川西南冲断带双鱼石构造带
盆缘古隆起派生构造带	古隆起派生构造	古隆起构造带	（1）稳定的古构造；（2）油源断裂		西秋构造带莫索湾隆起带九龙山构造带

第一类富油气构造带为山前断阶带，以逆掩推覆构造、基底卷入构造变形为主，包括上盘推覆带和下盘掩伏带，早期古构造发育、晚期弱改造区最有利于油气富集（图7-11）。上盘推覆带发育多个断阶，继承性古构造为油气多期运聚指向区，晚期构造稳定有利于盖层保存，构造脊、基岩风化壳和砂体渗透层控制油气主要运移路径。准西北缘克—乌构造带为山前断阶带型富油构造带，上盘多层系发育大型扇体群和区域性盖层，晚期构造活动弱，形成大面积构造、构造—岩性复合圈闭。历经60余年的勘探，探明石油地质储层近 16×10^8 t。上盘推覆带油气主要来源于下盘深层烃源岩，因此，下盘勘探潜力更大，近年来在冲断带下盘发现三级石油地质储层 2.5×10^8 t，其中探明石油地质储量 1.12×10^8 t。阿尔金山前带为接替富气构造带，重点目的层系为 E_3^1、E_{1-2}、基岩、J，东坪、牛东、尖北等气田已探明天然气 $986.62 \times 10^8 m^3$，控制天然气储量 $218 \times 10^8 m^3$；凹陷带昆2井侏罗系获得突破、鄂探1井见到良好苗头，形成了以侏罗系为源、凹陷区和低断阶近源成藏、高断阶远源成藏的含油气系统，证实阿尔山前带和凹陷区勘探前景广阔。柴西昆北断阶带、准南齐古断阶带、库车北部构造带等为潜在富油气构造带。

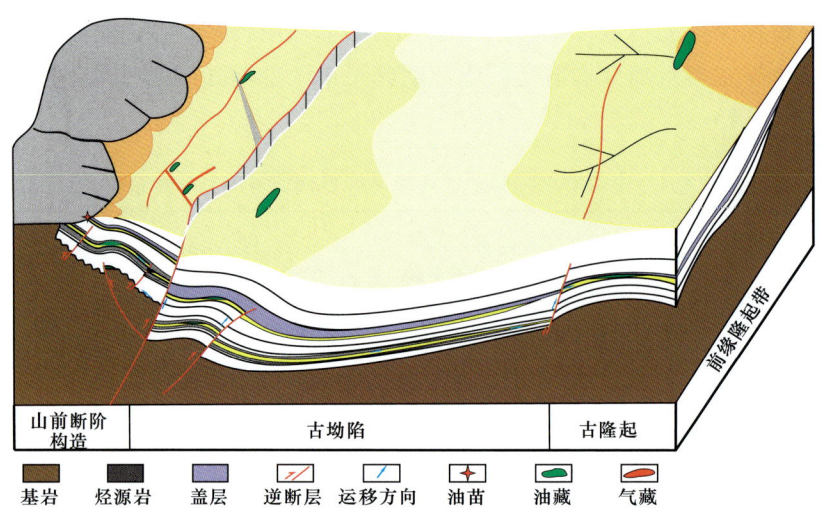

图 7-11　前陆盆地富油气构造带形成模式（早期原油充注）

第二类富油气构造带为盆内滑脱冲断构造带，包括叠瓦冲断构造带和多滑脱冲断构造带两个亚类，第一亚类以库车克拉苏构造带为典型代表，突出特征是发育膏盐岩层及盐下前展式叠瓦鳞片体构造（图 7-12），一个鳞片体就是一个有利的勘探目标；厚层、塑性膏盐岩顶封侧堵，冲断带盐下断背斜、断块形成有效圈闭群，盐下有效圈闭群位于规模生烃中心之上。膏盐岩高热导率、脆—塑转换和塑变流动特性控制盐下圈闭晚期动态成藏，指导了克深大气区的发现，探明天然气地质储量 $10769 \times 10^8 m^3$。基于构造变换带概念，在大北—博孜拼接处、博孜—阿瓦特拼接处开辟了勘探新领域，博孜—大北区块万亿立方米凝析气区正在形成。中秋 1 气藏的发现进一步展现了盐下巨大的勘探潜力。以雷口坡组—嘉陵江组膏盐岩为区域盖层的川西北双鱼石—射箭河构造带为潜在的第二类富油气构造带。第二亚类为盆内多滑脱冲断构造带，构造变形和油气成藏受区域滑脱层及其组合的控制，多滑脱层分隔多套构造层，多套构造层分层变形，一套构造层为一个独立的成藏组合和勘探目的层系，下部成藏组合近油气源，构造圈闭相对完整，储层发育超高压和裂缝，盖层塑性和封闭性增强，更加有利于油气的聚集和保存。柴西英雄岭富油构造带以古近系—新近系含盐地层为滑脱层，盐上浅层发现英西、英东亿吨级整装高丰度油田，原油主要来自深层古近系烃源岩，盐下勘探潜力更大，受深层冲断断层—裂缝的控制，断层上盘裂缝发育，油气富集。英西深层近年来发现了多口高产千吨井，控制和预测石油地质储量 $4.05 \times 10^8 t$。准南乌奎背斜带为潜在的富油气构造带，西段高泉构造带以古近系安集海河组为区域滑脱层，白垩系厚层泥岩为区域盖层；晚期构造挤压形成上褶、下断的构造变形样式，深部古构造高点由北向南迁移，同时形成多个断块圈闭，构造高点及其北部断块为有利勘探目标，高探 1 井日产超千吨，展现出下组合巨大的勘探潜力。乌奎背斜带中段发育古近系安集海河组、白垩系呼图壁河组和二叠系泥岩滑脱层，形成了上、中、下三套成藏组合，深部上侏罗统—下白垩统储盖组合近油源、盖层封闭性强，聚集凝析油气，是第二个潜在的、类似库车冲断带的富油气构造带。

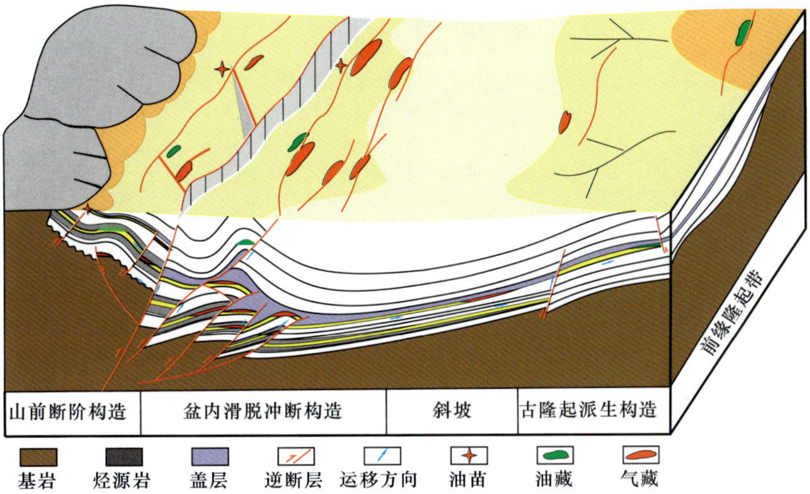

图 7-12 前陆盆地富油气构造带形成模式（晚期高成熟油气充注及调整）

    第三类富油气构造带为盆缘古隆起派生构造带，前陆斜坡—隆起带早期为大型古隆起构造带，古构造带为油气长期运聚指向区，发育断裂或不整合侧向输导体系。晚期前陆挤压挠曲，古隆起掀斜、背斜调整、断块化，古油气藏或油气充注亦将发生相应的调整（图 7-11 和图 7-12）。典型的古隆起构造带如川西北地区九龙山构造带、库车西秋构造带等。目前该类富油气构造带还没有规模油气发现，为潜在或接替型富油气构造带。

    横向上：（1）早期山前断阶构造、盆内古构造、盆缘古隆起构造聚集原油，晚期构造调整、多期充注；盆内滑脱冲断构造区域盖层之下、近源或源内充注高成熟油气。（2）由山前向前陆方向，形成山前断阶构造富油气构造带、盆内滑脱冲断构造富油气构造带、盆缘古隆起派生构造富油气构造带；盆内滑脱冲断构造深层近源成藏、油气富集。

参 考 文 献

操成杰，王小凤，2005.柴达木盆地近SN向构造形成机制与油气成藏意义［J］.地质力学学报，11（1）：74-80.

陈建平，王绪龙，邓春萍，等，2016.准噶尔盆地南缘油气生成与分布规律——典型油藏油源解剖与原油分布规律［J］.石油学报，37（4）：415-429.

陈新领，2004.柴达木盆地柴西地区喜马拉雅运动与油气成藏研究［D］.成都：西南石油学院.

邓起东，冯先岳，张培震，等，2000.天山活动构造［M］.北京：地震出版社.

法贵方，康永尚，王红岩，等，2010.东委内瑞拉盆地油砂成矿条件和成矿模式研究［J］.特种油气藏，17（6）：42-45.

方世虎，贾承造，宋岩，等，2007.准南地区前陆冲断带晚新生代构造变形特征与油气成藏［J］.石油学报，28（6）：1-5.

付锁堂，2010.柴达木盆地西部油气成藏主控因素与有利勘探方向［J］.沉积学报，28（2）：373-379.

付锁堂，袁剑英，2014.柴达木盆地油气地质成藏条件研究［M］.北京：科学出版社.

付晓飞，方德庆，吕延防，等，2005.从断裂带内部出发评价断层垂向封闭性的方法［J］.地球科学，30（3）：328-336.

高先志，陈发景，马达德，等，2003.中、新生代柴达木北缘的盆地类型与构造演化［J］.西北地质，36（4）：16-24.

高先志，陈发景，2002.柴达木盆地北缘西段油气成藏机理研究［J］.地球科学（中国地质大学学报），27（6）：757-762.

郭令智，朱文斌，马瑞士，等，2003.论构造耦合作用［J］.大地构造与成矿学，27（3）：197-205.

郭泽清，马寅生，易士威，等，2017.柴西地区古近系—新近系含气系统模拟及勘探方向［J］.天然气地球科学，28（1）：82-92.

郭召杰，吴朝东，张志诚，等，2011.准噶尔盆地南缘构造控藏作用及大型油气藏勘探方向浅析［J］.高效地质学报，17（2）：185-195.

郭召杰，张志诚，方世虎，等，2006.中、新生代天山隆升过程及其与准噶尔、阿尔泰山比较研究［J］.地质学报，80（1）：1-15.

何海清，支东明，雷德文，等，2019.准噶尔盆地南缘高泉背斜战略突破与下组合勘探领域评价［J］.中国石油勘探，24（2）：137-146.

何生，何治亮，杨智，等，2009.准噶尔盆地腹部侏罗系超压特征和测井响应以及成因［J］.地球科学（中国地质大学学报），34（3）：457-470.

胡瀚文，张元元，卓勤功，等，2019.准噶尔盆地南缘下组合油气成藏过程——以齐古油田为例［J］.天然气地球科学，30（4）：456-467.

华保钦，1995.构造应力场、地震泵与油气运移［J］.沉积学报，13（2）：77-85.

黄立功，2005.柴达木盆地昆前—茫崖坳陷构造样式与数值模拟研究［D］.广州：中国科学院研究生院（广州地球化学研究所）.

贾承造，何登发，陆洁民，2004. 中国喜马拉雅运动的期次及其动力学背景 [J]. 石油与天然气地质，25（2）：121-125.

贾承造，何登发，周路，等，2000. 前陆冲断带油气勘探 [M]. 北京：石油工业出版社.

贾承造，庞雄奇，2015. 深层油气地质理论研究进展与主要发展方向 [J]. 石油学报，36（12）：1457-1469.

贾承造，魏国奇，李本亮，等，2003. 中国中西部两期前陆盆地的形成及其控气作用 [J]. 石油学报，24（2）：13-17.

金文正，王俊鹏，崔泽宏，等，2018. 川西地区构造滑脱层岩石力学特征及构造变形意义 [J]. 四川地质学报，38（4）：557-561.

金之钧，张明利，汤良杰，等，2004. 柴达木中新生代盆地演化及其控油气作用 [J]. 石油与天然气地质，25（6）：603-608.

鞠玮，侯贵廷，黄少英，等，2013. 库车坳陷依南—吐孜地区下侏罗统阿合组砂岩构造裂缝分布预测 [J]. 大地构造与成矿学，37（4）：592-602.

李斌，梅文华，李琪琪，等，2020. 四川盆地西北部前陆盆地构造演化对古生界海相油气成藏的影响 [J]. 天然气地球科学，31（7）：993-1003.

李宏义，汤良杰，姜振学，等，2007. 柴达木盆地北缘冷湖七号构造油气成藏过程与模式 [J]. 地质学报，81（2）：267-272.

李民河，李震，廖健德，2005. 准噶尔盆地南缘地应力分析及相关问题探讨 [J]. 新疆地质，23（4）：343-346.

李丕龙，张善文，宋国奇，等，2004. 断陷盆地隐蔽油气藏形成机制——以渤海湾盆地济阳坳陷为例 [J]. 石油实验地质，26（1）：3-10.

李学义，李天明，2003. 准噶尔盆地南缘三个油气成藏组合研究 [J]. 石油勘探与开发，30（6）：32-34.

卢双舫，付广，王朋岩，2002. 天然气富集主控因素的定量研究 [M]. 北京：石油工业出版社.

鲁雪松，卓勤功，赵孟军，等，2021. 前陆冲断带断盖组合评价技术与应用 [M]. 北京：石油工业出版社.

罗群，白新华，1998. 断裂控烃理论与实践——断裂活动与油气聚集研究 [M]. 武汉：中国地质大学出版社.

罗群，庞雄奇，姜振学，2007. 断裂控烃机理与模式 [M]. 北京：石油工业出版社.

吕延防，李国会，王跃文，1996. 断层封闭性定量研究方法 [J]. 石油学报，17（3）：39-45.

吕延防，万军，沙子萱，等，2008. 被断裂破坏的盖层封闭能力评价方法及其应用 [J]. 地质科学，43（1）：162-174.

马启富，陈斯忠，张启明，等，2000. 超压盆地与油气分布 [M]. 北京：地质出版社.

邱楠生，2000. 柴达木盆地现代大地热流和深部地温特征 [J]. 中国矿业大学学报，30（4）：412-415.

宋国奇，刘克奇，2009. 断层两盘裂缝发育特征及其石油地质意义 [J]. 油气地质与采收率，16（4）：1-3.

宋岩，方世虎，赵孟军，等，2005. 前陆盆地冲断带构造分段特征及其对油气成藏的控制作用 [J]. 地学前缘，12（3）：31-38.

宋岩，柳少波，赵孟军，等，2008. 中国中西部前陆盆地油气分布规律及主控因素［M］. 北京：石油工业出版社.

隋立伟，方世虎，孙永河，等，2014. 柴达木盆地西部狮子沟—英东构造带构造演化及控藏特征［J］. 地学前缘，21（1）：261-270.

孙国强，郑建京，胡慧芳，等，2004. 关于压陷型沉降坳陷盆地的讨论——以柴达木盆地为例［J］. 天然气地球科学，15（4）：395-400.

孙自明，董臣强，2007. 准南前陆冲断带构造分段及其与油气关系［J］. 地球学报，28（5）：462-468.

汤良杰，金之钧，张明利，等，2000. 柴达木盆地北缘构造演化与油气成藏阶段［J］. 石油勘探与开发，27（2）：36-39.

田继先，孙平，张林，等，2014. 柴达木盆地北缘山前带平台地区天然气成藏条件及勘探方向［J］. 天然气地球科学，25（4）：526-531.

田孝茹，卓勤功，张健，等，2017. 准噶尔盆地南缘吐谷鲁群盖层评价及对下组合油气成藏的意义［J］. 石油与天然气地质，38（2）：334-344.

万传治，李红哲，陈迎宾，2006. 柴达木盆地北缘西段油气成藏机理与有利勘探方向［J］. 天然气地球科学，17（5）：653-658.

汪新伟，汪新文，刘剑平，等，2005. 准噶尔盆地南缘褶皱—逆冲断层带分析［J］. 地学前缘，12（4）：411-421.

王琳霖，于冬冬，浮昀，等，2020. 柴达木盆地西部构造演化与差异变形特征及对油田水分布的控制［J］. 石油实验地质，42（2）：186-192.

王小凤，武红岭，马寅生，等，2006. 构造应力场、流体势场对柴达木盆地西部油气运聚的控制作用［J］. 地质通报，25（9-10）：1036-1044.

魏国齐，李本亮，陈汉林，等，2008. 中国中西部前陆盆地构造特征研究［M］. 北京：石油工业出版社.

吴光大，葛肖虹，刘永江，等，2006. 柴达木盆地中、新生代构造演化及其对油气的控制［J］. 世界地质，25（4）：411-417.

吴萌萌，岳祯奇，孟子圆，等，2018. 柴达木盆地西部地区构造分区及构造演化研究进展［J］. 石油化工应用，37（10）：5-8.

吴因业，陈丽华，2008. 中国中西部前陆盆地油气储层层序地层学［M］. 北京：石油工业出版社.

吴智平，陈伟，薛雁，2010. 断裂带的结构特征及对油气的输导和封堵性［J］. 地质学报，84（4）：570-578.

伍坤宇，廖春，李翔，等，2020. 柴达木盆地英雄岭构造带油气藏地质特征［J］. 现代地质，34（2）：378-389.

谢宗奎，胡锌波，陶宗谱，等，2006. 柴达木盆地冷湖七号第三系储层物性影响因素及分类意义［J］. 内蒙古石油化工，10：81-83.

徐凤银，尹成明，巩庆林，等，2006. 柴达木盆地中、新生代构造演化及其对油气的控制［J］. 中国石油勘探，11（6）：9-16.

杨海波，陈磊，孔玉华，2004. 准噶尔盆地构造单元划分新方案［J］. 新疆石油地质，25（6）：686-688.

杨秀娟，张敏，闫相祯，2008. 基于声波测井信息的岩石弹性力学参数研究［J］. 石地质与工程，22（4）：39-42.

于冬冬，张永生，侯献华，等，2017. 柴西南翼山构造形成演化及其对油气成藏的控制［J］. 断块油气田，24（6）：740-744.

于璇，侯贵廷，李勇，等，2016. 迪北气田三维探区下侏罗统阿合组裂缝定量预测［J］. 地学前缘，23（1）：240-252.

袁玉松，范明，刘伟新，等，2011. 盖层封闭性研究中的几个问题［J］. 石油实验地质，33（4）：336-340.

詹彦，侯贵廷，孙雄伟，等，2014. 库车坳陷东部侏罗系砂岩构造裂缝定量预测［J］. 高校地质学报，20（2）：294-302.

曾联波，巩磊，祖克威，等，2012. 柴达木盆地西部古近系储层裂缝有效性的影响因素［J］. 地质学报，86（11）：1809-1814.

张道伟，薛建勤，伍坤宇，等，2020. 柴达木盆地英西地区页岩油储层特征及有利区优选［J］. 岩性油气藏，32（4）：1-11.

张凤奇，鲁雪松，卓勤功，等，2020. 准噶尔盆地南缘下组合储层异常高压成因机制及演化特征［J］. 石油与天然气地质，41（5）：1004-1016.

张凤奇，王震亮，鲁雪松，等，2012. 库车坳陷现今构造应力场与天然气分布关系［J］. 新疆石油地质，33（4）：431-433.

张凤奇，王震亮，钟红利，等，2013. 沉积盆地主要超压成因机制识别模式及贡献［J］. 天然气地球科学，24（6）：1151-1158.

张明利，金之钧，万天丰，等，2005. 柴达木盆地应力场特征与油气运聚关系［J］. 石油与天然气地质，26（5）：674-679.

张荣虎，魏国齐，王珂，等，2021. 前陆冲断带构造逆冲推覆作用与岩石响应特征——以库车坳陷东部中—下侏罗统为例［J］. 岩石学报，37（7）：2256-2270.

张西娟，2007. 柴北缘地区中新生代构造变形与构造应力场模拟［D］. 北京：中国地质科学院.

张喜龙，2019. 柴达木盆地侏罗系烃源岩生烃机理及资源潜力研究［D］. 北京：中国科学院大学.

张永庶，伍坤宇，姜营海，等，2018. 柴达木盆地英西深层碳酸盐岩油气藏地质特征［J］. 天然气地球科学，29（3）：358-369.

赵凡，孙德强，闫存凤，等，2013. 柴达木盆地中新生代构造演化及其与油气成藏关系［J］. 天然气地球科学，24（5）：940-947.

赵孟军，卓勤功，陈竹新，等，2017. 含盐前陆盆地油气地质与勘探［M］. 北京：石油工业出版社.

赵孟军，卓勤功，鲁雪松，等，2018. 库车前陆盆地深层油气成藏与勘探前景［M］. 北京：石油工业出版社.

赵密福，刘泽容，信荃麟，等，2001. 控制油气沿断层纵向运移的地质因素［J］. 石油大学学报，25（6）：21-24.

赵文智，2006. 石油地质理论与方法进展［M］. 北京：石油工业出版社.

卓勤功，雷永良，边永国，等，2020. 准南前陆冲断带下组合泥岩盖层封盖能力［J］. 新疆石油地质，41（1）：100–107.

卓勤功，李勇，宋岩，等，2013. 塔里木盆地库车坳陷克拉苏构造带古近系膏盐岩盖层演化与圈闭有效性［J］. 石油实验地质，35（1）：42–47.

卓勤功，赵孟军，李勇，等，2014. 膏盐岩盖层封闭性动态演化特征与油气成藏［J］. 石油学报，35（5）：847–856.

Allan U S，1989. Model for hydrocarbon migration and entrapment within faulted structures［J］. AAPG Bulletin，73（7）：803–811.

Allen M B，Vincents S J，Wheeler P J，1999. Late Cenozoic tectonics of the Kepingtoge thrust zone：interaction between the TianShan and the Tarim Basin，northwest China［J］. Tectonics，18：639–654.

Avouac J P，Tapponnier P，Bai M，et al.，1993. Active thrusting and folding along the northern TianShan and late Cenozoic rotation of the Tarim relative to Dzungaria and Kazakhstan［J］. Journal of Geophysical Research，98：6755–6804.

Baur F，Hosford Scheirer A，E. Peters K，2018. Past，present，and future of basin and petroleum system modeling［J］. AAPG Bulletin，102（4）：549–561.

Berg S S，Skar T，2005. Controls on damage zone asymmetry of a normal fault zone：outcrop analyses of a segment of the Moab fault，SE Utah［J］. Journal of Structural Geology，27：1803–1822.

Biddle K T，Wielchowsky C C，1994. Hydrocarbon traps［J］. AAPG Memoir，219–235.

Bretan P，Yielding G，Jones H，2003. Using calibrated shale gouge ration to estimate hydrocarbon column heights［J］. AAPG Bulletin，87：397–413.

Bruhn R L，Yonkee W A，Parry W T，1990. Structural and fluid-chemical propertiesof seismogenic normal fault［J］. Tectonophysics，175：139–157.

Burchfiel B C，Brown E T，Deng Q D，et al.，1999. Crustal shortening on the margins of the Tian Shan，Xinjiang，China［J］. International Geology Review，41：665–700.

Burchfiel B C，Royden L H，1991. Tectonics of Asia 50 years after the death of Emile Argand［J］. Eclogae Geol. Helv，84：599–629.

Forster C B，Goddard J V，Evans J P，1994. Permeability structure of a thrust fault，In：The mechanical involvement of fluids in faulting［C］. U. S. Geological survey open file report，94–228.

Fossen H，2010. Structural geology［M］. New York：Cambridge University Press.

Gao B Y，Flemings P B，2017. Pore pressure within dipping reservoirs in overpressured basins［J］. Mar. Pet. Geol，80：94–111.

Giba M，Walsh J J，Nicol A，2012. Segmentation and growth of an obliquely reactivated normal fault［J］. Journal of Structural Geology，39：253–267.

Gibbs A D，1984. Structural evolution of extensional basin margins［J］. Geological Society of London

Journal, 141: 609-620.

Hermanrud C, Wensaas L, Teige G M G, et al., 1998. Shale porosities from well logs on Haltenbanken (Offshore Mid-Norway) show no influence of overpressuring [J]. AAPG, 70: 65-85.

Hindle A D, 1989. Downthrown traps of the NW Witch Ground Graben, UK North Sea [J]. Journal of Petroleum Geology, 12: 405-418.

Hooper E C D, 1991. Fluid migration along growth fault in compacting sediments [J]. Journal of Petroleum Geology, 14: 161-180.

Ingram G M, Urai J L, Naylor M A, 1997. Sealing processes and top seal assessment [J]. Norwegian Petroleum Society Special Publications, 7 (97): 165-174.

Knipe R J, Jones G, Fisher Q F, 1998. Faulting, fault sealing and fluid flow in hydrocarbon reservoirs: An introduction [J]. Journal of Petroleum Science & Engineering, 25 (1): 93.

Knipe R J, 1993. Micromechanisms of deformation and fluid behavior during faulting. The mechanical involvement of fluids in faultin [C]. USGS. Open-File Report 94228Report, 94-228, 301-310.

Knipe R J, 1997. Juxtaposition and seal diagrams to help analyse fault seals in hydrocarbon reservoirs [J]. AAPG Bulletin, 81 (2): 187-195.

Lowenstein T K, Spencer R J, Zhang Pengxi, 1989. Origin of ancient potash evaporates: clues form the modern nonmarine Qaidam basin of western China [J]. Science, 245: 1090-1092.

Luo X R, Wang Z M, Zhang L K, et al., 2007. Overpressure generation and evolution in a compressional tectonic setting, the southern margin of Junggar Basin, northwestern China [J]. AAPG Bulletin, 91 (8): 1123-1139.

Michal N, Steven S, Rod G, 2005. Thrust belts structural architecture thermal regime and petroleum system [M]. Cambridge: Cambridge University Press.

Molnar P, Tapponnier P, 1975. Cenozoic tectonics of Asia: effects on a continental collision [J]. Science, 189: 419-426.

Nygard R, Gutierrez M, Bratli R K, et al., 2006. Brittle-ductile transition, shear failure and leakage in shales and mudrocks [J]. Marine and Petroleum Geology, 23 (2): 201-212.

Peacock D C P, 1991. Displacement and segment linkeage in strike-slip fault zones [J]. Journal of Structural Geology, 13 (9): 1025-1035.

Peacock D C P, Sanderson D J, 1994. Geometry and development of relay ramps in normal fault systems [J]. The American Association of Petroleum Geologist Bulletin, 78 (2): 147-165.

Rayeva N, Kosnazarova N, Arykbayeva Z, et al., 2014. Petroleum Systems Modeling and Exploration Risk Assessment for the Eastern Margin of the Precaspian Basin (Russian) //SPE Annual Caspian Technical Conference and Exhibition [C]. Society of Petroleum Engineers.

Ritts B D, Hanson A D, Zinniker D, et al., 1999. Lower-Middle Jurassic Nonmarine Source Rocks and Petroleum Systems of the Northern Qaidam Basin, Northwest China [J]. AAPG Bulletin, 83: 1980-2005.

Sibson R H, Moore G F, A H Rankin, 1975. Seimic pumping: A hydrothermal fluids transport mechanism [J]. Journal of the Geological Society, 131: 653-659.

Soliva R, Benedicto A, Schultz R A, et al., 2008. Displacement and interaction normal fault segments branched at depth: Implications for fault growth and potential earthquake rupture size [J]. Journal of Structural Geology, 30: 1288-1299.

Talbot C J, 1995. Molding of salt diapirs by stiff over burden [J]. AAPG Memoir, 65: 61-75.

Tapponnier P, Molnar P, 1977. Active faulting and tectonics in China [J]. Journal of Geophysical Research, 82: 2905-2929.

Tapponnier P, Monlar P, 1979. Active faulting and Cenozoic tectonics of the TianShan, Mongolia, and Baykal regions [J]. Journal of Geophysical Research, 84: 3425-3459.

Tingay M R P, Hillis R R, Swarbrick R E, et al., 2009. Origin of overpressure and pore-pressure prediction in the Baram province, Brunei [J]. AAPG Bulletin, 93 (1): 51-74.

Yin A, Nie S, Craig P, et al., 1998. Late Cenozoic tectonic evolution of the southern Chinese Tian Shan [J]. Tectonics, 17: 1-27.

Zieglar D M, 1992. Hydrocarbon columns, buoyancy pressures, and seal efficiency: comparisons of oil and gas accumulations in California and the Rocky Mouncain area [J]. AAPG Bulletin, 76 (4): 501-508.